职业技术·职业资格培训教材

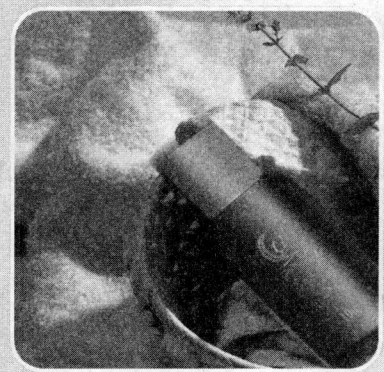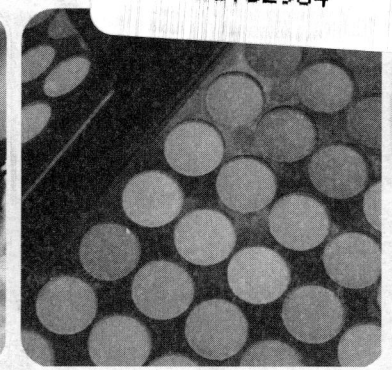

助理美容指导师

主　编	何丽玲
编　者	陈文香　杨保山　李锦枫
主　审	张文英　朱红穗

中国劳动社会保障出版社

图书在版编目(CIP)数据

助理美容指导师/何丽玲主编. —北京：中国劳动社会保障出版社，2008
职业技术·职业资格培训教材
ISBN 978-7-5045-7363-6

Ⅰ.助… Ⅱ.何… Ⅲ.美容-技术培训-教材 Ⅳ.TS974.1

中国版本图书馆CIP数据核字(2008)第171670号

中国劳动社会保障出版社出版发行

(北京市惠新东街1号 邮政编码：100029)
出 版 人：张梦欣

*

新华书店经销
北京地质印刷厂印刷 三河市华东印刷装订厂装订
787毫米×1092毫米 16开本 13.25印张 4插页 278千字
2008年11月第1版 2008年11月第1次印刷
定价：26.00元
读者服务部电话：010—64929211
发行部电话：010—64927085
出版社网址：http://www.class.com.cn
版权专有 侵权必究
举报电话：010—64954652

内 容 简 介

本教材由人力资源和社会保障部教材办公室、上海市职业培训研究发展中心依据上海1+X美容指导师（国家职业资格三级）职业技能鉴定细目组织编写。本书从强化培养操作技能，掌握一门实用技术的角度出发，较好地阐述了本职业当前最新的实用知识与操作技术，对于提高从业人员基本素质，掌握助理美容指导师的核心知识与技能有直接的帮助和指导作用。

本教材分为5个单元，主要内容包括：接待、咨询、推荐指导、美容造型和常用接待英语等。为便于读者掌握本教材的重点内容，除第5单元外，1～4单元后附有单元测试题及答案，全书后附有知识考核模拟试卷及答案和技能考核模拟试卷，用于检验和巩固所学知识与技能。

本教材可作为美容指导师（国家职业资格三级）职业培训与鉴定考核教材，也可供全国中、高等职业技术院校相关专业师生参考使用，以及本职业从业人员培训使用。

前　　言

　　职业资格证书制度的推行，对广大劳动者系统地学习相关职业的知识和技能，提高就业能力、工作能力和职业转换能力有着重要的作用和意义，也为企业合理用工以及劳动者自主择业提供了依据。

　　随着我国科技进步、产业结构调整以及市场经济的不断发展，特别是加入世界贸易组织以后，各种新兴职业不断涌现，传统职业的知识和技术也越来越多地融进当代新知识、新技术、新工艺的内容。为适应新形势的发展，优化劳动力素质，上海市劳动和社会保障局在提升职业标准、完善技能鉴定方面做了积极的探索和尝试，推出了1＋X的鉴定考核细目和题库。1＋X中的1代表国家职业标准和鉴定题库，X是为适应上海市经济发展的需要，对职业标准和题库进行的提升，包括增加了职业标准未覆盖的职业，也包括对传统职业的知识和技能要求的提高。

　　上海市职业标准的提升和1＋X的鉴定模式，得到了国家人力资源和社会保障部领导的肯定。为配合上海市开展的1＋X鉴定考核与培训的需要，人力资源和社会保障部教材办公室、上海市职业培训研究发展中心联合组织有关方面的专家、技术人员共同编写了职业技术·职业资格培训系列教材。

　　职业技术·职业资格培训教材严格按照1＋X鉴定考核细目进行编写，教材内容充分反映了当前从事职业活动所需要的最新核心知识与技能，较好地体现了科学性、先进性与超前性。聘请编写1＋X鉴定考核细目的专家，以及相关行业的专家参与教材的编审工作，保证了教材与鉴定考核细目和题库的紧密衔接。

　　职业技术·职业资格培训教材突出了适应职业技能培训的特色，按等级、分模块单元的编写模式，使学员通过学习与培训，不仅能够有助于通过鉴定考核，而且能够有针对性地系统学习，真正掌握本职业的实用技术与操作技能，从而实现我会做什么，而不只是我懂什么。每个模块单元所附单元测试题和答案用于检验学习效果,教材后附本级别的知识考核模拟试卷和技能考核模拟试卷,使受培训者巩固提高所学知识与技能。

  本教材虽结合上海市对职业标准的提升而开发,适用于上海市职业培训和职业资格鉴定考核,同时,也可为全国其他省市开展新职业、新技术职业培训和鉴定考核提供借鉴或参考。

  新教材的编写是一项探索性工作,由于时间紧迫,不足之处在所难免,欢迎各使用单位及个人对教材提出宝贵意见和建议,以便教材修订时补充更正。

人力资源和劳动社会保障部教材办公室
上海市职业培训研究发展中心

目 录

第1单元 接待
- 1.1 顾客消费心理 ·············· 2
- 1.2 为顾客服务技巧 ·············· 31
- 单元测试题 ·············· 50
- 单元测试题答案 ·············· 52

第2单元 咨询
- 2.1 皮肤的基本测试与诊断 ·············· 54
- 2.2 常见皮肤病 ·············· 56
- 2.3 问题性皮肤 ·············· 62
- 2.4 中医美容基础 ·············· 82
- 2.5 营养学基础 ·············· 94
- 2.6 美容仪器 ·············· 104
- 单元测试题 ·············· 114
- 单元测试题答案 ·············· 114

第3单元 推荐指导
- 3.1 化妆品概述与化妆品的类型 ·············· 116
- 3.2 芳香精油类化妆品 ·············· 140
- 单元测试题 ·············· 159
- 单元测试题答案 ·············· 161

第4单元　美容造型
4.1　色彩理论及应用 …………………………………… 163
4.2　妆面塑造 …………………………………………… 171
单元测试题 ……………………………………………… 181
单元测试题答案 ………………………………………… 182

第5单元　常用接待英语
5.1　美容专业术语 ……………………………………… 185
5.2　美容常用词汇 ……………………………………… 186
5.3　美容常用语句 ……………………………………… 187
5.4　美容常用会话 ……………………………………… 188

知识考核模拟试卷 ……………………………………… 190
知识考核模拟试卷答案 ………………………………… 195
技能考核模拟试卷 ……………………………………… 196

参考文献 ………………………………………………… 202

第 1 单元

接 待

1.1 顾客消费心理 /2
1.2 为顾客服务技巧 /31

消费是人类在基本物质需求得到满足的前提下扩大精神需求及更大物质需求的自身满足过程，是人类赖以发展的社会活动，是生产、社会、历史发展的基础。消费的主体是人，不同的人由于遗传、环境、教育、收入、职业等条件的不同，其心理与行为产生了一定的差异。心理活动是人类行为的基础，消费者的购买行为受其自身心理活动规律的支配。

在市场经济条件下，一切工商业活动都是以满足消费者需求为出发点和终结点。通过满足消费者的需求，生产者或经营者实现了自身的经济效益和社会效益，因此，生产者和经营者必须深入了解消费心理活动和行为过程规律。消费心理学是一门有关人的消费行为判断的服务型学科，它是社会经济发展及市场经济延伸发展的必然产物。

美容指导师从事的是美容护肤事业、是美丽事业。"爱美之心，人皆有之"，所以要求美容指导师在从业过程中不仅要满足顾客改变外形的需求，而且要进一步满足顾客心理层面的需求。

1.1 顾客消费心理

1.1.1 消费心理学的研究对象

化妆品经济活动的核心是市场交易，即在市场上将化妆品或劳务的所有权从生产者或经营者手中转移到消费者手中的活动。所以，消费心理学的研究对象自然就是经济活动中消费者各种心理现象所特有的矛盾性。

为了理解研究对象的特定含义，我们必须首先搞清楚下面几个有关的概念和问题。

1. 消费与消费者

（1）消费。消费是为了生产和生活需要而消耗物质财富的行为。消费既包括生产消费，也包括生活消费。消费心理学主要针对生活消费。生活消费是人类为了自身的生存与发展，消耗一定的生活资料和服务，以满足自身生理和心理需要的过程，如吃、穿、住、行、旅游、娱乐等消费都是生活消费。人的消费行为既具有自然属性，更具有社会属性，与动物的吃喝行为相比有着本质的区别。人的消费行为具有以下三个特点：

1）消费行为的社会性。人的消费行为具有一定的社会性，它是在一定的社会关系，特别是社会经济关系的制约下进行的。

2）消费行为的能动性。人具有主观能动性，因而其消费行为具有主动性。人不是单纯地依赖自然物质，而是对自己生产的劳动产品进行消耗。同时，能依据所处条件自觉地调整、控制自己的消费行为。

3）消费行为的发展性。人的消费随个体成长、社会经济的变化而变化，消费内容不断丰富，消费水平不断提高。

总之，消费是人们在一定的社会关系中，并借助这种社会关系对物质的、精神的、服务的财富进行消耗，进而满足自身各种需要的行为和过程。

(2) 消费者

1) 消费活动的主体。人是消费活动的主体，研究消费就不能脱离对消费活动中的人，即对消费者进行的研究。如果我们把消费作为一个动态的过程来考察，可以看出，消费中有三种相互关联的活动过程，即：

①产生个体或群体需要的活动过程。

②寻找和购买产品的活动过程。

③使用产品并从中受益的活动过程。

在这当中，需求者、购买者和使用者可以是同一个人，也可以是不同的人；可以是个人，也可以是一个集团。因此，广义的消费者就是实际参与了消费活动的任何一个或全部过程的人。

2) 影响者。影响者不是消费者。影响者是直接或间接地对消费者提供信息、劝告，或以某种方式对消费者产生影响作用的人。有些人可能参与了消费者的购买决策过程，但却不是消费者，如一位中年妇女想到商场购买一套护肤品，便邀请好友同去当参谋。购买过程中，经过反复比较，在美容指导师的劝导下，经好友的赞许，完成了购买。这里，中年妇女显然是个消费者，但在她的消费活动中，好友、美容指导师起了一定作用。按照我们有关消费者的定义，这些人既不是需求者，也不是购买者，更不是使用者，所以就不能称其为"消费者"。根据他们充当的"顾问"角色和发挥的作用，称之为"影响者"。如何区别消费者与影响者？主要看一个人是否参与了消费活动，而不是取决于婚姻状况、血缘关系、地位作用及影响大小等因素。

3) 消费者的分类。根据对化妆品的消费状况，可将消费者分为现实的消费者、潜在的消费者和非消费者。

①现实的消费者。现实的消费者是指对某产品目前有所需要、并通过实际市场交换活动获得产品或亲自使用并从中受益的人。企业经营主要是为这类消费者服务的。

②潜在的消费者。潜在的消费者是当前尚未使用或购买某产品，但在将来某一时候有可能转化为现实的消费者的人。这类消费者中有的是缺乏产品的有关信息，有的是目前没有需要或需要的程度还不够强烈，有的是受消费环境限制，还有的是购买能力不足等。这类消费者是美容企业开拓新的目标市场、在竞争中保持并提高市场占有率的潜在力量，应该予以特别重视。

③非消费者。非消费者是指在任何时间都不可能需要、购买、使用某产品或服务的人。企业在生产经营中，要通过调查研究，分析社会文化、风俗习惯、宗教信仰等因素对消费者心理与购买行为的影响，从而将非消费者排除在企业的目标市场之外。

2. 消费心理与消费行为

"心理"一般是指"所思所想"，是人的一种内心活动。消费心理则是特指人作为消费者时的所思所想。人类的一切行为都是由心理活动所支配的，消费心理是消费者行为的基础。

"行为"一般指"所作所为",是人受思想支配而表现在外的活动。消费行为则特指人作为消费者时对于产品或服务的消费需要,以及使产品或服务从市场上转移到消费者手里的活动。这一定义是从市场流通角度观察来说的。

在消费过程中,只有通过人的消费行为才能把产品或服务从市场上转移到消费者手中,所以消费行为比消费心理更具有现实性。消费者的心理活动只有作用于消费行为,才能实现产品或服务的交换流通,才能使经营者的活动获得经济效益。任何一种消费活动,都是同时包含了消费者的心理活动和消费行为两方面要素。消费心理学研究消费行为时,不仅要注重研究消费者的行为,更要注重研究消费者的内心活动。准确把握消费者的心理活动,是准确理解消费行为的前提。

3. 心理学与消费心理学

消费心理学是心理学发展过程中,由普通心理学与社会学、人文科学、经济学、市场营销学等其他学科相互融合而形成的一门独立的学科。心理学是消费心理学产生和发展的基础。

(1) 心理学是研究人的心理现象及行为规律的学科。心理学一词源于希腊语,是由"灵魂"和"学问"两词构成的,即关于灵魂的学问。它的研究对象是人的心理现象及行为规律,而人的心理现象是极其复杂多样的。为了研究方便起见,心理学通常把心理现象分成两大类,即心理过程和个性心理,如图1—1所示。

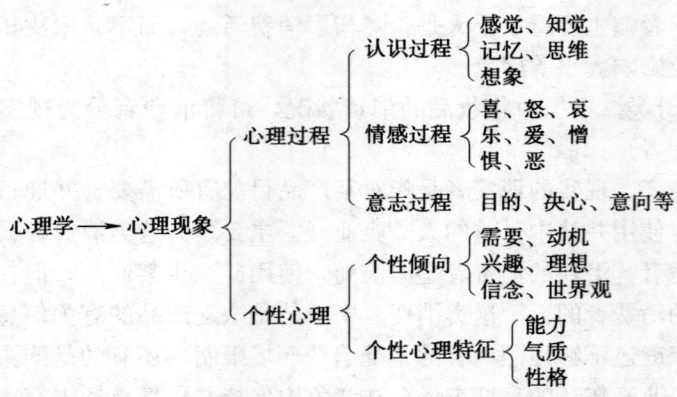

图1—1 人的心理现象

1) 心理过程。心理过程指心理活动的动态过程,即人脑对客观现实的反映过程,包括认识过程、情感过程和意志过程三个方面。

①认识过程。人对客观事物的认识,首先是通过自己的眼、耳、鼻、舌和皮肤等感觉器官进行的。例如,我们可以看电视、听音乐、闻饭香、尝味道、知冷暖;我们能记住或回忆曾经历过的事情或体验过的情感;我们能对有关现象的原因进行思考总结;我们能借助原形展开想象的翅膀……这些"看""听""闻""尝""思考""想象"等心理活动都属于人的认识过程。

②情感过程。人在认识事物的过程中，不是冷漠无情、无动于衷的，而是伴随着喜、怒、哀、乐、爱、憎、惧、恶等各种各样的情绪或情感体验，并根据自己或社会的需要而采取一定的态度，这就是情感过程。

③意志过程。人不仅能认识客观事物，而且还能根据对客观事物及其规律的认识自觉地改造世界。人能根据自己的认识确定行动目的，拟定计划方案和行动步骤，克服各种困难，最后把计划付诸行动。这种自觉地确定目的并力求加以实现的过程，就是意志过程。

认识、情感、意志是人的统一心理过程的三个不同方面，其中认识是基础，情感和意志是行为的动力。它们三者相互联系、相互影响、相互制约，从而构成了人类极其复杂的心理活动。

2）个性心理。心理过程总是在进行实际活动的每个个体身上表现出来的，它既具有一般的共同的规律性，又总是带有个人的特点。"人心不同，各如其面"，由于每个人所获得的遗传基因不同，所受环境、教育等因素的影响不同，因此，人与人之间在心理和外貌上存在着差别，进而形成了个性心理的差异。个性心理包括个性倾向性和个性心理特征两个方面。个性倾向性和个性心理特征相互依存、相互制约，构成了人的个性心理。

①个性倾向性。个性倾向性主要包括需要、动机、理想、信念和世界观等。它表现为个人的意识倾向，即人对现实的稳定态度。如有的人在物质需要方面追求强烈，有的人更注重精神需要的满足；有的人信念明确坚定，有的人却模糊不清；有的人理想远大，有的人思想空虚。所有这些都从不同的方面显示出个性倾向性的差异。

②个性心理特征。个性心理特征主要包括能力、气质、性格等方面，它是在个人身上所表现出来的比较稳定的心理特征。能力是保证人能够顺利完成某种活动的必要心理条件。气质是指一个人行为活动的动力方面的特点，如有的人活泼好动，反应灵活；有的人安静沉默，动作迟缓。性格是态度体系与行为方式相结合而表现出来的个性心理特征，如性情豪爽还是心地狭窄，谦虚还是骄傲，勤劳还是懒惰，热情友善还是冷漠无情等，所有这些方面的差异都属于性格特征的差异。

（2）消费心理学是研究消费者的心理活动现象及其规律的应用学科。在消费活动中，消费者是如何对产品产生认识，而后产生情感并导致购买行为的；这一心理活动的过程有什么共性即规律，又有哪些不同的个性心理特征；商业企业的经营活动如何适应消费者的心理并促进消费文明的发展……这都是消费心理学的研究内容，其具体内容如下：

1）研究市场营销活动中各种消费者特有的消费心理现象。例如，大部分中老年人购物时有"节约求廉"倾向，他们期望以有限的资金购买更多、更有效的物品；又如大部分年轻人有很强的求知欲、创造欲，他们购物时有"喜爱新奇"的倾向，总期望店里有新颖时尚的商品。

2）研究消费者在购买行为中发生的心理现象。消费者在消费过程中会有很多心理现象，如某消费者选择一套非常适合的护肤品，可是价格比自己预计的略高一点，于是她处在了矛盾中，不知所措。此时有个人说："小姐，这套护肤品用在你脸上，效果一定不错，再说价格也不贵，涂在脸上的东西选择要慎重啊！"这位消费者听完就可能产生购物欲望。所以，美容指导师要了解消费者在消费中的各种心理特征，以便采取适当措施化解消费者的心理冲突。

4. 消费心理学的研究任务

在市场消费活动中，客观事物如何引起消费者的心理活动，如感觉、知觉、记忆、想象以及思维，然后产生情感反应；这个活动的过程如何，一般有什么共性即规律，又有哪些不同的个性心理特征；这些心理现象的产生与经营者的市场经营活动诸环节、手段、方法及策略有多大的关联等，这些都属于消费心理学研究的任务。概括地说，消费心理学的研究任务有如下几个方面：

（1）研究消费者购买活动中的心理过程。
（2）研究消费者个性心理特征的形成和发展。
（3）研究消费者心理活动与企业营销的双向关系。

所以，研究消费者心理与市场的关系，可以帮助我们掌握各种消费者的不同需要，从而指导经营者在销售活动中采取行之有效的策略和方法，以便最终满足不同消费者的需求欲望。

1.1.2 消费者的心理过程

心理过程是指心理活动的动态过程，即人脑对客观现实的反映过程，它包括认知、情感、意志等活动过程。

消费者的心理过程不完全等同于购买过程，购买过程习惯上指的是消费者从进入商场到买完产品的这段时间。而消费者的心理过程是错综复杂的，并不局限在商场里，而是从他注意准备购买某种产品的信息、到进入商场进行产品选择、再到买完产品后的情感感受及评价等一系列的心理过程，并且反映在每一次具体的消费活动中。为了研究消费者心理活动最一般的规律，我们将借助普通心理学的理论，将消费者的心理过程分为认知过程、情感过程和意志过程三个方面，对此逐一加以分析。

1. 消费者的认知过程

认知过程是消费者最基本的心理活动过程，也是消费者购买具体产品的基础，离开了对产品的认知，就不会产生消费行为。因此，认知是购买的先导，它影响消费者行动的方向、速度、频率等因素。购买活动是认知的实践过程，它验证认知的内容、方法、程度等因素。一般说来，消费者对产品的认知过程是通过感觉、知觉、想象、思维等心理机能的活动来实现的。

（1）消费者的感觉

1）感觉的一般概述。感觉通常是指由一种感觉器官的刺激作用引起的主观经验，也即感觉是人脑对直接作用于感觉器官的外界客观对象和事物的个别属性的反映。如人们用眼睛看，可以感觉到外界事物的各种颜色、光线的明暗；用耳听，可以感觉到外界事物的各种声音；用手摸，可以感觉到外界事物的各种硬度、质地等。这种对客观事物个别属性（颜色、声音、质地、形状、大小）的反映就是人的感觉。感觉的产生是人的整个分析器活动的结果。分析器是指有机体感受和分析某种刺激的神经装置，包括四个部分，如图1—2所示。这四个部分缺一不可，外周部分和中枢部分由传入神经和传出神经进行反馈联系。

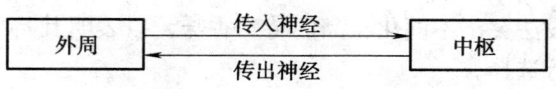

图1—2 分析器示意

消费者的感觉就是产品外部的个别属性作用于消费者不同的感觉器官而激发的心理现象。在消费活动中，消费者一般借助感觉来接受有关产品的各种信息，形成对产品个别的、孤立的和表面的心理反应，即初步的印象。

2）感觉的相互作用。感觉的相互作用是指同一感受器接受的其他刺激以及其他感受器的机能状态对感受器发生的影响。感觉的相互作用有两种形式：同一感觉中的相互作用和不同感觉之间的相互作用。

同一感觉中的相互作用中最明显的是感觉适应、对比。感觉的适应是由于刺激物对感受器的持续作用从而使感受器发生变化的现象。适应既可以提高感受性，也可降低感受性。例如，白天我们刚走进电影院什么也看不见，过几分钟就能看见了，这是暗适应，是感受性的提高。除痛觉外，差不多所有的感觉都有适应现象，适应是人们在应付环境时自动进行心理和生理调节的一种办法。

在消费过程中由于消费的适应，一方面消费者的精力和注意力会从对新产品高度的新鲜感和好奇心中解脱出来；另一方面还会导致新鲜感的降低，从而在心理上有一种对该产品的厌弃。消费适应是消费者不愿接受的消费效果，这种消费效果强烈地刺激着消费者产生新的消费需求，对新产品产生新的好奇心，从而通过新的购买行为来满足自己对产品的新鲜感。消费产品以后的适应现象是推动消费者进行下一次消费行为的一种动力，也是产品市场不断发展的一种推动力。

感觉的对比是指不同的刺激物作用于同一感觉器官而使感受性发生变化的现象。不同的刺激物同时作用于同一感受器官产生的对比现象是同时对比，如同样一块灰色布料，若与白色布料摆在一起，色调就显得暗些；若与黑色布料摆在一起，色调就显得亮些。不同的刺激物先后作用于同一感受器官时产生继时对比现象，如人喝了苦药后再喝白开水，本来淡而无味的白开水也有些甜味了；凝视红色布料后，再看白色布料，白色布料显得带有青绿色等，都是继时对比现象。

3）感觉理论在市场营销中的应用

①第一印象的感觉作用。第一印象是一切复杂心理活动的基础。消费者只有在感觉的基础之上，才能获得对产品的全面认识。感觉使消费者对产品有初步印象，而第一印象的好坏，往往决定着消费者是否有意购买某种产品。同时，企业的各种营销手段，也只有给

消费者以良好的第一印象时，才能发挥作用，从而引发购买欲望。

在视觉方面，美容院的内外环境要力求整洁，产品陈列美观大方、重点突出、色彩鲜明，并应利用适宜的灯光衬托产品，使消费者赏心悦目。

在听觉方面，在美容院内应设有悠扬、舒畅、宁静的轻音乐，使消费者容易放松心情，进入睡眠。

在嗅觉方面，应设法突出不同化妆品的特殊香味，以表明其特别的作用，并附有说明书，以利于消费者进行选择。

在触觉方面，消费者在购买产品时喜欢先将试用装涂在手背上，以鉴别产品的品质。因此，美容指导师应给予尊重，并创造方便的条件，以加深消费者对产品的良好印象。

②对美容指导师的感觉的要求。从事任何职业都对从业者的感受器官有一定的要求。一般说来，要求美容指导师的感觉器官的灵敏度有一定的界限。如果美容指导师的感觉器官过于灵敏，则容易伤感或激动，对营销服务工作不利。同时，要求美容指导师有一定的心理承受力，以克服工作中产生的各种心理负担。

（2）消费者的知觉

1）知觉的概念。知觉是人脑对直接作用于感觉器官的客观事物的整体形象的反映。感觉和知觉都是当前事物在人脑中的反映。一个人对事物的感觉越丰富、越精确，对该事物的知觉也就越完整、越正确。

2）知觉的分类

①根据知觉反映事物的特性，可分为空间知觉、时间知觉和运动知觉。这三类知觉均较复杂，空间知觉反映物体的空间特性（如物体的大小、方位、距离等），时间知觉反映事物的延续性和顺序性，运动知觉反映物体的空间位移和位移速度。

②根据反映活动中某个分析器所起的优势作用，可将知觉分为视知觉、听知觉、触知觉等。

③错觉。错觉是指人们对客观事物的不正确的感觉或知觉。在一定条件下，由于主、客观因素的影响，人在感知事物的时候，会产生各种错觉，如大小错觉、图形错觉、空间错觉、时间错觉、方位错觉等，其中最为常见的是视觉方面的错觉。在如图1—3所示的图中，线段 a 和线段 b 的长度是相同的，但由于位置、辅助物的关系，容易给人以两条线段不等长的错觉。

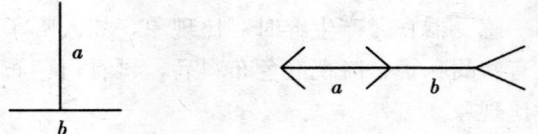

图1—3 图形错觉

3）知觉理论在市场营销中的应用

①运用知觉的选择性原理帮助消费者确定购买目标。消费者走进美容院或商场，琳琅

满目的产品同时作用于消费者的感官,但他们并不能同时认识并了解这些产品,而只能对其中的某些或某一种产品产生相对清晰的感知。这是由于这些产品符合消费者的需要、兴趣、爱好和经验,因而成为消费者知觉目标的对象物被感知清楚,其他产品则相对地成为知觉对象的背景,或者被视而不见,或者被感知得模糊不清。因此,在市场营销中,一方面,美容指导师应尽其所能地突出产品特征,尤其是应千方百计地使主销品成为消费者知觉的对象;另一方面,应尽可能地使经营的产品具有比较大的选择性,以满足各类消费者的各种各样的消费需求。

②运用知觉的整体性、理解性原理开展营销活动及广告制作。产品的生产和销售陈列首先要给消费者一个良好的感知印象,如有一家化妆品公司在百货店设了一个形象柜,造型和产品品质均不错,但是销售不畅,每日仅销售几瓶。后来一位美容指导师运用知觉原理制定产品促销策略,建议在导柜上方安装液晶电视,不断播放产品广告片,结果生意一下火了起来。因此,在产品广告宣传中把着力点放在与产品有关的整体上,往往比单纯把注意力集中在产品本身效果要显著。

受主、客观因素的影响,消费者在感知事物时会产生各种错觉。错觉是客观存在的,在产品促销中,可充分利用错觉(尤其是视错觉)现象制定产品销售策略。商业企业在店堂装修、橱窗设计、广告图案、包装装潢、产品陈列等方面,如能适当地利用消费者的错觉,进行巧妙的艺术处理,往往能产生一定的心理效应,刺激购买。比如,曾有人为化妆品选择外包装时做了这样一个调查,用同样质地的瓶子在同样的环境下,选择不同的颜色让消费者感觉哪个最高贵,最后大家选择金黄色,所以现在很多高贵的东西都会使用金黄色,这就是巧妙地发挥颜色视觉的作用。

③知觉在美容指导师工作中的作用。拓展接待服务方面:正在被接待的顾客,应当成为美容指导师知觉的对象,其他顾客相对地成为知觉的背景。知觉的对象和背景随时在换位,如接待甲消费者时,乙消费者向美容指导师发问,乙立刻应成为知觉对象。优秀美容指导师的知觉在对象和背景间应能及时转换,即能够同时接待、照应几位顾客,有较宽的接待服务面。

掌握向顾客推荐产品的艺术:由错觉原理可知,明度高的色彩(如红色、黄色)有扩张感,而明度低的色彩(如灰色、蓝色和绿色)则有收缩感,两极相反的物体放在一起会相互突出。美容指导师在向顾客推荐产品时,应学会运用人们知觉中易产生错误的规律,合理、科学地推荐产品,提高服务艺术。

(3)消费者的思维与购买行为

1)消费者的思维。思维是人脑对客观现实的概括的、间接的反映。它能揭示事物的本质和规律性,是人类认识活动发展的高级阶段。概括性和间接性是人的思维过程的主要特性。概括性是指借助已有的知识、经验来理解和把握那些没有直接感知过的,或根本不可能感知到的事物,它是通过对同一类事物的共同特征和本质特征或事物之间的内在规律性的联系来认识事物的。如"水果"一词就是把苹果、香蕉、梨子等概括出来,得出这些物品的共同的本质特征。间接性是指通过其他媒介来认识客观事物，如通过电视广告的演示，了解某一产品的性能。

思维是在感知的基础上产生和发展起来的。它是在感性的基础上通过分析、综合、比较、抽象、概括和具体化等基本过程，经过思维加工，使人从个别中看到一般，从现象中透视本质，从偶然中洞察必然，从现存的事物中推测过去、预见其将来，从而更深刻、更正确地认识现实。

2) 消费者思维的分类。根据思维活动的性质和方式，一般把思维分为动作思维、形象思维和逻辑思维三类。

①动作思维。动作思维也叫实践思维，是以实际动作来解决直观、具体问题的思维，它是在实际的活动中进行的。例如，很多销售化妆品的柜台都有试用装，给消费者试用的过程可以解决消费者的很多问题，这就是动作思维。

②形象思维。形象思维是指利用事物的直观表象来进行分析、比较、综合、抽象、概括等内部加工，从而解决问题。如消费者在购买彩妆时会将彩妆的颜色、质地、包装与自己的衣服、首饰进行比较，形成形象思维，从而影响其购买行为。

③逻辑思维。逻辑思维也叫抽象思维，是思维的一种开放形式，是用抽象的概念和判断、推理的方式解决问题的思维。它可以揭示事物的本质特征和规律性联系。抽象思维既不同于以动作为反推的动作思维，也不同于以表象为凭借的形象思维，它已摆脱了对感性材料的依赖。抽象思维一般有经验型和理论型两种。前者是在实践活动的基础上，以实践经为依据形成概念，进行判断和推理，如美容师运用操作的经验合理地配上产品为顾客解决很多皮肤和身体上的问题；后者是以理论为依据，运用科学的概念、原理、定律、尝试等进行判断和推理，例如美容指导师为顾客解释精油与护肤品不同（例举其中一点）：护肤品通常在皮肤表层起作用，而精油可以深入到血液，并且可以从身体内排出，这就运用到科学知识（皮肤分为表皮层、真皮层、皮下组织三层），以此来推断精油与护肤对皮肤的作用。

3) 消费者思维的意义。人们对客观事物的认识不会停留在一般感知水平上，而是要通过分析、比较、综合、抽象、概括等思维活动来透视事物的本质。

可以看出，消费者在对产品的认识过程中，不仅通过感觉和知觉了解产品的特性，而且还运用思维的方法把握产品的内在构成、制作工艺、内外质量以及推测产品未来的使用效果，从而获得对产品更为深刻的认识。

4) 消费者思维的特点与购买行为。消费者在购物时往往要伴随紧张的思维活动。一方面，由于所要购买的产品在满足需要上的特性不同，或者是为了实现购买还必须克服某些困难；另一方面，由于消费者个体的差异，在思维方式上又表现出不同的特点。

①思维的独立性。有的消费者在购物中有自己的主见，不轻易受外界的影响，而是根据自己的实际情况权衡产品的性能和利弊等，独立作出购买决定。缺乏思维独立性与批判性的消费者，则容易受到外界的影响，缺乏自己的独立思考，易被偶然暗示所动摇。

②思维的灵活性。有的消费者能够依据市场的变化，运用已有的经验，灵活地进行思维并及时地改变原来的计划，作出某种变通的决定。有的消费者遇到变化时，往往呆板，墨守成规，不能作出灵活的反应或不能变通。

③思维的敏捷性。有的消费者能在较短的时间内发现问题和解决问题，遇事当机立断，能迅速作出购买决定；相反，有的消费者遇事犹豫不决，不能迅速地作出购买决定而错失良机。

④思维的创造性。有的消费者在消费活动中，不仅善于求同，更善于求异，能通过多种渠道收集产品信息，在购买活动中不因循守旧、不安于现状、有创新意识、有丰富的创造想象力。

可见，消费者经过对产品的思维过程而作出的购买行为是一种理智的消费行为，是建立在对产品的综合分析基础上的。正因为不同消费者的思维能力有强弱的差异，从而使得他们具有不同的决策速度与行为方式。

需要指出的是，思维和语言有着密切的联系。人的思维主要是借助语言来表达的，因而语言是思维的工具。因此，在营销活动中，美容指导师使用得体的语言会拉近与消费者的距离，使营销活动取得满意的效果；反之，则会使消费者产生逆反心理，影响营销效果。

2. 消费者的情感过程

（1）情绪与情感。情绪与情感是指人对客观事物所持态度的体验。

情绪与情感是两个既有区别又有联系的概念。两者的区别主要表现在：情绪一般与人的生理需要是否得到满足相联系，是由特定的情境所引起的，常随情境的变化而变化，具有较大的情境性、激动性和短暂性，它是较低级的心理现象，属于表层心理。如消费者面对各种不同花色、式样的产品时，由于具有较大的选择余地而表现出满意的情绪等。情感是与人的社会性需要是否得到满足相联系的一种稳定的体验，具有较大的稳定性与深刻性，是较高级的、深层的心理现象。如消费者对某一商场的商业信誉、服务态度、购物环境等方面的赞赏和信任，从而使其对该商场有一种美好的情感等。

（2）消费者的情绪与情感。消费者的情绪与情感是指在消费活动中，消费者对特定的消费品所持有的态度与体验的表现形式，它直接表现为消费者的主观心理感受，并且总是以特定的消费品是否能够满足消费者的需要为基础的。

消费活动是一种满足人的需要的活动，在长期的社会实践和社会生活中，人们形成了各种不同的需要，从而形成了不同的态度与体验。消费者的情感过程直接表现为消费者主观的心理感受过程，情感使消费者的行为活动带上感情色彩，对人们的购买决策有着重大影响。在消费实践中，满足消费者需要的产品能够促使消费者产生积极的情绪与情感，增强消费者的购买欲望，催化和促进人的行动，加速购买决策过程。反之，消极的情绪与情感则会阻碍和改变人的行动，使消费者延缓甚至放弃购买。若造成了"感情创伤"，消费者就会长期甚至永远不使用某种产品或不进某家商场。如一个消费者到某家商场购买糕点，看见食品柜中苍蝇飞舞，服务员用手既拿糕点又收钱，不由地内心作呕，立即打消了购买念头，甚至发誓"永远不买这家商场的点心"。总之，消费者的情绪与情感对于消费者的购买心理、购买行为具有重要的作用，影响着消费者的购买决策。

根据消费者情绪和情感形成和发展的过程，一般可以将其分为两个阶段。

1）一般感受阶段。消费者对产品、商场等客观事物在认识的基础上初步形成好或坏的印象，流露出喜欢或不喜欢、满意或不满意的倾向性。

2）情感激化阶段。在消费者感到舒适、愉快时，对商场或某些产品产生的良好印象可以激起他们强烈的购买欲望和购买热情，如有些消费者受购物环境的感染或自身情感的促进而迅速地采取购买行为，而有些消费者可能由于体会到不良感受而触发强烈的消极情感，中止购买行为。

（3）消费者情绪和情感的类型。按情绪和情感的性质、强度、时间、复杂性状态分类，可将消费者情绪和情感分为心境、激情、热情、应激和挫折。

1）心境。心境即人们常说的心情，它是一种微弱而持久的情绪状态。它具有非定向的弥散性特点，"人逢喜事精神爽""草木皆兵"等都是形容心境状态的。因此，某种心境状态能影响人的整个行为表现，使人的一切行为都感染上某种情绪的色彩，进而影响人们对客观事物的判断。消费者在购物过程中，常常会表现出某种情绪倾向，如消费者在店中心境好，则对店容、店貌、服务、产品的感觉也好，购买率就会高。反之，不良的心境会使消费者在购物活动中表现出烦躁不安、缺乏耐心的消极情绪状态，导致相反的结果出现。企业营销活动中，要加强营销环境的改善，建立一种轻松愉快的氛围，并且要尽力培养美容指导师成为乐观、富于感染力的人，以自己的情绪感染消费者，引导和帮助消费者进行消费。

2）激情。激情是一种迅速强烈地爆发而时间短暂的情绪体验，如狂喜、绝望、恐惧等。人在激情状态下，总是会伴随有内部器官活动的变化和明显的表情与动作，如狂喜时的手舞足蹈与欢呼雀跃等。对于消费者来说，激情的发生通常是由于购买活动中的重大刺激所引起的。为避免激情的发生，一方面，消费者在不良激情爆发之前，应有意识地控制自己或通过转移注意力等方法，在一定程度上控制激情的爆发或减弱爆发的程度。另一方面，企业在营销活动中，要尽最大努力为消费者提供优质服务和适销对路的优质产品，促使消费者产生积极的激情，愉快地购物，并且要最大限度地消除消费者的消极的对抗情绪，更好地进行营销活动。

3）热情。热情是一种强有力的、稳定而深刻的情感。它虽不如激情强烈，但较激情深厚而持久。消费者的热情总是指向某一个具体的目标，在某种热情的推动下购买某种产品。市场营销活动中，要充分地利用各种手段与方法，提供消费者需要的产品与服务，唤起消费者的热情，培养消费者的消费动机。

4）应激。应激是由出乎意料的紧张情况所引起的情绪状态。在面对突如其来的事件以及比较危急的情况下，或者要求必须立刻采取选择行动时，往往会出现应激状态。在应激状态下，人可能有两种表现：一种是使活动受到抑制或完全紊乱，甚至可能发生感知、记忆的错误；另一种是多数人会将各种力量集中起来，以应付这种紧张情况。一般而言，短时的应激能提高人对环境的适应能力，但长时间处于应激状态则不利于工作的正常进行。因此，在营销活动中，应尽量避免不必要的应激状态的出现，并且做到在面对应激时保持头脑清醒，保证营销工作的成功。

  5）挫折。挫折是指人在实现目的的过程中遇到障碍而又无法排除、克服的心理状态。其典型表现是懊丧、怨恨、消沉甚至麻木。挫折有时表现为对自己，有时表现为对别人，形成迁怒。有些消费者在商场就表现出迁怒，稍不如意就对美容指导师发脾气、泄怨气；有的消费者在家里闹了别扭或在工作中不顺心，到商场找茬发作。美容指导师要明察这些现象的原因，骂不还口，打不还手，文明经商。

  （4）消费者情绪和情感的外部表现。俗话说"情动于中而行于外"，人的情绪、情感发生后，总是会通过一定的外部表现形式，即表情表现出来。对于消费者来说，情绪和情感表现为对产品和服务的特殊反应形式，或者说是消费者对产品和服务是否符合个人需要而产生的体验。每个消费者都会根据自己的需要、价值观、审美标准等，对市场上出现的各种产品作出自己的主观评价，并通过表情、动作、语气等各种带有情绪色彩的外部形式表现出来。

  1）面部表情。面部表情即脸部的表情动作，人和某些动物的面部肌肉、皮肤是富于活动性的，尤其是目光和眼神。俗话说"眼睛是心灵的窗口""眼能传神"。当一个人目不转睛地注视着某一产品时，表示对其感兴趣。

  2）动作表情。除面部表情外，人的全身动作也有表现和传递情感的作用。如欢乐时手舞足蹈、捧腹大笑；骄傲时趾高气扬、挺胸阔步；惧怕时手足无措等。一般情况下，消费者在购物过程中，当遇到满意的产品时，往往表现出点头、爱不释手、跃跃欲试的动作；反之则不屑一顾，匆匆而过。

  3）声音表情。人们说话的语音、语调、节奏、速度以及弦外之音等，都是表达和判断情感的指标。在商场购物时，同样会遇到这样一句话："你买什么？"由于语调的强弱和速度的不同，可以反映出美容指导师亲切、真诚的情感，但也可以反映出美容指导师厌烦、冰冷的情感。

  通常消费者在购物活动中的情感表现出三种情况：积极的、消极的和双重的。积极的情感如愉快、喜欢、热爱等，它能增强消费者的购买欲望，促进购买行为。消极的情感如厌恶、愤怒、恐惧等，会抑制消费者的购买欲望，阻止购买行为。双重情感则表现出既满意又不满意，既喜欢又忧虑的对立情感。如有的消费者因售货员热情的服务而购买了自己不大喜欢的产品；有的消费者对某种产品既喜爱，但又忧虑其使用安全性。这种复杂的情感表现在现实生活中是常有的。

  可以看出，在消费活动中，消费者情感的产生与变化可以促使购买行为的实现，也可以阻碍购买行为的进行。究其原因，这种影响是与情感本身的两极性及其弥散性有密切的关系。当具有一种兴奋、快乐、激昂的积极情感时，能使消费者产生"助长"效应而提高他们的购买能力；而烦恼、沮丧、悲哀的消极情感，则会降低和削弱消费者的活动能力。如美国一家公司雇用了数十名女打字员，开始把她们集中在同一间办公室里工作，以便对她们进行专门监督与管理。情况怎样呢？在最初的三个月内，打字员情绪不安并造成多起事故。经过分析研究，发现事故的发生与打字凿孔的噪声高达80分贝有关。在这种强烈的噪声干扰下，加之严厉的管理，女打字员容易产生心情上的烦躁甚至愤怒，使工作的错误率增高。后来，公司采取了隔音和消音措施，把室内噪声控制在64～70分贝间。经过一段时间的观察，发现打字员中没有一个发生烦躁不安的情绪，从而使打字凿孔的错误率降低。可见，情感的变化对人的行为具有明显的影响。

（5）影响消费者情绪、情感的因素。消费者的情绪和情感产生于认识产品、购买产品的活动中。消费者情感的变化受以下因素的影响：

1）购物环境。购物环境是指购物现场的整体情况和气氛。消费者的情感变化首先是受购物环境的影响。当消费者步入宽敞明亮、色彩柔和、环境幽雅的商场以后，营业人员服务周到、彬彬有礼，顾客之间礼貌相让，会使人感觉愉快、舒畅。如果再配有自动扶梯等现代化设施和轻松愉悦的背景音乐，更能产生一种轻松的情绪体验，取得意想不到的购物效果；反之，昏暗、狭窄、脏乱的环境以及美容指导师冷淡、粗暴的服务，则易使消费者产生压抑、厌烦、失望和厌恶的消极情绪，不利于消费行为。

2）产品本身的影响。情绪、情感是基于人的需要，指向具体的客观事物的。消费者需要的满足大多是借助产品实现的。产品的外观和内涵等方面的特征，能够引起消费者的不同情绪、情感。

如果产品本身各方面属性，如质量、功能、实用性以及造型、规格、色彩、风格、包装等符合消费者的实际需要，则会引起消费者的满意和喜欢，使之产生积极的情感；反之，消费者则产生不满意的消极情感。

因此，化妆品企业应高度重视产品的质量，在竞争激烈的市场上以质量来吸引消费者，促进产品的销售。同时，在产品命名、包装等方面进行精心设计，有利于诱发消费者的积极情感，促进购买行为的完成。

3）消费者心理准备状态的影响。消费者的心理准备状态对于情绪与情感有直接的激发作用，并且被激发起来的情绪与情感又有反作用，能够影响原来的心理准备，两者共同推动消费者的购买活动。一般而言，消费者越需要，购买的动机越强烈，情绪的兴奋程度就越高，而且购买动机转化为购买行为的可能性也就越大。化妆品企业在新产品上市前，应做好广告宣传，使消费者在购物前做好充分的心理准备，调动他们的购物情绪。

总之，消费者的情绪与情感既有稳定的持续表现，也有冲动、起伏的表现，它可以促进也可阻碍消费者购买行为的实现。所以，企业要了解消费者对产品的情绪与情感的发展过程和规律，在营销活动中为消费者创造良好的气氛，使商场的产品、服务和设施等有利于激发消费者积极的购买情绪，这对处理好美容指导师与消费者的关系、扩大产品的销售

3. 消费者的意志过程

消费者在购物活动中，既有对商品、服务的认识，也有在认识的基础上而产生的情绪情感体验，同时还有意志的参与。

（1）意志的概念。意志是人为了达到一定的目的，自觉地按自己的行动执行的心理过程，它表现在人们的实际行动之中，是意识的能动性、积极性的集中体现。

消费者在经历认识过程与情感过程以后，是否能够采取实际的购买行动，还有赖于消费者心理活动的意志过程。它是消费者在确定了购买目标以后，自觉地支配和调节自己的行动，努力排除各种干扰与困难以实现购买行为的心理过程，是消费者由确定购买动机转变为购买行为的心理保证。

（2）意志行动的特征。人在意志支配下的行动，称为意志行动。人的意志行动有以下四个特征。

1）意志行动是人特有的自觉确定目的的行动。离开了自觉的目的，就没有意志可言。这种自觉地确定目的，不仅表现在能够自觉地想到、自觉地选择、自觉地意识到行动的目的，而且能够自觉地同意和采纳这种目的，并具有按照一定方向行动的决心。因此，人的目的越明确，其意志就越坚定。当然这个目的是受客观条件所限定的。消费者购买商品是为了满足自己的需要，而需要满足的途径、条件和对象不同，消费者要经过思考而明确其购买目标，然后有意识、自觉地并依据自己的主观条件来调节购买行为。

2）意志行动总是与克服困难相联系的。意志行动是有自觉的行动，目的的确立与实现的过程通常会遇到种种困难，战胜和克服困难的过程就是意志目标实现的过程，克服各种困难是意志行动的最主要的特征之一。

在现实生活中，消费者常常会出现这种情况，在同一时期出现有多种需要而导致产生多种购买动机，有时这些购买动机的方向是一致的，有时可能完全相反而导致动机冲突。意志就表现为排除干扰，解决这些冲突。

3）意志对活动的调节支配作用。意志是内部的意识事实向外部动作的转化过程，是主观见之于客观，观念付诸于行动、付诸于实践的过程。这一过程集中体现了人的心理（即意识）的主观能动性特点，也表现为意志对人的行动的自觉支配和调节作用。正是这种自觉的支配和调节作用，人才能实现自觉的目标，成为驾驭现实的主人。

消费者的意志对购买行为的支配和调节作用表现为发动和制止两个方面。前者是激励和推动消费者去从事达到预定购买目标所必需的行动，后者是抑制和阻止不符合预定购买目标的行动。这两方面的调节作用是对立又统一的。

4）意志行动是以随意动作为基础的。随意动作是由意识指引的活动，它是一种在生活实践中学会了的动作，是意志行动的必要组成部分。因此，只有预先确定目的、与克服困难相联系、以随意动作为基础并由目的所支配与调节的行动才是人的意识行动。

就目前我国总的消费水平看，消费者的购买力仍然有限，大多数消费者在购买商品尤其是价格较高的耐用消费品时，是有意识、有目的、有计划的，他们以此目的指引自己的行动，规定行动的方式，使他们的意志从属于这个目的。如一个工薪阶层的消费者要购买一台柜式空调，必须在一定时间内有计划地储蓄并相应地缩减其他有碍实现这一目标的开支。当他去商店实际购买时，也不会随便把这笔款转作他用。因此，消费者的意志行动就体现在确定购买目标、选择购买方式、排除各方面因素的干扰去实现目标等方面。但在冲动性和习惯性的消费行为中，意志的作用相对较弱。

（3）消费者的意志过程在消费行为中的作用。在购买活动中，消费者的意志表现为一个复杂的作用过程，包括作出决定、执行决定和买后感受三个相互联系的阶段。

1）作出购买决定阶段。这是消费者购买活动的初始阶段。这一阶段包括购买目标的确定、购买动机的取舍、购买方式的选择和购买计划的制订、根据自己的支付能力和商品的供应确定购买的顺序等。实际上是购买前的准备阶段。消费者从自身需求出发，根据情况分清主次、轻重缓急，作出各项决定。

2）执行购买决定阶段。意志过程的这一阶段是消费者作出购买决定后的实施阶段。在这一阶段，购买决定转化为实际的购买行为，消费者通过一定的方式和渠道购买到自己所需的商品。当然，这一转化过程在现实生活中不会是很顺利的，它不仅要求消费者克服内部困难，还需要消费者排除外部障碍，为实现购买目的，就要付出一定的意志努力，所以，执行购买决定是消费者意志活动的中心环节。

3）买后感受阶段。消费者的买后感受简单地说就是买完后满意不满意的问题。消费者购买商品后，经使用及家庭成员、社会舆论的品评，会回首检验、审视自己的行为结果是否明智，它将决定消费者今后是重复还是拒绝、是扩大还是缩小对该商品的购买。因此，买后感受是消费者未来行动的心理依据。

研究消费者意志过程的作用，工商企业可以通过市场调研，掌握消费者有计划的购买力投资趋向，因势利导，未雨绸缪，拉动消费，保障供给。

消费者心理活动是认识、情感、意志三个过程的综合统一。事实上，发生在现实消费活动的消费行为往往既有认识的，又有情感的，也有意志的，它们相互联系、相互影响、彼此渗透，共同影响着消费者的购买活动。

1.1.3 消费者购买心理

1. 消费态度的形成和改变

（1）态度的概念。态度是个人对特定对象以一定方式作出反应时所持的评价中较稳定的内部心理倾向。

（2）消费者态度的本质特征

1）态度的习得性。态度的习得性也称为社会制约性，即消费者的态度不是与生俱来的，而是在后天环境中形成的。态度的形成，是主体在长期的生活实践中，通过与社会的相互作用，受社会的影响而逐渐形成的。由于每个主体的社会生活实践不同，消费经验、阅历不同，因而形成了不同的态度。态度一经形成，它就会指导人们对外界事物和他人作出反应，同时在这种反应过程中不断修正自己的态度，使主体的态度体系日趋完善。

2）态度的对象性。态度的对象性也叫针对性，即态度是针对某一对象或状况而产生的，因此，具有主体与客体的相对关系。离开了具体的对象，态度本身也就不存在了。

3）态度的稳定性。态度的稳定性也叫持续性。态度由于是在长期的生活实践中逐渐形成的，所以一旦形成，就会持续很长一段时间，具有稳定性的特征。

4）态度的协调性。态度是由认知、情感、意向三种心理成分组成的，对一个正常人来说，这三种因素往往是协调一致的，从而指导其行为。但有时也会发生不一致的情况，这时情感因素就会起主导作用。因此，我们在改变消费者态度和平衡自己态度时，一定要注意情感因素。

5）态度的内隐性。态度是一种心理倾向，是行为的一种准备，因此，人们不能直接观察到它。但我们可以通过对消费者的言论、表情和行为进行间接分析，从而揣测其态度。

（3）消费者态度的形成

1）态度形成的一般规律。态度是在社会生活中，经过社会化而逐渐形成的。态度的形成过程和个体的社会化过程同步。个体在从自然人转变为社会人的过程中，逐渐形成了对周围世界的种种态度。态度一旦形成，便成为人格的一部分，影响一个人的行为。态度不同于一般的认知活动，它具有情感等因素，比较持久、稳固。态度的形成需要经历服从→同化→内化三个阶段。

①模仿与服从。态度的形成，开始于两个方面：一是出于自愿，不知不觉地开始模仿；二是出自受到一定压力后的服从。人有模仿和认同他人的倾向，尤其是倾向于认同他所崇拜、敬爱的对象。由于人在模仿中认同不同的对象，因而习得不同的态度。以模仿习得态度，这是态度形成的开端。在家庭中，父母常常是孩子认同的对象。随着年龄的增长、交往的增多，在学校、社会模仿不同对象，不断习得不同的态度，这时态度往往以不知不觉、自觉自愿的方式表现。在市场营销中，生产商、营销商要选择受人尊敬的、敬爱的、美丽的人物作为广告的载体，以利于消费者模仿学习，形成认可、接受该产品（劳务）的态度。

服从又称为顺从，是指一个人按社会要求、群体规范或别人的意志而作出的行为。其特征表现为行为、观点受外界的影响而被迫发生。对服从的影响来自两种行为，一是在外在强制下被迫服从，二是受权威的压力而产生的行为。

②同化。同化是指在思想、感情和态度上主动地接受他人的影响。态度在这一阶段已由被迫转入了自觉地接受，自觉地进行。在这个阶段，新的态度还不稳定，还没有同原有态度体系相融合，容易改变。

③内化。内化是指真正地从内心接受他人的思想观点，并将自己所认同的新思想与自己原有的观点结合在一起，构成统一的、新的态度体系，这是态度形成的最后阶段。这个

阶段所形成的态度比较稳固，不容易改变。

态度的形成是从模仿到学习，从自发到自觉，从感性到理性，不断深化，不断增强的过程。但并不是所有的人对所有事物的态度都能完成这个转化过程，有些人对一些事物的态度可能完成了整个过程，但对另一些事物可能只停留在服从或同化阶段。有的即使到了同化阶段，还要经过多次反复，才有可能进入内化阶段，或者一直停留在同化阶段徘徊不前。因此，人们要形成牢固的态度十分艰巨。就生产商、销售商而言，某产品（商标）要成为消费者"永远的信赖""永远的首选"，任务十分艰巨，但应该作为组织追求的目标。同时，我们要想改变人的态度，最好在服从、同化阶段进行，因为这时态度成分的组织未固定化，容易改变。而进入内化阶段后，再要改变态度，困难就要大得多。就消费者态度的形成而言，基于求新、求异的心理，消费者态度一般都处于服从、同化阶段，很难达到内化阶段。

2）消费者态度形成的特点

①消费态度是消费者接受各种事物的信息后经过思考判断而形成的。消费者如果认为信息真实、值得信赖并和自己原有的倾向或价值判断一致，就会对新接触的信息产生满意或肯定的态度；反之，则会产生不满意或否定的态度。总之，不管消费者通过何种渠道接受何种信息，其消费态度的形成与消费者获取信息的种类、数量关系、质量关系、价值判断具有密切的联系。

②消费需要是形成消费者态度的一个重要因素。对能够满足消费者需要的消费品，消费者就持满意的态度；否则，消费者就持不肯定甚至否定的态度。形成消费者态度，应从研究影响消费者需要开始。例如，消费者对一些名优产品（商标）容易持肯定态度，对一些假冒伪劣产品一般持否定态度，这是因为名优产品（商标）能够满足（或部分满足）消费者的需要，而假冒伪劣产品往往不能满足消费者的需要。

③消费者所属的阶层、民族、家庭、亚文化以及生态环境对消费态度形成的影响。消费者所属的阶层、家庭因素对消费态度的影响主要表现在对产品的等级（层级）的选择上。

④消费态度受消费经验的影响。消费者对于某种商标或服务的经验可能形成其满意的态度，也可能形成其不满意的态度。例如，某消费者购买"中华"牌牙膏，一需要就买，从不挑剔，还劝其他消费者也购买这种品牌的牙膏。这是因为"中华"牌牙膏使他产生了信赖感。相反，有人因为某个牌号彩电购买不久就出了故障，他便会劝同事们千万别买这种牌子的彩电。购买劣质消费品虽是出于偶然，但也促成了消费者对该品牌的厌恶态度。因此，消费者从产品的品牌等得到的经验也会影响消费者态度的形成。

（4）消费者态度的改变。在个体社会化过程中形成的态度，具有稳定性的特征，但也具有可变性。为了更好地适应和改造社会，态度的改变是必然的，也是必须的。

1）态度改变的形式。态度改变的形式主要有两种：一是态度强度的改变，即改变原有态度的强度，但方向并不改变，如从稍微反对（或赞成）改变为强烈反对（或赞成），这种形式称为一致性的改变。二是态度方向的改变，即一种新的态度取代旧的态度，改变了态度的性质和方向。例如，原来反对的改变为赞成的，本来喜欢的改变为不喜欢的。这种形式称为不一致改变。

2) 态度改变的方法。态度改变是科技进步、社会生活条件不断变化的要求。就人的社会化而言，态度改变是不可缺少的重要因素。就产品推广、市场营销而言，关注、改变消费者态度，更是关系到生产商、销售商生存和发展的重要工作。改变态度的方法有以下两种。

①参与活动。引导人们积极参加活动，有助于其改变原有的态度。个人在社会活动中的作用既能决定他的态度，也会改变他的态度。研究表明：人们通过参加活动，在活动中增加与他人的接触、思想感情方面的交流，深入了解态度对象，获得更多的信息，从而改变原有态度，形成新的态度。活动有助于个体态度的改变。改变的程度与速度，取决于参与的深度和广度。

②宣传、说服。宣传、说服可以提供更多的信息，完善人们的认知，并在此基础上产生更强烈的情绪体验。这是改变态度的重要方法，特别是对于矫正偏见和不恰当的态度尤为重要。宣传是社会生活、消费领域中改变人的态度的主要方法和途径。特别是大众媒介，无时无刻不在直接或间接地影响人们的态度。说服也是一种广义的宣传，它是通过直接接触、交换意见，从而改变消费者态度的重要方式。宣传、说服由于具有针对性强、沟通准确、快速等特点，能充分利用情感召唤、人际吸引、让受众表达意见等手段，从而抓住问题的关键，再加以理性说明和分析，往往能彻底转变他人的态度。

3) 消费者态度改变的条件。消费者态度的改变虽然可起因于内在的因素，如生理状况的变化，但主要还是受到外在因素，如消费品的性能、质量、包装、推销方式的影响。要有效地改变消费者的态度，就必须考虑下列条件：

①传播者的信用、形象。接受者改变态度的决定条件，首先是传播者的信用、形象。信用较好的传播者比信用较差的传播者容易促使接受者改变态度。虽然，随着时间的推移，传播者信用好坏对消费者态度的转变没有多大差别，但就营销而言，为使接受者暂时改变态度，聘用信用好的、形象好的传播者是决定性的措施。权威引起人们改变态度，是由于人们很注意专家的观点，并认真加以考查。喜欢引起人们改变态度，是由于吸引。

②广告信息的效果。成功的广告容易引起消费者改变态度，接纳某类产品。

③接受者的效果。由于受众的知觉、需要、个性等不同，因而会产生传播信息效果上的差异。

态度改变者的原有态度：如果信息与原有态度的距离过大，就应该分阶段来改变态度；否则，要求过高，非但不能改变受众原有的态度，而且会对新信息加以拒绝、排斥。

态度改变者的人格特征：自尊心强的人比自尊心弱的人更难以改变态度，智力高的人比智力低的人更不容易被说服。

态度改变者的社会背景：目标对象所处的家庭、社会地位、社会文化、居住条件等因素都会影响被劝导者对信息的接受。

2. 消费者价格认知心理

现代市场经济条件下，在影响消费者心理与行为的诸多产品因素中，价格是最具有刺激性、敏感性的因素之一。深入研究价格对消费者的心理影响，把握其价格心理特性，是企业制定价格策略的基础和前提。

(1) 消费者的价格心理特征。价格心理是指消费者在购买过程中对价格刺激的各种心理反应及其表现，它是由消费者自身的个性心理和对价格的知觉判断共同构成的。

1) 消费者的习惯性心理特征。由于消费者长期、多次购买某些产品，因此对价格反复感知，从而形成了消费者对某些产品价格的习惯性心理。这种心理特征一旦形成，就会直接影响消费者的购买行为。因为在市场条件下，产品价格受各种因素的共同影响，消费者很难对其作出客观判断，只能依靠逐步形成的价格习惯作出所购产品价格是否合理的判断。如果某一产品的价格在消费者认为合理的范围内，则他们就会乐于接受；反之，如果超出了这一范围，则难以接受。例如：普尔斯玛特成都连锁店在开业之初就在显眼之处摆放了一辆价值上万元的自行车，但一直无人问津。进入商场的消费者几乎都是抱着看热闹和置疑的心态，而不愿意购买。因为通常消费者对于自行车的习惯价格都在 1 000 元以下，突然面对比习惯价格高出数十倍的高昂价格，无论该产品有何特别之处，消费者都很难接受。从事市场营销的企业，应了解消费者价格的习惯性心理对购买行为的影响，在制定和调整产品价格时，对那些超出消费者习惯性价格范围以外的产品要特别慎重，一定要弄清这类产品的价格在消费者心目中的价格上限和下限。价格超过了上限，就应千方百计地让消费者了解其产品的优秀品质；价格低于下限，则要想法打消消费者对此类产品是低档货或质量欠差的顾虑，促使其尽快由不习惯转为习惯，进而购买。

2) 消费者的敏感性心理特征。该特征指消费者对产品价格变动的反应程度。消费者对产品价格变动的敏感性既有一定的客观标准，也受其在长期购买活动中积累的实践经验以及由此在他们心目中形成的心理价格尺度的影响，因而具有一定的主观随意性。由于产品价格直接关系到消费者的生活水平和生活质量，所以消费者对价格变动具有极强的敏感性。尤其是对那些与消费者日常生活关系密切的产品价格，消费者的敏感性较高，如：食品、蔬菜、水果、粮油等，这类产品价格稍有提高，消费者马上就会作出强烈反应；而对于一些高档消费品、奢侈品，如钢琴、汽车、游艇等，即使价格上升，人们也不会有很大反应，也就是说消费者对这类产品的价格敏感性较低。

3) 消费者的倾向性心理特征。该特征指消费者在购买产品过程中对价格选择表现出的取舍态度。由于不同类型的消费者所具有的社会地位、经济收入、文化水平、个性特点各不相同，在购买产品或服务时具有不同的心理价格，因此，他们在购买活动中对产品或服务价格的选择表现出明显的不同倾向。产品或服务的价格有高、中、低三档的区别。一般来说，价格高的产品或服务品质好、价值高；价格低的产品或服务品质差、价值低。目前，我国消费者的消费心理明显地呈现出多元化特征，既有追求高档名贵的求"名"心理，又有追求经济实惠的求"廉"心理，还有居于二者之间要求价格适中、功能适中的求"中"心理，此外，还有满足情感、文化需要的求"情"、求"乐"、求"知"心理。将上述消费心理按高、中、低分成三个需求档次，消费者的价格倾向就会很明显地表现出来，他们会根据自己不同的需求特点，作出不同的价格选择。这些不同的选择倾向，实际上就是不同消费心理的不同反应。

4）消费者的感受性心理特征。感受性心理特征是指消费者对产品价格高低的感知程度。消费者对产品价格的高与低、昂贵与便宜的认识是通过以下三种途径获得的：

①与市场上同类产品的价格进行比较。

②通过购物现场的不同类产品的价格进行比较。

③通过产品本身的外观、质感、重量、大小、包装、使用特点、环境气氛等进行判断。

消费者在依据上述途径对产品价格进行判断的过程中，由于主客观因素（一是消费者对产品需求的紧迫程度；二是产品出售过程中的环境气氛、销售方式及产品本身）的影响，往往会产生错觉。消费者对产品价格的感受性心理在他们购买产品时的反应是普遍的，营销企业应当重视这种心理现象，在组织产品销售过程中，加强对销售环境、销售气氛、产品陈列、产品包装的研究，以获得较好的销售效果。

5）消费者对价格的逆反心理。正常情况下，消费者总是希望买到价廉物美的产品，对于同值的产品或服务总是希望其价格越低越好，但是在某些特定情况下，产品或服务的畅销性与其价格却呈反向关系，即并非价格越低越畅销，起因就是消费者对价格的逆反心理。例如：一件女式大衣在同一家商场出售，刚开始其标价是 80 元人民币，这个价格是低于同等产品平均价格水平的，但在商场挂了很久都无人问津。消费者在购买时看到这一低价会很自然地认为这件大衣可能是滞销货，或者存在质量问题，即使价格偏低也不愿购买；但是当商家把价格改成 800 元之后，就有很多消费者因为这一高价而注意到这件大衣，很快这件大衣便以 680 元的价格出售了。

（2）价格变动与消费者的心理行为反应。在市场经济条件下，产品或服务价格随着市场供需的变化而调整与变动是必然的，而产品或服务价格的变动，也会引起消费者心理行为方面的反应。在一般情况下，当一种产品或服务的价格发生变化时，消费者会改变他们原来购买产品或服务的种类和数量。如当产品或服务价格因促销、优惠、折扣而有所下降时，会促使一些消费者更多地购买这种产品或服务；当某种产品或服务价格上涨时，消费者可能会减少对这种产品或服务的购买，或转而购买其他的价格较低的替代品或服务。

1）调低产品或服务价格。调低产品或服务价格，通常有利于消费者，理应激发起消费者的购买欲望，促使其大量购买。但在现实生活中，消费者会作出与之相反的各种心理和行为反应，他们会认为：

①"便宜＝便宜货＝质量不好"，从而产生心理疑虑。

②"便宜""便宜货"有损购买者的自尊心和满足感。

③可能有新产品或服务即将问世，所以降价抛售老产品或服务。

④降价产品或服务可能是过期产品、残次品或低档品。
⑤价格还会进一步降低，等一等再买。
⑥削价产品或服务肯定是质量下降了，拒绝购买。

2）调高产品或服务价格。调高产品或服务价格通常对消费者是不利的，按理会减少需求，抑制消费者的购买欲望。但在实际生活中，消费者可能会作出与理论相反的心理反应，他们会认为：

①这种产品很畅销，如果现在不买就快买不到了。
②产品涨价，可能是因其具有特殊的使用价值，或优越的性能。
③产品已经涨价，可能还会继续上涨，先买来保值。
④产品涨价，说明它是热门货，有流行的趋势，应尽早购买。

可见，产品价格的调整引起的心理反应非常复杂，既可激发消费者的购买欲望，促使需求增加，也可抑制其购买欲望，使需求减少。因此，调整价格之前，一定要仔细分析各种因素的影响，准确把握消费者的价格心理，采取行之有效的价格调整策略，以便达到促进销售、增加利润的目的。

3. 消费需求

关注消费者的需求，就是关注市场。企业如果能提供满足消费者需求的产品，就一定会打动他们的心。目前市场上有款产品叫"童颜魔法"，顾名思义就是使用一定的方法使你的皮肤像孩子的皮肤一样，这款产品主要针对中老年人。中老年人的皮肤问题主要表现为皮肤干燥、有皱纹、斑等，这就迎合了需求，打动了中老年消费者的心，从而在市场上占据了相当大的份额。可见消费者需求把握得准确与否，决定着产品的成败，也决定着美容指导师服务的成败。

（1）需要的概念。需要在生活里一般与欲望大体同义，也经常表述为需求、欲求等。需要的概念可以从两方面去理解：一是有机体因为缺失某因素或因为不平衡而"需"；二是有机体力求去满足缺失、达到平衡而"要"。因此，我们把需要表述为：有机体因某种生理或心理因素的缺乏，产生了一种不平衡感或缺失感，继而力求平衡或满足的内部心理状态。例如，在生理上，血液中血糖浓度下降到一定程度时，会因饥饿感而产生求食的需要；在心理上，会因孤独感而产生交往的需要等。

（2）消费需求的分类。按照美国心理学家马斯洛提出来的需求层次理论，人的需求可以分为五个层次，分别是生理的需求、安全的需求、社交的需求、尊重的需求和自我实现的需求。对于消费者而言，消费需求可分为五类：

1）生理的需求。主要要求产品或服务需具有消费者要求的一般功能，如护肤品涂抹在面部能使面部滋润，洗衣机可以清洗衣物等。

2）安全的需求。表现为消费者会关注产品或服务对身体及环境的影响，如消费者往往会关注产品或服务是否有益健康，是否有益环保，是否是绿色产品等。

3）社交的需求。表现为消费者会关注产品或服务是否有助于提高自己的交际形象，关注包装是否精美等附加因素。

4）尊重的需求。表现为消费者对产品的象征意义的关注，消费者会把产品或服务当做一种身份的标志，关心的是"获得别人认可"，此时产品或服务是否具有最优秀的技术，是否具有独一无二的功能，则是消费者需求的焦点。

5）自我实现的需求。表现为消费者会对产品或服务有自己的判断标准，消费者会注重拥有自己固定的品牌，并会注重品牌的精神内涵。

这五类需求依次由较低层次到较高层次，每一个需求层次上的消费者对产品或服务的要求都不一样，即要求不同的产品或服务满足不同消费者的需求。

（3）了解消费者需求的方法。对于企业来说，了解消费者的需求比较常规而有效的方法有以下三种：

1）观察法。观察法通过摄像、录音、记录等方法对消费者在购买、消费时的行为表现进行实地观察，进而了解其心理活动和需求。

2）调查法。调查法通过问卷、交谈等方式，利用事先拟定的问题或表格了解消费者的相关信息，从而间接了解和推测他们的心理活动和需求。

借助于这些方法，企业可以清楚地了解消费者的需求，了解自己的产品或服务是否满足这些需求。

3）询问法。通过有效的询问可以掌握顾客的潜在需求。

①状况询问法。日常生活中，状况询问用到的次数最多，例如："您现在用什么牌子的化妆品？""您经常上哪家美容院做护理？"这种为了解对方目前的状况所做的询问就称为状况询问。状况询问的目的是通过询问了解准顾客的事实状况及可能的心理状况。

②问题询问法。问题询问是在得到顾客状况询问的回答内容后，为了探求顾客的不满、不平、焦虑及抱怨而提出的问题，也就是探求顾客潜在需求的询问。

询问法具体可以看以下两个例子。

【例1—1】状况询问

美容指导师：您现在用什么牌子的防晒化妆品？

顾客：××牌的。

【例1—2】问题询问

美容指导师：您觉得怎么样？是不是有不好的地方？

顾客：嗯，好像效果也不怎么样。原先广告上说得好，不单防晒，还说防辐射呢。可这夏天哪，我还是比以前黑多了。

以上是"问题询问"的一个简单例子，问题询问能使你找出顾客不满意的地方，知道顾客有不满之处，你就有机会去挖掘顾客的潜在需求。

③暗示询问法。美容指导师在发觉顾客可能的潜在需求后，可用暗示的询问方式，提出对顾客不满的解决方法，这称为"暗示询问法"。

【例1—3】暗示询问法

美容指导师：如果确实有另外一种产品，防晒效果很好，您认为怎么样？

顾客：早就想换个牌子，可就没找到合适的。

此时，美容指导师若能熟练地交叉使用以上三种询问的方式，顾客经过合理的引导及提醒，潜在需求将不知不觉从口中说出。优秀的美容指导师必定能熟练地驾驭状况询问、问题询问和暗示询问的技巧，引发顾客说出潜在需求后，即可以自信、坚定地展示你推介的产品，证明你能满足顾客的需求。

④开放式询问。指为了让准顾客充分阐述自己的意见、看法及陈述某些事实状况的提问方法。

【例1—4】开放式的询问

您理想中的护肤品应该达到什么效果？

您对我们公司的产品抱什么样的看法？

您认为如何？

您目前使用的情况怎样？

开放式询问的目的是取得信息，让顾客表达他的看法、想法。表1—1是开放式询问的范例。

表1—1　　　　　　　　开放式询问范例

使用目的		开放式的询问
取得信息	了解目前的状况及问题点	现在您使用哪个品牌的化妆品做美白护理，感觉效果怎么样
	了解顾客期望的目标	您期望这个护理疗程能达到什么样的效果
	了解顾客对其竞争者的看法	您认为A品牌有哪些优点
	了解顾客的需求	您希望用哪个牌子的防晒产品
让顾客表达看法、想法	表达看法、思想	在产品品质方面，您认为有哪些还要考虑： 　　您的意思是…… 　　您的问题是…… 　　您的想法是…… 　　您看，这个怎么样

⑤闭锁式的询问。让顾客针对某个主题明确地回答"是"或"否"。

【例1—5】闭锁式的询问

A：您是否认为每一个人都有美容护理的需要？

B：您是否认为购买化妆品一定要找品牌知名度高的产品？

C：您是否认为化妆品的安全性最重要？

D：您购买化妆品时，首先考虑的是效果还是价格？

E：星期三上午10点方便吗？还是星期四上午比较好？

闭锁式询问的目的：

a. 获取顾客的确认。如例1—5的A，取得顾客确认：每个人都需要美容。

b. 在顾客确认后，发挥自己的优点。如例1—5的B，获得顾客对"品牌知名度"要求的确认后，可以接着介绍自己公司产品的知名度及影响力。

c. 引导顾客进入要谈的主题。如例1—5的C，将主题引导到化妆品的安全问题上，待顾客同意化妆品安全性最重要后，您可说明贵公司正是出于安全方面的考虑，特别采用最新的生化科技，不加任何添加剂和防腐剂，不是一般用低价格竞争的产品能相提并论的。

d. 缩小主题的范围。如例1—5的D，利用闭锁的询问，将主题的范围确定在"效果"或"价格"上。

确定优先顺序。如例1—5的E，确定顾客需求的优先顺序。

闭锁式询问范例见表1—2。

表1—2　　　　　　　　　　　闭锁式询问范例

使用目的	闭锁式询问
获取顾客的确认	我想给李小姐推荐一种刚面市且效果非常好的产品，不知道李小姐是否同意
在顾客确认后发挥自己产品的优势	李小姐肯定是希望购买效果好的产品，我们公司的珍珠美白系列是采用天然养殖的珍珠精制而成的……
引导顾客进入要谈的主题	李小姐现在皮肤这么好，我想肯定会有什么护肤秘诀
缩小主题的范围	您的预算是否在100元左右
确定优先顺序	您选择化妆品是以效果好还是以价格低廉为优先考虑

4. 消费者的购买动机

（1）动机的概念。动机的原意是引起动作。心理学中更强调从动机是引起行为的动力的角度来研究它。动机在需要的基础上产生，是指向行为的直接动力。人们通常把能激励人的行为，并引起行为满足某种需要的愿望、理想、信念等主观心理因素叫动机。人的行为背后总能找到一定的直接或间接的动机。所以，心理学上，往往把能引起个体行为，维持该行为，并把该行为导向某一目标的内部心理倾向和动力称为动机。

（2）动机的产生及其影响因素。心理学研究表明，动机的产生除了以有机体的某些需要为基础外，诱因的存在也是一个重要条件。所谓诱因是指能够激起有机体的定向行为，并有可能满足其需要的外部条件或刺激物。例如，现在的商家都很重视产品的包装，是因为精美的包装可以成为很好的诱因，一旦它同顾客潜在的购买需要相结合，很容易转化为购买行为的直接动力。

因此，在动机的产生过程中，需要与诱因是紧密联系着的。需要比较内在、隐蔽，是人行为积极性的重要的内部源泉；诱因是与需要相联系的外部刺激物，可以分为正诱因和负诱因两种。正诱因使人产生积极的行动，即趋向或接近某一目标；而负诱因则产生消极的行为，即离开或回避某一目标。因此，动机的产生一般是由需要或者欲望促使有机体产生驱力，这种驱力是无特定方向的一种力量，在碰到适宜诱因的情况下产生动机，指向行为活动的目标。

综合起来，与人的心理需要相联系的主要影响因素有三个：生活价值观、兴趣与爱好、理想与信念。

5. 影响消费者购买行为的因素分类

区分不同类型的消费者购买行为，找出不同购买行为的差异，是研究消费者心理的重要途径。划分不同消费者的购买行为，依据不同的标准会有不同的划分方式。

（1）根据消费者的购买态度划分

1）习惯型。习惯型消费者在购买中对某些品牌的产品具有特殊的感情，喜欢购买并长期使用。这是由于以往的经验和使用习惯使他们对这些产品十分信任、熟悉，以致形成某种定式。这种习惯一般不会因年龄、环境的变化而改变，不受时尚风气的影响，购买行为表现出很强的目的性。这类消费者在购买产品或接受服务时当机立断，成交迅速。

2）理智型。理智型消费者头脑清醒、理智，善于观察、分析和比较，有较强的选择产品或服务的能力。在购买前，他们依据自己的经验和知识，广泛收集信息，了解市场行情，谨慎决策。在购买产品或接受服务时，对产品或服务反复比较、权衡利弊，自主地作出购买决策，不受他人和广告宣传的影响。

3）经济型。经济型消费者富有经济头脑、计划性强，选择产品或服务的能力也较强。他们对价格比较敏感，选价心理较重，往往以价格的高低作为选购的标准。一种是对同类产品或服务中价格较低者感兴趣，认为其经济实惠；另一种是对同类产品或服务中价格较高者感兴趣，认为价高质量好。

4）冲动型。冲动型消费者易受外界刺激信息的影响，选择产品或服务的能力不强。在产品宣传广告、推销人员及他人影响的刺激下，对产品或服务不去进行分析比较，以感觉决定产品或服务的购买行为。他们对新产品、时尚产品或服务反应热烈，容易购买。

5）从众型。从众型消费者缺乏主见，对所购产品或接受的服务常常受众多人同一购买趋向的影响而不去分析、比较产品。这种从众型消费者在服装、服饰等方面的消费中最为突出。

6）疑虑型。疑虑型消费者性格内向、言行谨慎、多疑。他们在购买商品或接受服务行为中常犹豫不决，尤其对新产品、包装精美的产品或新推出的服务大都不会轻易相信，担心上当。

（2）根据消费者购买目标的选定程度划分

1）确定型。确定型消费者在购买商品或接受服务之前有明确的目标，对所要购买产品的种类、品牌、价格、性能、规格、数量等都有具体要求。购买商品或接受服务过程中，一般不需要他人过多地介绍、提示和帮助，其全过程都在非常明确的目标指导下完成。

2）半确定型。半确定型消费者在购买商品或接受服务之前，虽然确定了购买意向和目标，但是，这一目标还不具体明确，在购买过程中仍需要对产品或服务进行了解、判别与比较，直到达到满意才决定行动。这时，他们需要与销售人员进行信息交流，美容指导师应准确了解顾客需求，根据顾客的需求选择产品或服务，同时为顾客解释清楚这些产品或服务的作用、使用方法等，从而使顾客的目标明晰。

　　3）不确定型。不确定型消费者无论进店前还是进店后，均没有明确的购买目的，他们只是散步、休闲，信步进入商场浏览，这类消费者以女性居多，如果所见所闻能够唤起需要，就可能产生购买的冲动。

　　（3）根据消费者在购买现场的情感反应划分

　　1）沉静型。沉静型消费者感情稳定，性格沉着冷静，在购物过程中不易受广告宣传和美容指导师态度的影响，甚至对过分热情的美容指导师易产生反感。

　　2）温顺型。温顺型消费者感情温顺，态度随和，在购买现场能够安静地、耐心地倾听美容指导师的推销，一般不轻易反驳，作出购买决策比较快。

　　3）活泼型。活泼型消费者性格活泼，感情易变。他们既可以安静地听美容指导师的推销，也会与美容指导师交流，容易表露出对产品及美容指导师的喜欢或厌恶的态度。

　　4）反抗型。反抗型消费者性格倔犟，感情固执，自主性强，在购物现场对美容指导师的推销言辞易心生反感。

　　5）傲慢型。傲慢型消费者性格高傲，对美容指导师的推销抱着一种盛气凌人的傲慢态度。当美容指导师顺其所好，赞扬其消费观念时，她却表现出一种高高在上的态度。有时，也会因美容指导师所推销的产品档次不高而一走了之。

　　（4）按消费者介入程度和所购产品或接受服务的品牌差异程度划分

　　1）简单型。简单型消费者对于价格低廉、经常使用的产品，一般是按照过去的消费习惯购买。购买的品牌变化不大，不需较多的时间和精力，也不需多人参与。

　　2）多变型。有些产品或服务虽然价格低廉，但品牌差异较大，消费者因经常消费或满足多样化的消费需求而频繁购买。因此，消费者难以形成某种特定的品牌忠诚，购买过程中，易受报纸、杂志、广播、电视等广告信息的影响，购买的品牌差异较大。

　　3）和谐型。有些产品或服务价格较高、消费不频繁，偶然购买带有较大风险，因此，消费者购买时往往有多人参与决策。如果所购产品或服务没有形成众多的品牌差异，如高档时装、名牌鞋等，在这种情况下，消费者比较关心产品或服务的价格变动信息，关心购买地点的信用程度，特别关心所购产品或服务的他人评价，争取他人支持，以获得新的认识。

　　4）复杂型。有些产品或服务价值高、消费不频繁，产品或服务品牌差异明显，消费者在购买过程中有多人参与决策。购买这类产品或服务时，消费者愿意花时间、精力去广泛收集信息，对不同品牌的产品或服务特性进行评价，以形成对品牌的态度，然后再慎重决定是否购买。例如，购买汽车、计算机、高档家用电器等，即属于这种类型。

6. 消费者的购买决策类型

　　在日常生活中，消费者的购买决策是多种多样的，不仅在不同的消费者之间其购买决策存在着差异，而且同一个消费者在不同条件下的购买决策也存在着差异。消费者的购买决策方式与购买决策类型有关。划分购买决策类型有以下多种方法：

(1) 按照购买决策内容划分

1) 购买原因决策。主要解决为什么要买的问题。例如，为了充饥御寒，还是为了社交需要？为了兴趣爱好，还是为了实际需要？因为价格下调，还是新产品上市等。

2) 购买目标决策。主要解决买什么产品的问题。例如，对产品的款式、颜色、包装、功能、价格等的选择。

3) 购买方式决策。主要解决怎么购买的问题。例如，是邮购、函购、托人购买，还是自己亲自去购买？是用现金购买，还是用信用卡支付？是一次付款，还是分期付款？

4) 购买地点决策。主要解决到哪里购买的问题。例如，是大商场还是专卖店？是就近购买还是到商业区购买等。

5) 购买时间决策。主要解决什么时候去购买的问题。例如，在时令旺季时，还是在淡季时？在工余时间还是在节假日等。

6) 购买频率决策。主要解决多长时间购买一次的问题。例如，按时订购还是不定时自选等。

7) 购买数量决策。主要解决买多少的问题。例如，因为实际用量大而多买，还是多买会优惠等。

(2) 按照购买决策方式划分

1) 个人决策。指消费者利用个人经验和信息等做出购买决定的过程。人们日常生活的大多数购买行为都是个人决策。也有因为一些特殊情况，如碰到抢购短缺产品，或者偶遇想购买的对象，来不及用其他决策的情况。

2) 家庭决策。指由家庭成员共同商议，凭借集体的经验和智慧作出购买决定的过程。家庭里的重大购买行为一般都用家庭决策，比如购房、购车等重大购买活动。

3) 社会协商式决策。指购买者通过社会化渠道收集信息，并进行协商，运用社会化的经验和智慧作出的集体购买决定。比如，通过咨询销售人员、通过广告、通过人们的口碑、通过询问懂行的朋友等去获取信息来决定是否购买。

(3) 按照购买决策的性质划分

1) 战略性决策。指消费者面向未来、有长远规划的购买决策，比如住房、汽车、家电等大件产品的购买规划就属于家庭发展战略决策。

2) 策略决策。指消费者为实现战略决策目标而采取的具体方式和手段，如用奖金买家电，用积蓄买住房等。

以上两种分类的区别是相对而言的，而不是绝对的。

(4) 按照购买决策目标的性质划分

1) 常规性决策。常规性决策指消费者经常或者例行的购买决策，比如日常用品的购买决策。

2）非常规性决策。非常规性决策指消费者对偶然发现的或首次出现的非重复性购买的产品的决策，也称为一次性决策。

（5）按照购买决策结果的影响划分

1）最优决策。指消费者力求通过决策方案的选择、实施，取得最大效用的决策。当然，这种决策的实质就是要追求理想条件下的最优目标。由于理想条件很难达到，又要花费大量的时间和精力，所以一般很难达到最优决策。

2）满意决策。指消费者在现实条件下，作出相对合理的选择，达到相对满意的决策。购买过程中，绝大多数消费都采取满意决策，因此，满意决策更具实用性。

（6）按照影响购买决策因素的复杂程度划分

1）单一决策。单一决策指影响消费者决策的因素很少，同时可选择的方案也少的决策。如需要购买的某产品类型单一，这时候的决策就是单一决策。

2）复杂决策。复杂决策指影响消费者决策的因素有多方面，相互关联，可选择方案多的决策。这是消费者经常面临的决策，比如消费者到了琳琅满目的同类产品云集的大商场，反而无所适从，结果空手而归。

（7）按照决策方案的风险性划分

1）确定型决策。指决策选定的方案结果是确定的，决策时对未来购买后的情况已掌握全部资料，没有不确定因素。

2）风险决策或不确定决策。指决策选定的方案结果存在不可控、不稳定的因素的决策，如购买股票决策等。

1.1.4 女性消费心理与行为

1. 女性消费者的市场特征

女性消费者不是指全部女性，只有在实际市场上有购买能力的女性才是女性消费者。在我国，通常包括青年、中年女性消费者，年龄段从18~55岁。这是因为少年儿童中女性消费者多是在家长的指导下进行的，其购买行为尚未完全独立；而老年女性消费者的购买行为与心理从青年、中年时形成了习惯与定式，与中青年女性消费者差别不大。所以，这里我们重点研究中青年女性消费者。中青年女性消费者的市场特征主要表现在以下几个方面。

（1）人数多，潜力大，是家庭和个人购买决策的重要参与者。我国人口统计资料表明，人口中女性占一半左右，是一个潜力巨大的消费市场，特别是中青年女性，在市场中往往是个人、家庭购买行为的决策者和重要的影响者，在购买活动中起着重要作用。从青年时期开始，她们一般就对自己消费的时装、化妆品等自主决策。在家庭中，她们又承担着妻子、母亲的角色，是绝大多数食品、日用品、儿童用品的购买者。在家庭大件产品购买方面，她们的意见也起着非常重要的影响作用，有些人就是最终的决策者。

（2）女性消费者购买服装、家庭装饰用品等往往是凭感觉、凭印象；购买食品、日用品、化妆品是凭消费习惯和品牌印象。女性消费者进商场有时有初步的计划，有时是无目的的闲逛。在商场里她们往往受外界因素影响较大，如广告诱惑、促销刺激、美容指导师的赞美而产生冲动性购买行为。因此，产品的设计、陈列、色彩、现场促销是引导女性消费者产生购买动机的重要原因，这也是迎合女性消费者挑选产品重感情、重情绪感染的特点。

(3) 女性消费者性格细腻，对产品挑剔，选择性强。女性消费者性格细腻，挑选认真，对产品的选择、比较、鉴别特别仔细，对产品的挑剔程度大大高于男性。女性消费者的这一特点给产品的生产者、经营者带来一定的营销困难，更要求企业从细微处注重产品质量。

(4) 我国女性就业比例高、工作忙、竞争激烈，女性消费者对能减轻家务劳动时间、精力、强度的产品尤其喜欢，如厨房、卫生间使用的电器，半成品食品等。对于职业女性来说，她们接触的消费时尚多，收入高，其消费能力和欲望也较高。随着社会劳动时间的减少，休息时间的增加，女性消费者对劳务消费、精神文化消费的兴趣也在大大提高。

2. 女性消费者购买行为的心理特征

(1) 凭借直观，追求情感。男性购买产品或服务时，较多地注重产品或服务的基本功能，而且又经常负责购买大件的耐用消费品，价格较高，因而受理性支配的居多。而女性消费者则不同，女性消费者多购买一般的家计用品，这些产品一般种类繁多，再加上女性爱逛商场，所以她们多凭直观感觉，符合自己心意的（用审美标准来衡量），就会有购买意向，且冲动购买较多，在给丈夫、子女、父母购买产品时，感情色彩更加强烈。另外，女性消费者易受产品的使用性、产品的包装等影响，产生情感联想而冲动购买。

(2) 注重实用，考虑周全。女性消费者对产品的使用价值往往考虑得多而细，在挑选时，挑拣细、询问多、时间长。不过，她们大都着眼于细微之处，且多含挑剔之意，若产品能从细微之处见"功夫"，就容易打动她们，促成购买。

(3) 注重产品的便利性。我国中青年女性大多数就业，忙完一天工作后还要忙家务，所以她们对日用消费品和主、副食的方便性要求日益强烈，希望产品的购买和使用省时、省力，提高效率，减轻负担。

(4) 希望体现自己的创造性。女性消费者一般不习惯于"坐享其成"，不喜欢一成不变，而是希望通过自己创造性的劳动使家庭生活更丰富、更完美，以尽到一份责任，又可获得持家的成就感。所以，企业除考虑产品的便利性之外，在产品设计上应当下工夫，既要使用起来方便，又要给予她们发挥创造性的心理满足。

(5) 较强的自我意识与自尊心。女性的自我意识比较强，对外界反应敏感。家庭主妇在生活方式、消费观念上易受邻里影响；职业妇女受同事及社会组织等影响大。女性在一起比男性更喜欢谈论有关个人和家庭消费的习惯、经验、轶闻趣事，交流自己对消费品的好恶褒贬，有时自己认为购买某件产品是明智之举，也渴望得到别人的赞扬和认可。在购买产品或服务过程中，也表现出自尊、敏感的特征。美容指导师的表情言谈、广告宣传的措辞画面及其他消费者的品评态度等都有可能触发她们的情感，进而影响消费行为的实现。

鉴于女性消费者在购买活动中的上述特点，企业在制订营销策略时，应注意女性消费者的心理特征和购买行为，采取适当的措施，如商场的橱窗布置应注意明朗、热烈，产品的设计、色彩、款式要注意诱发消费者的感情，产品的包装、展示方式等要新颖时尚、细致方便。向女性消费者宣传其产品的好处和具体利益，比向她们宣传产品的质量性能意义更大。同时，对于女性消费者，产品广告应从具体利益出发，且尊重她们的创造性，既强调方便实用又有可能让她们的创造力有发挥的余地。为了尊重女性消费者的自尊心，企业经营用语要规范化、有礼貌、讲究艺术性，以博得女性消费者的青睐、信任和喜爱。

1.2 为顾客服务技巧

1.2.1 心理服务技巧

1. 美容指导师与消费者的沟通

在销售过程中，美容指导师与消费者作为产品的卖方和买方，相互之间必然发生联系。如果他们之间的沟通、交往顺利，会有助于促成产品或服务成交；反之，沟通、交往出现障碍，则可能中断交易，甚至导致人际冲突。因此，加强美容指导师与消费者之间的沟通，协调他们之间的相互关系，对销售过程的顺利实现具有重要作用。

（1）消费者的购买心理发展过程分析。美容指导师的服务方法和消费者的购买心理是密切相关的。在购买活动的不同阶段，消费者都会形成不同的心理反应。而这些不同的心理反应，又反过来决定其购买活动，这就要求美容指导师在购买活动中要仔细观察、体验消费者的心理变化，采取相应的方式、方法，有意识地启发诱导，加速其购买行为的实现。根据消费者外部表现的行为特征，其心理活动的基本过程可分为以下几个阶段：

寻找目标→感知产品→诱发联想→判定比较→选择购买→购买体验

1）寻找目标。逛商场、浏览商品，其目的就是寻找并发现他们需要或是满意的产品。消费者会仔细观察货架上和柜台上的产品，有时也环视商场的整个结构，如果发现感兴趣的产品，则会停下脚步，仔细观察，否则会迅速离开。这时美容指导师与消费者往往不发生关系。

2）感知产品。当消费者发现目标后，就会把注意力集中在他所需要的产品上，反复观察品牌、质地、款式、颜色、价格等因素。

3）诱发联想。如果感知的产品或服务给消费者比较满意的印象，就会诱发消费者的联想：购买了这种产品或服务后的愉快心情，和它带给人们的种种方便，以及其各种观赏价值等。但大多数消费者，特别是理智的消费者这时还不会作出购买决定。这一阶段，美容指导师的服务十分重要。

4）判定比较。购买欲望形成后，消费者往往运用"比较"这种判断型的思维方式，对可供选择的同类产品或服务进行细致的鉴别，并根据个人的需要程度、知识经验和购买能力，权衡产品的各种利弊因素，对产品作出综合分析评价。在这种情况下，美容指导师的意见、评价往往起决定性的作用。

5) 选择购买。根据判定比较阶段的综合评价，消费者确定了对其所选产品或服务的认识，从而作出购买决定，向美容指导师表明购买意图，开始认真挑选所要的产品或服务。这时美容指导师的责任是协助选择产品或服务，讲解有关要点和注意事项，尽量使消费者满意。

6) 购买体验。购买行为完成后，消费者的心理活动并没有马上结束，还会形成和购买活动有关的心理感受，诸如产品或服务的质量不错、价格便宜等对产品或服务本身的感受，也可能形成对营业服务愉快的心理印象。如果美容指导师态度不好，同样会引起消费者不满意的消费感受。消费者在完成购买活动后，往往会通过各种方法来验证自己行为的正确性。如果感到满意则会导致重复购买，也会向其他人宣传；否则，会有不同程度的失望，甚至退换已经购买好的货品。

(2) 美容指导师的接待步骤与服务方法。美容指导师的接待步骤与服务方法，是与消费者购买活动中的心理活动阶段相适应的，大体可以分为以下几个步骤，其基本过程如下：

寻找目标→感知商品→诱发联想→判定比较→选择购买→购买体验
　　↑　　　　↑　　　　↑　　　　↑　　　　↑　　　　↑
观察　→ 展示介绍→启发联想→诱导说服→促进购买→售后服务

1) 观察分析进店的各类消费者，并判断其购买意图

①根据消费者的穿着打扮，判断其身份和爱好。不同的消费者从事不同的职业，即使从事同一职业也有可能处于不同的地位，加之每个人都具有不同的个性心理特征，这些都能从人的外表、穿着打扮表现出来。美容指导师在接待服务中，正确判断消费者的职业、年龄是很重要的，因为不同职业、年龄的消费者对产品有不同的需求与爱好。

②善于从消费者的言行举止分析判断其个性心理特征。个性心理特征影响消费者的言行举止。有些性格外向的消费者，往往一进店就向美容指导师提问，喜欢发表评论，反应灵活，动作迅速。对这类消费者，美容指导师要尽量主动接触，热情回答他们的问题，积极展示其所需要或感兴趣的产品，发表自己的意见，为顾客当参谋。而对性格内向、表情平淡的消费者，美容指导师不要过早接触、提前发问，但要随时做好接待准备，注意回答问题简明扼要，除了顾客有明确表示，尽量少发表或不发表自己的见解。

2) 根据消费者的购买目标，对产品或服务采取不同的展示方法。可以从不同方面展示介绍产品或服务的不同特点，满足不同消费者对产品或服务的不同选择要求，引起不同消费者积极的心理反应。常用的展示方法有两种：

①根据产品的性能、特点展示介绍产品。各种产品都有不同的性能、特点，以求满足人们多方面的消费需求。应根据不同的使用价值确定不同的展示方法。

②根据消费者的特点展示介绍产品。消费者的性别、年龄、职业、个性特征各不相同，因此表现出很大的心理差异，导致其选择产品的标准也十分不同。这就要求美容指导师要根据不同消费者的审美情趣来展示介绍产品。另外，展示产品时，还要尊重顾客的自尊心，一般要从低档到高档逐步展示，使消费者在价格方面有足够的考虑余地，又不伤其自尊心。

3）启发消费者的兴趣与联想，刺激其购买。在消费者进行联想、想象，甚至产生购买欲望和动机的阶段，美容指导师应将有关产品的性能、质量、价格、使用效果等，全面清晰地介绍给消费者，并力求诉诸多种感官的刺激，强化消费者的心理感受，促进其产生丰富的联想，进而诱发其购买欲望。一般情况下，美容指导师主要采取以下方法诱导消费者的心理活动：

①启发式。美容指导师注意到消费者选择产品或服务拿不准主意时，可以提示消费者，解除他们的疑虑，从而促使其形成购买动机。

②比较法。比较法也是在服务中经常采用的一种方法，特别是在消费者出现动机冲突、不知道选择哪种品牌时，这就需要美容指导师帮助顾客分析不同品牌的特点，权衡利弊，促使其早做购买决定。

③提供经验数据法。提供经验数据法是证明产品使用性能、内在质量最有效的方法，并且最有说服力。

④实际操作法。实际操作法也是十分有效的推销方法。它形式多样，内容广泛，可以由美容指导师操作表演，也可以由顾客操作试用，以加深消费者对产品的感官刺激，消除其对产品或服务的不信任心理，有效地促进销售。

4）诱导说服。消费者产生购买欲望后，还会对自己掌握的产品或服务信息进行思索和评价比较，通过评价选择坚定购买信心，作出购买决策。此时，美容指导师的任务是充当消费者的参谋和顾问，为消费者提供建设性的、富有成效的意见和建议，帮助和促成消费者作出购买决定。此外，还应根据不同消费者的需求特性和主观欲望，有针对性地进行重点说服和诱导。例如，对注重产品审美价值的消费者，可以突出显示产品外观的美观别致；对求廉务实的消费者，可以着重说明产品价格低廉。这里需要指出的是，劝说诱导应当从消费者角度出发，围绕消费者利益进行。唯有如此，才能使消费者切实感到劝说者是在为自己的利益着想，从而增加心理开放程度，增加对美容指导师的信赖感，主动接受说服。

5）促进消费者的购买，结束交易行为。通过美容指导师的一系列服务，消费者对其所选产品有了较深刻的体会，会激起他们的购买欲望，但购买欲望并不等于购买行为。在这种情况下，美容指导师要把该产品的市场流行状况和畅销程度、其他顾客对该产品的评价意见，或者把售后服务情况、商场经营传统、服务宗旨、经营保证等内容介绍给消费者，解除消费者的最后疑虑。当消费者作出购买决策后，便进入了实施购买行动和进行购买体验的最后阶段。此时，消费者虽有明确的购买意向，但仍需美容指导师巧妙地把握时机，促成交易达成。美容指导师应主动帮助挑选，在适当的情况下，还可以对消费者的选择给予适当的赞许、夸奖，以增添交易给双方带来的喜悦气氛，但切不可过分，否则会给消费者留下虚伪、不真实的感觉。若能及时巧妙地抓住时机，辅以恰当的语言和递拿动作，即可迅速成交。当交易达成、货款结算完后，应妥善包装产品，并尽量采用适应消费者携带习惯、使用习惯和特定心理需要的包装方法。同时，向消费者表达感谢购买、欢迎惠顾的语言和情感，使消费者体验到买到满意产品和享受良好服务的双重满足感。

6) 提供各种售后服务，诱发重复性的购买行为。售后服务，是指柜台交易行为结束后为消费者提供的各种服务。这些服务有的是由美容指导师来完成的，有的是由专职人员来完成的。因为消费者购买使用后对产品的评价，对产品进一步销售有巨大的反馈作用，所以商家不仅要提供良好的售后服务，尽可能地消除消费者的不满，而且在向消费者介绍产品或服务时，不能任意地夸大产品或服务的优点、隐藏缺点，更不能把残次品冒充好货卖给消费者。否则，消费者的期望不能得到实现，就会产生强烈的不满，或是要求退货，或是暗下决心再也不买这种产品，这不仅会影响产品的销售，还会影响商家的信誉。

2. 全面优质服务对策与消费心理

现代产品销售已经不仅仅局限于产品的销售，而且包括企业形象的销售、人员自身形象的销售，是全面推销的时代、全面服务的时代。实现产品的全面推销，满足顾客的消费需要，必须做到以下几个方面：

（1）坚持顾客让渡价值指导思想。顾客让渡价值是顾客总价值与顾客总成本之间的差额。只有当顾客感觉到他所得到的总价值大于总的费用时，才愿意进行交换。这里要特别注意的是"感觉到"的意义，或者说顾客所得到的总价值多少有些是无法衡量的，是人们心理上的感受或抽象的情感，这就给商家提供了发展情感服务的机会。重视顾客的感觉，从多方面增加顾客感觉到的总价值，减少顾客的总成本是实现顾客满意战略的基本途径。增加顾客的总价值需要企业从了解顾客购买产品时的不同利益要求开始，减少顾客购买中的总费用也需要企业关注顾客购买中的全面需求。商业道德创始者圣商瓦那美卡说过："生意的本质就是寻找顾客所需求的东西，客人的需求有三件：第一件是他们想要得到的东西——产品，包括健康、金钱、名声、漂亮的外表、服装、舒服快乐以及其他有形的产品；第二件是他们想做些什么——他们想表现自己，满足好奇心，满足虚荣心，想成为一名成功者等；第三件是他们想要节省、想要减轻什么——想要节省的是时间、金钱、劳力，想减轻的是他们的不愉快、不安、危险、烦恼等。你们知道这是基本的人类需求，知道生意是利人利己的事情，那么生意就能变成其乐无穷的事儿了。"可以看出，顾客的总利益和总成本是多方面的，增加顾客让渡价值需要商家既要全方位地、整体性地开展销售服务工作，又要根据不同消费者对利益和成本的关注点开展个性化、差异化的服务。

（2）注重产品以外的附加服务竞争。市场经济条件下，消费者购买的是整体性的产品，是形式产品、实质产品、附加产品的统一。通过购买产品，消费者不再满足于仅仅获得产品的使用价值，更注重产品的品牌、包装、款式、特点、附加服务等。这就要求商家不仅在所销售的产品品牌、款式、特点等方面要不断更新，以不断适应消费者的需求变化。此外，更要注重开展产品以外的附加服务的竞争，包括售中售后服务、方便设施服务、技术性和知识性服务等高级服务。同时还要突出产品的文化氛围，以适应消费者的文化品位和个性化的需求。在产品质量日益趋同的情况下，服务质量的差异已经成为影响整体产品质量高低的重要因素。价格只能招徕顾客，而服务却能使顾客成为忠诚顾客。事实证明，为顾客提供的与产品相关联的附加服务越多，顾客得到的利益就更多，其忠诚度也越高。附加服务是培养忠诚顾客、有效进行市场竞争的重要手段。

（3）注重向消费者提供全方位的整体服务。如今，商家不仅提供实体的产品，还要有配套的服务产品形式。服务既包括硬件设施，也包括软件服务。强调服务的营销组合与一般产品营销组合的区别就在于其营销的范围大于一般产品，即除一般产品的4P（Produce，产品；Price，价格；Place，渠道；Promotion，促销）以外，还包括人员、过程和有形展示部分。有形展示主要是指卖场服务中的方便设施、产品陈列、商场内外设计、服务氛围等。人员、过程是指销售人员和美容指导师的服务态度、服务水平、服务效率和促销活动等。为了适应消费中的广泛性消费、立体消费、复杂消费特征，满足现代消费者希望在购物过程中同时欣赏、娱乐、休息、交际、学习等心理和社会方面的综合性需要，就需要做好有关人、事、物方面的细致的系统服务工作，突出服务的细微化、精致化、人性化特征。实现商家的定位战略不是靠单一的产品来实现的，而是同时依靠产品和产品以外的综合环境。因此，除所经营的产品要做到适销对路外，产品的陈列、销售时间与收款方式，也要尽量方便顾客，减少顾客的总成本。卖场的设施、建筑风格等也要体现情感化特征，与市场定位保持一致。卖场的高度、空气、试衣室、地面卫生、色彩等更要协调一致，从细微之处做起，从小事做起。

（4）开展全员式全过程的服务。现代销售是全员式的销售，企业内所有与顾客接触的员工都是销售人员，包括接待员、销售员、收银员、清扫员、寄存人员等。人员已经被消费者看成产品的一部分，这些人员的服务水平、仪容仪表、技能、服务态度等直接反映零售企业的服务质量。如果销售人员的服务态度较好，但收银员对顾客挑剔，也可能会影响消费者的整体心理感受。因此，要做好全员服务意识的教育工作，并采取有效的激励机制，促进不同岗位的员工全心全意为顾客服务。

3. 顾客心理及应对技巧

许多年轻的或刚刚涉足美容行业的从业人员，为了提高自己的业绩，一遇到顾客就进行全面的进攻，使尽全身的技能，口干舌燥地推介，发现自己虽然努力了一阵子，到最后还是"竹篮打水一场空"。有经验的助理美容师，一眼就能凭经验看出顾客属于哪一类，然后再进行有效的推销。下面介绍十种有效的应对方式，见表1—3。

表 1—3　　　　　　　　　　　　　顾客应对技巧

类型	表现	心理诊断	处方
左瞧右看的顾客	"我先看一看，今天暂时不买。""下次再说。"在接受销售人员介绍时，首先就做好了提什么问题做怎样回答的准备	顾客虽然采取了否定的态度，内心却很清楚，一旦这道防线被攻破，就无法解脱，这类顾客对销售人员来说较容易突破，因为当顾客说出了理由时，就会无所约束和不由自主地进入了解状态	其实这类顾客发出的信号是告诉销售人员："你不用推销，让我认真了解一下，我满意就会买。"
紧张胆怯的顾客	这种顾客普遍比较害怕被推销，害怕营销人员。当对其进行推销时，她经常把眼光投向另一边，好像要寻找什么似的，无法安静下来，而且较喜欢手上拿着东西玩，不敢与销售人员对视	此类顾客非常担心销售人员问起个人的私事和不愿意回答的一些个人问题，担心会被销售人员说服	与其接触时，应以柔和亲切的目光和语言多称赞对方，尽量让顾客心理放松下来，寻求相互之间的共同点，排除顾客的紧张感，让对方把你当做好朋友
有好奇心的顾客	这类顾客没有任何购买障碍，她们大部分较容易接受你，同时希望能将资料带回阅读，如有机会，会耐心听取介绍，并会很认真地提一些恰当的问题	性格偏外向型一般都比较冲动，只要一激起购买欲望，就会马上成交。冲动偏向三方面：一是真的喜欢产品；二是非常喜欢销售人员；三是两者都喜欢	在介绍过程中，一定要强调气氛的制造，销售人员要懂得运用气氛，突出产品的新奇，让顾客兴奋起来，成交便在掌握之中
人品较好的顾客	此类顾客文化素质和道德修养较高，对人对事谦虚有礼，对销售人员不会有任何偏见和看法，甚至有时还站在对方立场上说："做美容指导师还真的挺辛苦的。"	这类顾客大部分都是讲心里话的，不会随便说谎，同时也很认真听介绍，也会提出一些问题，但她们比较讨厌强制性推销	美容指导师应以绅士态度，很有礼貌地对待这类顾客，介绍产品要条理分明，解说得体，认真应用沟通说服技巧。切记，不要因过分小心而紧张
表现型的顾客	此类顾客非常讲究包装自己，希望说明自己有钱，且有过许多辉煌，在谈话中也较喜欢显示自己，抬高身价，说明自己如何如何，如果要买的话没有任何问题	这类顾客，其实大多数没有钱，可能还负债累累，也没有什么成就，如果暂不交钱或少付款的话，她仍有可能在被激起欲望的前提下购买	对此类顾客可以用附和方式跟从，多称赞或表示认可，并请教成功经验，尽力顾全对方的面子，利用引诱式刺激其购买："我看您就非常成功，有实力，所以特向您推荐，我想对于您是没有任何问题的。"
唯诺是从的顾客	不论销售人员说任何事情，介绍任何产品，此类顾客都会说"是"，表示非常认同你的介绍，即使是可疑的产品也一样	其实，这类顾客在自己心里已下定决心不买了，只是随意应答你，想早点打发你而已。她认为只要随便点头说"是"就会让销售人员明白而停止介绍	如果发现此类顾客，就应主动介绍，委婉转变话题，干脆直接反问"为什么今天不买？"顾客会因看穿心理而失去辩解能力，反而会导致对方说出真心话，然后根据情况具体对待

续表

类型	表现	心理诊断	处方
自认内行的顾客	"你讲的产品我早就了解过啦！"或者"我还常帮助你们介绍客人呢！"这是这类顾客的第一招表现，她认为自己比销售人员知道得多，精通得多	此类顾客不希望美容指导师占优势或控制她，更不想在众人面前不显眼。为了使自己占优势，总是表示"我知道"，非常担心被控制	对于这类顾客，美容指导师首先应沉住气，认真听对方讲述，让顾客畅所欲言，随时点头表示赞同，鼓励其继续说下去。顾客可能在得意时不知所措，此时，美容指导师应机智幽默地说："您讲得非常棒，让我学到了很多东西。不错，您对产品也很了解，请问您打算买多少呢？"此时便是推销之机
蛮横疑心的顾客	这类顾客的心态较偏激，几乎把所有问题都集中在某人或某产品上，与你的关系很容易恶化（如产品效果不好等），她完全不相信你，对产品持怀疑态度，任何人都感觉她很难对付	此类顾客的主要目的是想发泄自己内心的不满，原因可能在于家庭生活、工作和经济等有问题，造成个人的心理困扰，所以喜欢与美容指导师争执	千万记住，不要发生争论，用亲切的态度与其交流，避免给对方造成心理压力，时时观察对方的表情，选择时机进行有效的介绍，声音一定要轻、缓和，以关心的谈话方式为主，让她把你当做朋友
稳健思考的顾客	此类顾客几乎在种种环境中都很少说话，以沉默居多，在给其介绍产品时，她坐在凳子上思考，完全不开口，只是不时地看看你，翻看一下资料，再看看外面，不说一句话	理智型顾客首先想全面了解该产品，更想从介绍过程中摸清美容指导师是否具备专业能力和知识，从而摸清产品是否值得信赖。这类顾客想从美容指导师身上得到第一手资料，从而确定是否购买	对待这类顾客，美容指导师首先应具备十足的信心，认为自己是一个专家，对其介绍时，一定要注意所说的每一句话，态度要诚恳认真，但不要过于兴奋，可以适当提及自己一些生活或家庭等问题，缓和一下气氛，让对方稍有点松懈，再有礼有节地进行推销
冷漠的顾客	生活中比较独来独往，以自我为中心，冷眼看待销售人员，无礼貌，而且难接近，因为此类顾客都抱着买不买无所谓的心态，无论产品的好与坏或自己喜欢与否，都不轻易购买	此类顾客几乎不喜欢美容指导师介绍产品，主张通过自己调查了解产品，喜欢在对自己有利时按自己的想法办事，外表看起来似乎不在乎什么，但是内心可是什么都在乎	对待这类顾客首先不要急切地推销，一定要掌握好对方的思想，煽动其情绪，引起好奇心，使之感兴趣，然后对顾客进行简单精练的产品介绍，让她自己仔细了解

美容指导师一定要舍得多花点儿时间，针对自身企业的消费群体进行有计划的分类，有针对性地分析，同时结合以往销售成功的经验加以总结，细分规划，建立系统。只有因地制宜、因人而异、以点带面，才能确保销售工作百战百胜，从而有效增加个人、团队及企业的业绩。同时，留住和稳定更多的顾客。切勿形成强制性推销，因为这会导致客源流失。

1.2.2 交流技巧

1. 尊重

尊重，指尊敬与重视。人都有尊重人和受人尊重的需要。尊重他人是现代人成功的重要条件，尤其是为他人服务的行业。只有待他人以真诚，为他人创造幸福，事业才能有所成就。

在美容院服务中，美容指导师通过语言表现对顾客的尊重是至关重要的，它能赢得顾客的好感和友谊，是美容院与顾客建立起良好关系的润滑剂。所以，尊重原则是有效沟通的重要原则。

尊重原则要求美容指导师注重观念的更新，树立顾客至上的观念、以礼待人的观念和以诚感人的观念，从而进行人与人之间的良好沟通。

（1）顾客至上。顾客至上是美容指导师必须牢牢树立的观念。不少美容院的成功经验说明，只有把顾客至上的观念落实到美容指导师的言行中，才能真正做好服务工作，做出成效。

有人以为是顾客需要美容院，其实这种看法是错误的。事实上，并不是顾客需要我们，而是我们要依靠他们。道理很简单，顾客可以不光顾我们的美容院，而去别的美容院。所以，美容院强调"顾客至上""尊重顾客"的理念，这也是其生存和发展的需要。其实"尊重顾客，就是尊重自己"，美容指导师应该以为顾客服务、满足顾客需求为己任，从而使尊重顾客的观念牢牢扎根于自己心中。

要正确认识顾客在美容院中的地位是头等重要的，这是美容指导师与顾客有效沟通的前提。

（2）以礼待人。对顾客表示尊重，必须以礼相待。礼貌是待人接物的风度，它反映出美容指导师的职业意识、品德个性、文化素养。

美容院的形象即财富，塑造美容院美好的形象要靠美容院每位员工的努力，每位美容指导师都应该以自己彬彬有礼的言谈举止与顾客广交朋友，广结善缘，只有这样才能实现美容院的发展。

一个有礼貌的美容指导师应是一个懂得尊重他人的人，处处表现出对顾客的尊敬、热情、亲切和爱护；也应是一个富于同情心的人，在顾客苦恼或忧伤的时候，去关心、帮助顾客；同时又是一个遵守纪律、讲信用的人，不会轻易违背对顾客的承诺。一个有礼貌的美容指导师同样应是一个很有风度的人，很注重自己的仪表和举止，哪怕是每个手势和动作，绝不能在顾客面前做出挖鼻孔、搔头皮、抖腿等不雅行为。美容指导师应是一个很有修养、文化素质很高的人，在服务中应使用委婉、谦恭的言辞，并给顾客以发自内心的诚挚的微笑。

人际的尊重和礼貌是密切相关的，美容院服务同样要学会运用社会交际的礼貌语言，做到讲究文明，不说脏话；控制情绪，不说气话；注重修养、不说大话；具体真实，不说空话;诚恳相见,不说假话;谦让随和,不说套话;力求简洁,不宜多话;明白事理,不说胡话。

(3) 以诚感人。真诚是美容院服务最好的策略。以诚感人是指在美容院工作实践中,以真诚的态度、言辞去对待顾客。中国有句古话:"以诚感人者,人亦诚而应。"这句话是说,如果我们用真诚的态度对待他人,那么他人也会用真诚来回报我们,这是人际交往的至理名言,美容指导师的言行也应以此为鉴。如果美容指导师能够真诚地对待顾客,必定也会得到顾客的信任。

中国有句古语:"精诚所至,金石为开。"只要美容指导师真诚待客,即使服务欠点儿周到,也容易为顾客所包涵;假如发生矛盾,问题也会迎刃而解。因为顾客会从美容指导师的言行窥见你的内心,这是"诚于中而形于外",一旦顾客积极的情绪为美容指导师友好的态度调动起来,顾客就容易接受美容指导师真诚、热情的正确意见。

真诚的话语是从心底里发出来的,它充满了热情,洋溢着感人的力量。它能缩短同听者的距离,得到对方的信任;它可以促使对方在察觉自身有过错的情况下,下决心改正错误;它可以使一些本来无法消除的对立矛盾得到缓和。所以,作为美容指导师,不管什么时候,都要以真诚热情的态度、言行来搞好工作。

2. 倾听

人们通常都愿意听自己喜欢听的,或依照自己认为正确的方式去解释听到的事情,实际上这已不再是对方真正的意思了,因而人们在"听"的时候往往只能获得25%的真意。为了改进人们的沟通,应提倡"积极地倾听",即积极主动地倾听对方所讲的事情,掌握真正的事实,借以解决问题。

(1) 倾听的原则。积极地倾听包含三个原则:

1) 站在对方的立场仔细地倾听。每个人都有自己的立场及价值观,美容指导师必须站在顾客的立场,仔细地倾听对方所说的每一句话,而不要用自己的价值观去指责或评断对方的想法,要与对方保持一致的态度。

2) 要能确认自己所理解的是否就是对方所讲的。美容指导师必须有重点地复诵顾客刚刚所讲过的内容,以确认自己所理解的意思和对方是否一致,如"您刚才所讲的意思是不是指……""我不知道我听得对不对,您的意思是……"

3) 要以诚恳、专注的态度倾听对方的话语。

(2) 倾听的技巧。美容指导师倾听顾客谈话时,最常出现的弱点是只摆出倾听顾客谈话的样子,内心则是迫不及待地等待机会,想要讲自己的话,完全将"倾听"这个重要的武器舍弃不用。事实上,如果美容指导师听不出顾客的意图、顾客的期望,那么,推销就有如失去方向的箭,无法命中靶标。面对顾客谈话时,作为美容指导师,您应如何训练倾听的技巧呢?

1) 培养积极倾听的技巧。站在顾客的立场仔细倾听顾客的需求、目标,适时地向顾客确认您了解的是不是就是他(她)想表达的,这种诚挚专注的态度能激发顾客讲出更多内心的想法。

2）让顾客把话说完，并记下重点。记住您是来满足顾客需求、带给顾客利益的，所以只有让您的顾客充分表达他的想法以后，您才能正确地满足他的需求，正如医生要听了病人述说自己的病情后，才能做出诊断。

3）秉持客观、公正的态度，不要心存偏见，只听你自己想听的或是以你自己的价值观来判断顾客的想法。

4）对顾客所说的话，不要表现出防卫的态度。当顾客所说的事情对您的推销可能造成不利时，您听后不要立刻驳斥，而是请顾客做出更详细的解释。例如，顾客说"你们美容院的理赔经常不干脆"，您可请顾客更详细地说明是什么事情让她有这种想法，顾客若只是听说，无法解释得很清楚时，那么在说明的过程中，自己也会感觉出自己的看法也许不是很正确；若是顾客说得证据确凿，您可先向顾客致歉，并答应说明此事的原委。记住，在还没有听完顾客的想法前，不要和顾客讨论或争辩一些细节方面的问题。

5）掌握顾客真正的想法。顾客有顾客的立场，他也许不会把真正的想法告诉给您，而是找一些借口或不实的理由来搪塞，或为了达到别的目的而声东击西，或别有隐情而不便言明。在这种情况下您必须尽可能地揣测顾客真正的想法。当然，掌握顾客内心真正的想法不是一件容易的事情。因此，您最好在听顾客谈话时，自问下列问题：

- 顾客说的是什么？它代表什么意思？
- 他说的是一个事实，还是一个意见？
- 他说的我能相信吗？他这样说的目的是什么？
- 从他的谈话中，我能知道他的需求吗？
- 从他的谈话中，我能知道他希望购买的条件吗？

3. **服务礼貌敬语**

服务礼貌敬语是指在美容院服务中，使用频率最高、对顾客表示尊敬的语言。

（1）称呼语。称呼，是对人的称谓，指当面招呼对方，以表明彼此关系的名称。合乎礼节的称呼，能使双方产生相容心理，是沟通顾客与美容指导师关系的第一信号，也是表情达意的重要手段，是表达美容指导师对顾客的尊重，也是表现自己有礼貌、有修养的一种方式。

1）称呼语举例。一般称男子为"先生"，称未婚女子为"小姐"。如对女性婚姻状况不明时，则称之为"女士"，不可称错。另外，可以姓加职务，如"李经理"；姓加职称，如"王教授"。因女顾客对年龄问题相当敏感，故不适宜以"老"相称。

2）使用称呼语要求

①要准确。自己的名字是每一个人最注重和最喜爱的符号之一。如果美容指导师通过一次见面就能叫出顾客的姓名，这等于是对顾客的巧妙赞美，肯定会获得顾客的感谢。要学会尽快记住顾客的姓名，包括职称或职务、身份、婚姻状况等，内外顾客都要准确地掌握，才能称呼得准确。一般来说，对女性，称呼得年轻些，较受欢迎；对男性，称呼其地

位较为崇高些，较受欢迎，但还是要准确才好。搞错了顾客的姓名等，就是对顾客的不尊敬。

②用尊称。用表示尊敬的称谓，去体现对顾客尊敬的感情。

③要热情。态度要诚恳，表现要热情，语调要柔和。不要有口无心，高声粗鲁或冷若冰霜。

④会询问。询问顾客的姓名要注意礼貌用语。

"你叫什么？"这种询问语就没有一点儿礼貌，应该改为："初次见面，不知该怎么称呼您？""请问您怎么称呼？""请问贵姓？"，这样的询问语才恰当。但还要注意一点是"贵姓"中的"贵"已是对对方的敬词，不用在"贵"前加上"您"而说成"您贵姓"。

（2）见面语。美容指导师与顾客见面时要主动问候，热情问候是见面语的核心内容。

1）见面语举例

早晨见面时说："您早！""您好！""早上好！"

中午见面时说："您吃饭了吗？"

初次见面时说："您好，见到您很高兴！""您好，认识您真高兴！"

其他时刻见面时说："您好！"

春节见面时说："您新年好！"

与旅行结婚者见面时说："新婚快乐！"

与当天生日者见面时说："生日快乐！"

与久候的顾客见面时说："您好，您是王总经理吗？让您久等了，真抱歉！"

见面时热情的问候会很快地消除隔阂，使彼此的关系融洽起来。

"您好！""欢迎光临！"这是美容指导师对到来的顾客最基本的见面语，它蕴含着尊敬、欢迎、问候的情意。但每天重复这句话，容易引起常客的烦腻。所以，有不少美容指导师根据本人的体会及具体情况，总结并掌握了7种或更多的见面语，一个星期中每天换一种说法，使问候语各有特点而生动活泼，使顾客感到更热情和更亲切。

2）使用见面语要求

①看对象。尤其要注意内外有别，在涉外活动中，普通的见面语是"您好""见到您真高兴"，而不必说得太多。在回答对方的问候时，用相同或近似的话就可以了。

②看时间。注意早、午、晚要有别，不要把时间弄错了。"您吃饭了吗？"这是一句常用的见面问候语，这句话用在饭前、饭后这段时间是合适的，但是如果不管对象、时间、情境使用，就会出错，令人啼笑皆非。

③看情境。情境不同，问候有别。如：对刚刚下班的顾客应说："您好，您辛苦了！"对患病的顾客应说："祝您早日康复！"

④要问候。同所有人见面时均不应该省略问候。在应该问候的时间而不问候，是失礼；说得太多，失去分寸，又近乎谄媚。见面问候，要恰到好处。

（3）招呼语。招呼语一般有询问性招呼语、应答性招呼语、安慰性招呼语、赞美性招呼语等。

1) 询问性招呼语。向顾客提出询问时，美容指导师可说："我能为您做些什么吗？""您需要我帮您做些什么吗？""请问有什么事我可以帮忙吗？""您还有别的事情要帮忙吗？"

2) 应答性招呼语

①对应式答语。包括"好的，我明白了，请您放心。""好的，别客气，我马上办。""好的，没问题，请稍候。"

②致歉式答语。包括"请原谅，这是我一时疏忽。""对不起，这是我的责任。""对不起，打扰了，外面有位顾客要求见您。"

③致谢式答语。包括"好的，谢谢您的好意。""是的，十分感谢您的夸奖。"

3) 安慰性招呼语。同情心是一种珍贵的感情，安慰心绪不佳的顾客是美容指导师应尽的义务。在美容院的繁忙工作中，顾客要求你办事而你往往一时忙不过来，这时，最需要你真心实意的安慰性语言，例如："请您稍候。""请您稍候，我很快就来。""让您久等了。""让您受累了。""给您添麻烦了。""您辛苦了。"

4) 使用招呼语要求

①主动关照，急顾客之所急；不要视若无睹，爱理不理。

②有求必应，给顾客以安慰；不要有求不应，冷漠以对。

③热情友好，待顾客以真心；不要虚情假意，马虎应付。

（4）介绍语。在同顾客见面时，应使用介绍姓名、职务等用语，明确身份、关系、称呼（包括自我介绍和介绍他人）。

1) 自我介绍。美容指导师通过介绍自己的姓名、职务等，与顾客互相认识，实现推销自己及协助顾客解决问题的交际目的。

①自我介绍例语。例如，"您好！我姓李，是美容部的美容指导师。""我姓何，代表王经理来欢迎您。""真不巧，许经理外出开会了，我是这个美容院的店长，请问有什么需要帮忙的？"

②自我介绍要求

a. 自然、亲切、随和。不要长时间且用力握住顾客的手，使对方感到做作、轻浮、不庄重。

b. 抓住适当时机。不要中止顾客谈话而介绍自己；如果负责人遗漏了介绍自己或介绍得不够详尽，可在适当机会自我介绍，不要默不作声，闷闷不乐。

c. 向所有人介绍。不要只向某一显赫或有特殊身份的人做介绍，而忽视了在场的其他人，应乐于热情地和各种层次的顾客打交道。

d. 不要催人回忆。如果在场有某个过去相识的人一时忘记了自己的姓名，这时可不必介意，不应要人家去回忆自己。催人回忆是失礼行为，最好自己热情地再做一次自我介绍。

e. 介绍措辞从简。一般在美容院与顾客交际中，自我介绍应从简，只报姓名、职务等即可。

2）介绍他人。通过为他人介绍，把同事介绍给顾客，或在顾客之间做介绍，使之互相认识，达到交际目的。

①介绍他人用语。例如，美容指导师把顾客引至李总监面前，以手示意说："这是美容部的李总监。"美容指导师向老板介绍顾客："这是××晚报的张记者，想跟您见面。"

在顾客间做介绍，要注意礼节，先向双方打招呼："各位，请允许我来介绍一下。""请允许我介绍你们认识。"

②介绍他人要求

a. 注意介绍顺序。把年轻的介绍给年长的，身份低的介绍给身份高的，男性介绍给女性，家庭成员介绍给顾客，迟到的介绍给早到的，介绍顺序自左至右。

b. 注意眼神手势。把甲介绍给乙时，眼睛要望着乙；把乙介绍给甲时，眼睛要望着甲。还要微伸出右手，手心向上示意。

c. 介绍平实、清楚。不要胡乱吹捧，使人听了肉麻，同时口齿要流利，吐字要清楚。介绍还要注意效果，介绍认识之后，要让双方搭上话，比较融洽后才可离开。

（5）感谢语。感谢语是因他人的好意或对自己的帮助而对他产生好感，以表示谢意的语言。

1）感谢语举例

①别人帮了自己，哪怕只是一点儿小忙时，也应该说："啊，真谢谢您了！""麻烦您了，非常感谢！""啊，真对不起，让您费心了。"

②接受了别人的赠物或款待时，可以说："很好，我很喜欢，您破费了！""好，非常感谢您的款待！"

③拒绝别人时，不要说"我不要""我不爱吃"之类的话，可以说："不，谢谢！""不，我心领了，谢谢您的美意！"

2）使用感谢语要求

①从内心说"谢谢"。当确实有感谢对方的想法时才说，不然，会使人感觉只是"客套话"。

②声音清晰地说"谢谢"。声音太小，对方会以为他为你所做的事不值得感谢，你只是碍于情面一般说说而已。因此，当要感谢对方时，必须清晰愉快地说出来。

③指名道姓说"谢谢"。先称呼对方，然后表示感谢之情，以表示自己对对方的尊重、真诚。如果几位人士都值得感谢，最好不要说"谢谢大家"，而要逐一称呼道谢。

④注视着对方说"谢谢"。要防止漫不经心、目光旁落、态度冷漠。

⑤回报惊喜说"谢谢"。最好在对方不期待之时说声"谢谢您"，这对加深彼此感情很有效果。

⑥话语适度说"谢谢"。有时说声"麻烦了"或"谢谢"就可以了，不需要太多溢美

之词。但如果对方确实帮不了大忙，也不妨说："谢谢，谢谢，真是不好意思，给您添了许多麻烦，真是非常感谢……"

（6）道歉语。金无足赤，人无完人。服务工作是烦琐的事务性工作，为人处世，出错是难免的，问题是要勇于承认错误，及时向顾客致歉。也有错在顾客的时候，此时为了表示对顾客的尊重，还是由美容指导师主动致歉为好，以维护顾客的自尊。真诚道歉的作用不可低估，它可以化解矛盾，修合裂痕；消除内疚，解除难堪；赢得友谊，取得谅解；得到敬重，获得威信。会道歉是人成熟的表现。

1）道歉语举例。例如："对不起，实在抱歉。""真过意不去。""真是失礼了。""对不起，打扰了。""对不起，让您久等了。"

"对不起"三个字构成道歉语的最基本语式。这三个字有很大的学问，在人们的交际与生活中起着重要的作用。可以说，它能使有气者消气，有怨者解怨，甚至化干戈为玉帛，解决许多潜在或公开的冲突和矛盾。

与顾客相处，避免伤害对方的感情，有理也要让"三分"，真诚地道歉，说声"对不起"是比较明智的。

2）使用道歉语要求

①道歉要诚恳。诚恳是一种美德，道歉是诚恳的表现，美容指导师知错而能向顾客道歉，顾客会更加敬重美容指导师。

②道歉要至诚。至诚体现出美容指导师是否有悔意，是否真心。虚情假意地道歉，言不由衷，只会加深隔阂，使顾客疏远美容指导师和美容院。

③道歉要大方。道歉是光明正大的事情，要堂堂正正，不要遮遮掩掩，甚至吞吞吐吐，也不要奴颜婢膝。

④道歉要及时。顾客在美容院停留时间不长，美容指导师该道歉的时候要及时道歉，不要拖延时间。越耽搁时间，越难开口，错过时机，有时甚至会酿成严重后果，追悔莫及。

⑤道歉忌掩饰。"由于顾客较多，我忙得团团转，所以……""因为昨夜会开得太晚，没有好好睡觉，以致……""环境较嘈杂，精神不能集中，因此……"等类似的说法，别人一听就知道道歉并非真心，只不过是想掩饰自己的过失而已。

⑥道歉的方式。如果道歉的话难以出口，可用书面方式或其他能接受的方式表达。

（7）赞美语。马克·吐温说过一句名言："我接受了人家愉快的称赞之后，能够光凭着这份喜悦生活两个月。"的确，赞扬之语是令人高兴的。生活中没有赞美是不可想象的。赞美他人，就像用一支火把照亮了他人的生活，使其生活更加光彩。同时，这支火把也照亮了自己的心田，使自己在这种真诚的赞美中感到愉快和满足。在美容院的服务工作中，学会恰当地使用赞美语，会使顾客感到愉快，加深对你服务的良好印象。

1）赞美语举例。赞美语一般由赞美对象加赞美词构成，或只有赞美词两种语式。例如："很好！""很不错！""太好了！""太棒了！""您真了不起！""这太出色了！""这太美了！""您身体越来越好了！"

2）使用赞美语要求

①避免笼统。如赞美顾客的孩子就有三种语式："您这孩子真好！""您的孩子长得真帅！""您这孩子的眼睛太好看了！"三种语式顾客都会欣然接受，但第一种赞美很笼统，使人有出于礼貌而应酬的感觉；第二种具体到长相的赞美，顾客会非常高兴，觉得你是真心赞美；第三种具体到眼睛的赞美，对方会因此而十分高兴，并长久难忘。

②避免盲目。想称赞一个人，必须对其有所了解。如果不很了解，就对一位身份为歌星的顾客说："您在这里的演唱会很成功！"其实，那位歌星还未在这个城市开过演唱会，她听了只有尴尬。

③避免吹捧。赞美是发自内心的认可和钦佩，但有的人吹捧他人是为了眼前或日后能够收取"回报"，前者真心真意，表现真实自然，后者做作，表现虚假；前者词语是火热的，后者则是不自然的。

（8）尊敬语。尊敬语是指重视而且恭敬的语言，含有尊重对方之意。尤其用在指令性语句中，显得分外有礼貌，不生硬，从而唤起对方心理愉快的感情。

美容服务中，尊敬语使用较多，因此作为美容指导师要在服务工作中表现出谦虚和恳切，顾客自然会回报以尊重。如果美容指导师做到尊重他人，与顾客平等相待，美容企业就有融洽的人际氛围。

1）尊敬语举例

"请您喝茶。"

"请您指教。"

"请多多关照。"

"请您留步。"

"张小姐，谢谢您提供宝贵的时间，让我有机会向您介绍本公司的产品和服务。招待不周，请多包涵。"

"这是我们分内的事，应该的。"

"为您服务，深感荣幸。"

2）使用尊敬语要求

①要放下架子，不管你在企业中担任多重要的职务，也不管你的顾客多么没钱没地位，面对顾客都要放下架子，让顾客感觉高高在上，满足其虚荣心。

②要真诚，尊敬一定要诚恳，而不是装装样子，或过于随便。有些美容指导师话语使用尊敬语，而表情却满不在乎，这种状态若被顾客发现，这笔单可能就会失去。

③要热情，在前两者的基础上加上热情，整个尊敬语使用起来会达到立竿见影的效果。

（9）委婉语。委婉语是指在讲话中不直接说明本意，而是用婉转的词语加以暗示，使他人意会的语言。

在交际中，为了避免因过于直露而伤害对方的感情，可采用一种较为曲折的说法。禁忌语言不能直说，否则会"犯讳"，于是就有了委婉语。

在服务交际中，委婉语的作用不可低估。委婉语可减少刺激性，有消除矛盾、免于被动、摆脱窘境的作用。得体的委婉语，能表明美容指导师的善意和对顾客的尊重，体现美容指导师的语言素养，显示文明和高雅的风度。

1) 委婉语举例：

把"厕所"说成"洗手间"。

把"经商做买卖"说成"下海"。

把"瘸子"说成"行动不便"。

把"瞎子"说成"盲人"。

把"结巴"说成"口吃"。

委婉选词用语，有修辞方式、侧面说出方式、提示思考方式等，但一般以同义替代方式居多。汉语词汇丰富，同一个意思可选用不同的词表达，比如接电话，直接问对方"您是谁"而要对方通报姓名，显得生硬、不礼貌，而改说："您是哪一位呀？""请问您是……"较委婉的说法可带来亲切的效果。

2) 使用委婉语要求

①该直说的话不绕弯子。委婉语的运用，同样要注意得体，要看对象、场合，如不看具体情况，说话尽绕弯子，其效果会适得其反。

②以对方听懂为原则。委婉不等于晦涩难懂，不管采用什么方式委婉表达，一定要注意以对方能听懂为原则。要从交谈对象的接受程度出发，选择恰当的表达方式，做到既委婉含蓄，又清楚明白。

（10）道别语。与顾客道别，可说些致谢、道歉、欢迎再次光临等用语。

1) 道别语举例。例如，"再见！""再见，祝您一路平安！""再见，欢迎再次光临！""希望以后多多联系。"

2) 使用道别语要求。道别语要包含对顾客的祝愿和期望，同时还要视具体情况，轻轻地挥手、握手或目送顾客。切忌在送行时，又扯出新话题使顾客左右为难，破坏顾客对美容院、对服务的完美印象。

（11）常用礼貌语词

1) 十字文明用语。全国通行的十字文明用语是："您好""请""谢谢""对不起""再见"，这也是美容指导师必须掌握的常用语言。

2) 其他礼貌词语：

初次见面说"久仰"，久未联系说"久违"；

等候顾客说"恭候"，顾客到来说"光临"；

看望别人说"拜访"，欢迎到店说"光顾"；

起身离开说"告辞"，中途先走说"失陪"；

请人勿送说"留步"，陪伴朋友说"奉陪"；

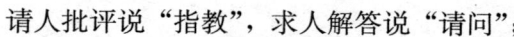

请人批评说"指教",求人解答说"请问";
请人指教说"赐教",请人指正说"雅正";
向人祝贺说"恭喜",赞人见解说"高见";
请人帮忙说"劳驾",托人办事说"拜托";
麻烦别人说"打扰",求人方便说"借光";
物归原主说"奉还",请人谅解说"包涵"。

这些礼貌词语使用广泛,言简意赅,是对他人表示敬重的词语,其共同的特点是尊重对方、谦恭有礼。这些词语也是美容指导师应知应会的礼貌语言,希望能够好好地掌握。

4. 与顾客沟通的秘诀

（1）区别对待。为顾客服务时,美容指导师的答话过于公式化或敷衍了事,会令顾客觉得你态度冷淡,没有礼待他们,从而造成顾客不满。所以,在实际工作中要针对不同情况做出应对。

1）看着对方说话。无论美容指导师使用多么礼貌恭敬的语言,如果只是自己一个人说个不停,而忽略了顾客,顾客就会觉得很不开心。所以,说话时要望着对方,不看着对方说话,会令对方产生不安。如果一直瞪着对方,对方又会觉得有压迫感。所以,美容指导师要以柔和的眼光望着顾客,并耐心细致地回答对方的各种问题。

2）经常面带笑容。美容指导师在和人交谈时,如果面无表情,很容易会引起误会。在交谈时,多向对方示以微笑,就将会明白笑容的力量有多大,不但顾客、周围的人,甚至美容指导师自己也会觉得很快乐。但是,如果微笑运用不当,或笑容与谈话无关,又会令对方感到莫名其妙。

3）用心聆听对方说话。交谈时,美容指导师需要用心聆听对方说话,了解对方要表达的信息。若一个人长时间述说,不仅说的人很累,听的人也容易疲倦,因此,在交谈时,适度地互相问答较好。

4）说话要有变化。美容指导师要随着所说的内容,在说话的速度、声调及声音的高低方面做适度的改变。像机器人那样没有抑扬顿挫是没有吸引力的。因此,应多留意自己说话的语调、内容,并逐步去改善。

（2）用心对待。生活中流传着这样一句话:"不在乎曾经拥有,但求天长地久。"对于美容院和美容指导师来讲,曾经拥有（顾客）只能带来短暂收益,天长地久却能使人短期及长期利益双丰收。顾客不是"摇钱树",顾客是美容指导师的好朋友,他将会带给美容指导师一个"聚宝盆"。因此,美容指导师应该明白并做到:

1）每天早上,美容指导师应该做好多结交一些朋友的准备。
2）美容指导师不应向朋友推销什么,而应替他寻找想买的。
3）卖一套产品给顾客,和替顾客买一套产品是有很大区别的。
4）顾客喜欢选购而不喜欢被推销。
5）集中注意力去了解顾客的需求,帮助顾客选购最佳的产品或服务方式,务求顾客感到满意。

6）顾客不是单想买一套产品或接受某种服务，他是希望买到一份美丽、一份希望、一份满足感、一种高贵的生活方式。

（3）眼脑并用

1）眼脑并用，方能有效沟通。这是美容指导师与客户沟通时所应达到的境界。美容指导师应密切关注客户口头语、身体语言等信号的传递，留意客户的思考方式，并准确做出判断。顾客在决定购买之前，通常都会找一些借口来搪塞，美容指导师一定要通过观察去判断真伪，不要轻信客人的搪塞之语，要抓住客户的心理反应，抓住客户的眼神。

2）理性思维，抓住购买时机。人类的思考方式是通过用眼去看而反映到脑，因此，应恰当利用这一点来加强商品的视觉反应，增强其感觉，加深印象。即使擅长理性分析的客人也愿意购买感官舒服的东西。

3）要善于运用和理解口头语言。当顾客产生购买意思后，通常会发出相关语言信号：

①顾客的问题转向有关产品的细节，如费用、价格、效果等。

②详细了解售后服务。

③对美容指导师的介绍表示积极的肯定与赞扬。

④询问优惠程度。

⑤对目前正在使用的产品表示不满。

⑥向美容指导师询问产品的配套技术服务内容及其收费情况等。

⑦对美容指导师的介绍提出反问。

⑧对产品提出某些异议。

4）察言观色，力求从身体语言上促成销售。通过表情信号与姿态信号揣测顾客在购买过程中的意愿转换。

①表情语信号

a. 顾客的面部表情从冷漠、怀疑、深沉变为自然大方、随和、亲切。

b. 眼睛转动由慢变快，眼神发亮而有神采，从若有所思转向明朗轻松。

c. 嘴唇开始抿紧，似乎在品味、权衡什么。

②姿态语信号

a. 顾客姿态由前倾转为后仰，身体和语言都显得轻松。

b. 出现放松姿态，身体后仰，擦脸拢发，或者做其他放松舒展等动作。

c. 拿起代理合同或产品说明书等数据细看。

d. 开始仔细地观察产品。

e. 转身靠近美容指导师，表示友好，进入闲聊状态。

f. 突然用手轻声敲桌子或身体某部分，以帮助自己集中思路，最后定夺。

5）主动出击才能发掘顾客的潜在购买力。每个顾客都有潜在的购买动机，可能连他自己都不知道，美容指导师的责任就是"发掘"这个潜藏的动机，不要被顾客的外貌及衣

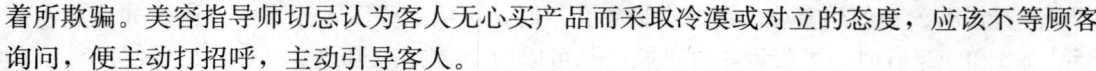

着所欺骗。美容指导师切忌认为客人无心买产品而采取冷漠或对立的态度,应该不等顾客询问,便主动打招呼,主动引导客人。

（4）与客户沟通时的注意事项

1）克服悲观消极的态度,保持乐观积极的态度。美容指导师每天都有来自公司、客户、家庭几个方面的压力。美容指导师的每一次交易相对来说都是单兵作战,有伴随着成功与失败而产生的喜怒哀乐。美容指导师每一天都竭尽全力做使客户满意的事情,而自己的观点与看法,不可能全部直接地表达出来。所有这些都会令美容指导师心情欠佳甚至意志消沉。但在与客户沟通时,必须撇开这些,不可流露出丝毫的消极态度。否则,别人无法对你产生信心和好感。

2）配合顾客说话的节奏。客人的说话习惯不同,节奏有快有慢,你要配合上客人的说话节奏才是上乘之策。事前了解客人的性格也很重要,此点要靠多观察和勤于积累经验。

3）要牢记并勤于称呼顾客的姓名。交谈中,常说"照××先生的意见来说,……",记住客人的名字,不要出错。尤其是初次会晤的客人,每一个人都喜欢别人记住自己的名字,并借此衡量自己在别人心目中的重要性。

4）语言表达要简练清晰。交谈中,如果说话啰嗦,概念模糊,未能表达清楚意思,就会严重影响交谈。所以,交谈中要注意措辞,用简练的语言表达自己的意思,让别人能听得清楚明白。

5）要尽量微笑服务。轻松的商谈气氛是很重要的,尤其是多些微笑,运用幽默的语言打破沉默,减少彼此之间的冲突和摩擦。

遇有分歧时,不可立即反驳客人的观点,应首先说"您的建议很好,但可不可以考虑一下其他意见",然后说出自己的看法。这样做,既尊重了对方的建议,又陈述了自己的看法。

6）要注意找到与顾客产生共鸣的结合点。交谈时,如果自己的见解能获得对方的认同,则是一件乐事。当双方对某一看法产生共鸣时,便会愉快地将话题继续下去;反之,如果一方的看法不被认同,继续交谈会显得很没趣,这种交谈也无法进行下去。在交谈中,适当地点头表示赞同或站在顾客的立场来考虑问题,可增进彼此间的感情,对工作帮助很大。因此,美容指导师应细心找出客人的关心点和兴趣点。

7）千万不能打断顾客的谈话。交谈时,如果别人未说完整句话时,便插话打断客人说话,这是很不礼貌的,这会使说话的人不舒服。在听完对方的话后再回答,可以减少误会的发生。

8）要学会赞美顾客。切勿批评对方的公司或产品,也不要称赞对手的服务或产品,可以多称赞顾客的长处。适宜的称赞,会令对方难以忘怀;同样,不经意的批评,也可能伤害对方。

9）语言要通俗易懂,切勿滥用专业术语。与客人交谈或做介绍时,多用具体形象的语言进行说明。在使用专业术语或做抽象介绍时，可用一些深入浅出的办法，如谈及一瓶产品有 1 000 毫升时，可告诉顾客该瓶产品可以为 30 位人士服务。

职业技能鉴定要点

行为领域	鉴定范围	鉴定点	重要程度
理论准备	顾客接待	消费心理学的研究对象	★★
		消费者的认识过程	★★★
		消费者的情感过程	★★★
		消费者的意志过程	★★
		消费态度的形成和改变	★★★
		消费者价格认知心理	★★★
		消费者的需要	★★★
		消费者购买动机	★★★
		影响消费者购买行为的类型	★★★
		消费者的购买行为理论	★★★
		消费者购买决策类型	★★★
		消费者购买决策过程	★★
		女性消费心理与行为	★★★
	服务技巧	营销人员与消费者的沟通	★★★
		全面优质的服务对策与消费心理	★★★
		顾客服务技巧	★★★
		尊重的原则	★★★
		倾听的原则	★★★
		服务礼貌敬语	★★★
		与顾客沟通的秘诀	★★★
技能训练	正确接待顾客	快速掌握顾客消费心理	★★★
		能流畅融合地与顾客交流	★★★

单元测试题

一、填空题（请将正确答案填在横线空白处）

1. _____ 是直接或间接地对消费者提供信息、劝告或以某种方式对消费者产生影响作用的人。

2. 感觉的_____是由于刺激物对感受器的持续作用从而使感受性发生变化的现象。

3. _____是个人对特定对象以一定方式作出反应时所持的评价性的较稳定的内部心理倾向。

4. 一件女式大衣在同一家商场出售，刚开始其标价是80元人民币，这个价格是低于同等产品平均价格水平的，但在商场挂了很久都无人问津，后来把价格改成800元，就有很多消费者注意到这件大衣，很快这件大衣便出售了，这一现象体现了消费者对价格的_____。

5. 与人的心理需要相联系的主要影响因素有三个：_____、兴趣与爱好、理想与信念。

二、判断题（下列判断正确的请打"√"，错误的请打"×"）

1. 消费者购买行为的心理现象，会受到市场经济活动本身特点的制约。（   ）

2. 凝视红色布料后，再看白色布料，白色布料显得带有青绿，这是同时对比现象。（   ）

3. 有的消费者能够依据市场的变化，运用已有的经验，灵活地进行思维并及时地改变原来的计划，作出某种变通的决定，这说明此消费者思维敏捷。（   ）

4. 概括性和间接性是人的思维过程的主要特性。（   ）

5. 短暂的挫折能提高人对环境的适应能力，但长时间处于应激状态则不利于工作的正常进行。（   ）

三、单项选择题（下列每题的选项中，只有1个是正确的，请将其代号填在横线空白处）

1. 在消费活动中，消费者一般借助_____来接受有关产品的各种信息，形成对产品个别的、孤立的和表面的心理反应，形成初步的印象。

　　A. 感觉　　　　B. 知觉　　　　C. 触觉　　　　D. 视感觉

2. _____是指人们对客观事物的不正确的感觉或知觉。

　　A. 视觉　　　　B. 听觉　　　　C. 错觉　　　　D. 触觉

3. "人逢喜事精神爽""草木皆兵"等都是形容状态的_____。

　　A. 应激　　　　B. 激情　　　　C. 心境　　　　D. 热情

4. _____是指在思想、感情和态度上主动地接受他人的影响。

　　A. 内化　　　　B. 模仿　　　　C. 服从　　　　D. 同化

5. 在购买产品或服务时，反复比较、权衡利弊，自主地作出购买决策，不受他人和广告宣传的影响，这类消费者属于_____。

　　A. 习惯型　　　B. 理智型　　　C. 经济型　　　D. 从众型

四、多项选择题（下列每题的选项中，至少有2个是正确的，请将其代号填在横线空白处）

1. 根据对化妆品的消费状况，可将消费者分为_____。

A. 现实的消费者 B. 潜在的消费者 C. 非消费者
D. 影响消费者 E. 感性消费者 F. 冲动消费者

2. 心理过程指心理活动的动态过程，即人脑对客观现实的反映过程，包括＿＿＿＿＿三个方面。

A. 感觉过程 B. 认知过程 C. 情感过程
D. 意志过程 E. 认识过程 F. 感知过程

3. 根据知觉反映事物的特性，可分为＿＿＿＿。

A. 空间知觉 B. 时间知觉 C. 运动知觉
D. 相对知觉 E. 方位知觉 F. 大小知觉

4. 根据思维活动的性质和方式，我们一般把思维分为＿＿＿＿。

A. 动作思维 B. 形象思维 C. 逆向思维
D. 逻辑思维 E. 抽象思维 F. 实践思维

5. 通常情况下，消费者在购物活动中的情感表现出三种情况，分别是：＿＿＿＿。

A. 积极的 B. 消极的 C. 激昂的
D. 双重的 E. 烦躁的 F. 愤怒的

单元测试题答案

一、填空题
1. 影响者　2. 适应　3. 态度　4. 逆反心理　5. 生活价值观

二、判断题
1. √　2. ×　3. ×　4. √　5. ×

三、单项选择题
1. A　2. C　3. C　4. D　5. B

四、多项选择题
1. ABC　2. BCD　3. ABC　4. ABDEF　5. ABD

第 2 单元

咨 询

2.1 皮肤的基本测试与诊断 /54
2.2 常见皮肤病 /56
2.3 问题性皮肤 /62
2.4 中医美容基础 /82
2.5 营养学基础 /94
2.6 美容仪器 /104

助理美容指导师

在美容指导师的工作中，咨询部分起着至关重要的作用。首先，皮肤的测试与诊断是护理皮肤的基础，它可以帮助美容指导师在美容院创造专业气氛。其次，问题性皮肤的护理是建立在皮肤诊断的基础之上的。只有明确诊断，才能有针对性地予以护理，改善顾客的皮肤状况。最后，皮肤是反映人体健康状况的窗口，顾客的某些身体状况会表现在皮肤上。通过皮肤，美容指导师可以了解顾客的身体状况，继而通过咨询来指导护理，从而改善顾客的健康状况，解决皮肤问题，达到以内养外、美容养身的目的。

皮肤的测试方法有目测和仪器测试两种。通过测试，美容指导师可明确皮肤的类型、状况和存在的问题，然后作出诊断，进而可以分析问题皮肤形成的原因，在此基础上制订护理和保养方案。而中医美容是以传统的中医整体观理论为指导思想，利用特有的方法来美化人们的容貌，防治疾病，强身健体，达到自然美和健康美的目的。

本单元介绍皮肤的测试与诊断；问题性皮肤的成因、机理、诊断与护理；中医美容基础；常用美容仪器和营养知识。

2.1 皮肤的基本测试与诊断

皮肤的专业诊断方法是在充分了解皮肤相关知识的前提下，通过仪器和一定的方法，对皮肤所表现出来的征象或状态进行全方位的判断。目前美容院采用的专业诊断皮肤的方法有很多，如通过肉眼来观察，或通过仪器来进行测试。作为美容指导师应该学会分辨顾客的皮肤类型，给顾客提供正确的皮肤知识，并帮助她们认识自己皮肤状况，制订护理方案，有针对性地护理，达到美容养颜、强身健体和延缓皮肤衰老的目的。

2.1.1 目测法

对于经验比较丰富的美容指导师而言，肉眼观察和触摸皮肤是一种测试皮肤的好方法，因为这一方法不易在头脑中形成失真的感觉，能比较直观地分析皮肤。在彻底清洁皮肤后，用肉眼观察皮肤状况，可观察皮肤颜色、皮肤光泽、皮肤纹理的粗细及皮肤毛孔的大小；用手触摸，可判断皮肤的光滑/粗糙程度、皮肤的柔软度、皮肤的干湿性和弹性等。表2—1中列出了肉眼观察到的各类皮肤的特点，美容指导师可据此对皮肤作出初步诊断。

表2—1　　　　　　　　　　肉眼观察皮肤的特点

皮肤类型	毛孔	色泽	厚薄	纹理	其他
干性皮肤	细小不明显	色较浅，少光泽	较薄	细腻	易长色斑
油性皮肤	粗大	色较深，有油光感	较厚	粗深	易生粉刺和暗疮
中性皮肤	细小	色较浅，有光泽	不太厚	较细腻	光滑无瑕疵
混合性皮肤	部分粗大	色泽不匀	厚薄不均	部分较粗	可有色斑和粉刺等
敏感性皮肤	紧闭	潮红	薄	细	可见微血管扩张

2.1.2 仪器测试

现在市面上的皮肤测试仪多种多样，有台式的，有袖珍型的，有电视专用的，也有计算机专用的，有单一功能的，也有多功能综合性测试仪，应根据自己的需求选择合适的测试仪器。

1. 紫外光皮肤测试仪

紫外光皮肤测试仪又名美容透视灯，是由美国物理学家伍德发明的（见图2—1）。它由特殊的紫外线光管和放大镜两大部分组成，是根据紫外线具有较强的穿透力这一原理而设计的。检测时需关掉房间内所有的灯光，在完全黑暗的房间内使用。它的功能在于测试皮肤的各类特性，我们用肉眼看不见的皮肤问题在伍氏灯的照射下一一显示出来，为美容护理的方案设计提供可靠依据。

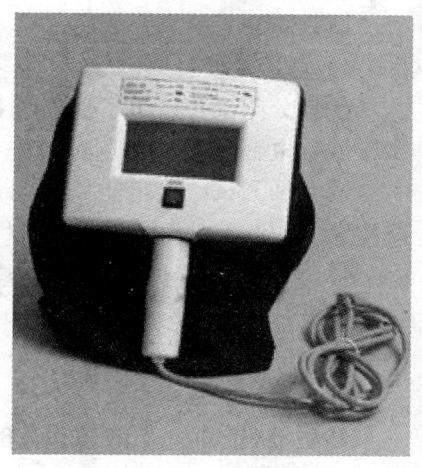

图2—1　紫外光皮肤测试仪

（1）使用方法

1）清洁测试部位的皮肤。

2）用湿棉片覆盖顾客眼部。

3）将测试仪置于检测皮肤前15～20厘米处。

4）打开电源，观察皮肤照射后呈现的颜色。

不同皮肤所显示的颜色不一样，表2—2是各类皮肤在测试仪中所呈现的颜色，以供对照。

表2—2　　　　　　　皮肤测试仪下的各类皮肤显示色

颜色	青白色	青紫色	青黄色	橙黄色	淡黄色	紫色	深紫色
皮肤类型	健康的中性皮肤	干性皮肤	油性皮肤	粉刺皮脂部位	粉刺化脓部位	敏感皮肤	超干性皮肤

在紫外光皮肤测试仪下显示褐色的皮肤，表示色素沉着部位；显示浮悬的白色，表示存在表面老化角质细胞。

（2）注意事项

1）测试时间最长不能超过2分钟，以免紫外光灼伤皮肤。

2）测试距离最近不小于15厘米，防紫外光灼伤皮肤。

3）用湿棉片覆盖顾客眼部，使眼部免受紫外光照射。

4）有色斑的皮肤不宜使用，以免加重色斑。

5）防止仪器受潮，并注意电源使用安全。

2. 电脑皮肤测试仪

利用专用皮肤电子显微镜及电子肌肤测试仪（见图2—2），将图像及肌肤参数输入电脑，顾客可形象、客观地了解自己的皮肤状况。根据分析出的皮肤状态为顾客提供护理方法，推荐适合顾客皮肤的化妆品。可根据需要选用不同倍率的镜头，有针对性地进行肌肤的检测和护理指导。

（1）功能

1）顾客皮肤检测

①水分测试。将电子肌肤测试仪所测试的数字输入电脑。

②含油测试。将电子肌肤测试仪测试得到的皮肤表面的油分，输入电脑得出综合结果。

③测试毛孔大小。通过电子显微镜检测，用电脑进行面积检测。

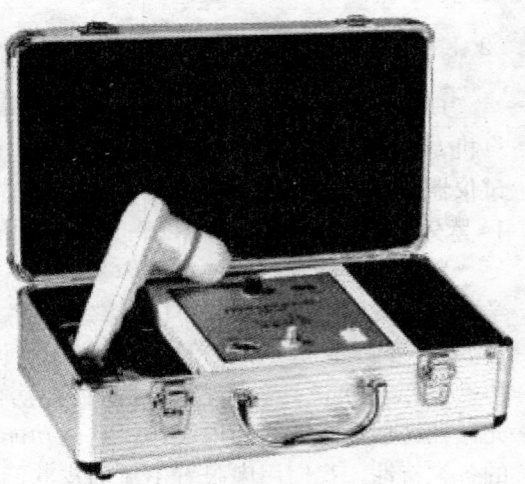

图 2—2　电脑皮肤测试仪

④皮肤表皮粗糙程度。数字测量。

⑤进行皮肤色素沉着等测试。

然后进行分析，根据分析出的皮肤状态向顾客提供护理方法，推荐适合顾客皮肤的化妆品。

2）储存客户档案、测试资料，并打印诊断报告。

（2）注意事项

1）不得将测试镜头直接对向阳光，以免损害它的图像感应器。

2）避免测试镜头接触油、蒸汽、湿空气和灰尘；避免直接与水接触。

3）不得使用刺激性的清洁剂或有机溶剂或含这些成分的东西进行清洁。

2.2　常见皮肤病

2.2.1　皮肤病的常见症状

1. 自觉症状

自觉症状指患者自己主观感觉到的症状，如瘙痒、疼痛、麻木、灼热等。自觉症状常因致病因素或诱发原因、病情、个体敏感性不同而有差异。

（1）瘙痒（简称痒）。瘙痒是最常见的自觉症状，是一种引人欲搔抓或摩擦的不愉快的感觉。痒的轻重程度不一，有阵发性和持续性、局限性和广泛性之分。机械性刺激、生物性的刺激（如植物的细刺、动物纤毛及毒刺）、变态反应以及机体的代谢异常均可引起瘙痒。某些化学介质，如组胺为致痒介质。

（2）疼痛。疼痛是因疾病或创伤所致的感觉苦楚。疼痛的性质各异，可分为刺痛、割痛、跳痛、剧痛、钝痛、灼痛或电击般闪痛。

(3) 烧灼感。烧灼感是皮肤表现出的一种类似烫热的主观感觉，又称灼热，可单独出现，也可与瘙痒、疼痛同时出现，如灼痒或灼痛。

(4) 麻木。麻木是指机体失去冷、热、触、压、痛等种种知觉的无感觉表现。症状轻者仅有痛、触、温度觉的减弱，即感觉减退。其他情况下，自觉症状尚有蚁行感、麻刺感等表现。此外，还伴有少数全身主觉症状，如畏寒、发热等。

2. 他觉症状

他觉症状是指可看到或摸到的皮肤黏膜损害，故又称皮肤损害，简称皮损或皮疹。它是诊断和鉴别皮肤病的主要依据，分为原发性损害和继发性损害两类。

(1) 原发损害。原发损害是指首先出现的原始性损害，是特有病理过程所产生的初期损害，包括斑疹、斑块、丘疹、水疱与大疱、脓疱、风团、结节及囊肿等。

1) 斑疹。斑疹是既不凸起也不凹陷的、可见而不可触知的、与皮面平行的色素变化性皮损，常为圆形、椭圆形或不规则形，边缘清楚或模糊。斑片：是指相互融合成较大（直径超过1厘米）的斑疹。其直径最大可达15~20厘米，如红斑、黑斑、咖啡斑等。

2) 丘疹。丘疹是指高于皮面的较坚实的局限性突起，其直径一般小于1厘米，病变常位于表皮或真皮浅层。丘疹的形状各异，多为圆形，也可为扁平形、多角形、锥形、脐状、蒂状及盘状等。斑丘疹：为介于斑疹与丘疹之间的稍隆起的皮疹。

3) 水疱和大疱。水疱和大疱为高出皮面内含液体的局部性损害。直径小于0.5厘米者称为水疱，大于1厘米者称为大疱。疱内的液体多为浆液，呈淡黄色；疱液含有血液时呈红色，称血疱。

4) 脓疱。高出皮面含脓液的疱称为脓疱。脓疱多由化脓性细菌感染所致，疱周有红晕。

5) 风团。风团为由真皮浅层水肿引起的暂时性、局限性、隆起性皮疹损害。其特点是发生突然，伴有瘙痒。风团消退快（一般不超过24小时），消退后不留痕迹。俗称"风疹块"。

6) 结节。结节为可触及的圆形或类似圆形的局限性、实质性块状物，病变可深达真皮或皮下组织。

7) 囊肿。囊肿为含有液体或半液体的囊状结构，多呈圆形或卵圆形，摸之有弹性。

8) 毛细血管扩张。毛细血管扩张是指毛细血管或静脉末端扩张，呈持久性鲜红色或暗红色，细丝状或网状，直线或弯曲，压之褪色或不褪色。

(2) 继发性损害。继发性损害是由原发性皮损经过搔抓、感染和治疗等，进一步产生损害或好转的结果。

1) 继发性色素变化。原损害消退后，患处遗留下永久或短时期的色素减退或增加。

2) 鳞屑。鳞屑指脱落或即将脱落的角质层，表现为大小、厚薄及形态不一的干燥碎片。可呈糠皮状、鱼鳞状或大片状。在正常情况下，由于新陈代谢的关系，表皮角质层也在不知不觉地脱落。当皮肤炎症或角化过度、角化不全时，即产生可见的鳞屑。

3）浸渍。浸渍指皮肤角质层吸收较多水分后出现的皮肤松软、发白，甚至起皱的状态。

4）糜烂。糜烂指皮肤表皮或黏膜上皮的缺损，露出潮湿表面。糜烂多由水疱、脓疱破裂或浸渍处表皮脱落形成，愈后不留疤痕。

5）溃疡。溃疡指皮肤或黏膜深达真皮以下的缺损。溃疡形态、大小、深浅随病因而异，愈后有疤痕形成。溃疡面可由浆液、脓液、坏死组织或痂皮覆盖。

6）痂。痂也称结痂，指皮损表面的浆液、脓液、血液及脱落组织等干涸而成的附着物。由浆液形成的痂，呈淡黄色，较薄，多见于皮炎湿疹的糜烂面。

7）苔藓样变。苔藓样变也称苔藓化，是指皮肤局限性厚片粗糙变硬、干燥脱屑、皮沟加深、皮嵴突起等类似革样的表现，观之如树皮状。多因摩擦或搔抓等使角质层及棘细胞层增厚，真皮慢性炎症浸润所致。

8）瘢痕。瘢痕指真皮或更深层的组织缺损或破坏后由新生结缔组织修复而形成的损害。损害高于皮面者为增生性瘢痕；低于皮面者为萎缩性瘢痕；而与皮面平的为平滑瘢痕。

2.2.2 常见皮肤病的临床特征和成因

1. 脂溢性皮炎

脂溢性皮炎是发生于皮脂腺分布较丰富部位的一种慢性皮肤炎症。由于机体内皮脂腺分泌功能亢进，皮脂过多的排出而堆积在皮肤上，使堆积处皮肤发生的慢性炎症性病变。脂溢性皮炎如彩图1所示。

（1）临床特征。常见于皮脂腺分泌比较旺盛的青年人及成年患者，好发于皮脂腺分布较丰富的部位，常自头部开始向下蔓延，典型损害为褐色或淡黄红色斑片，边界清楚，上有油腻性鳞屑或结痂，伴有不同程度的瘙痒。由于具体部位和损害的轻重不同，临床表现也有区别，这里主要介绍头面部的临床特征。

1）头皮。开始为大片灰白色糠秕状或油腻性鳞屑性斑片，以后逐渐扩展融合成大斑片，边界清楚，有时对称分布，自觉瘙痒，呈慢性，易反复发作，严重者全头皮均覆有油腻性臭味与厚痂，并伴有脂溢性脱发。

2）面、耳、颈。常由头皮蔓延而来，面部以前额、眶上、眼睑、鼻唇沟尤甚。初起患处发红，出现粟粒大小的丘疹，其色淡红，久则融合成黄红色鳞屑性斑疹，上覆油腻厚痂，如膏似脂，瘙痒不止，眉毛常因搔抓而稀少脱落，鼻唇沟及耳后可有皲裂。

3）胡须部。有两种类型：一种是皮损发红，可有淡褐色结痂，状似胡须，常称之为须疮；另一种则表现为泛发性红色，白屑较多，可见脓疱，有疤痕形成。

此病常因饮食不节、嗜酒、精神紧张等加重，故病程长久，容易反复。

（2）发病原因。脂溢性皮炎的发病原因多因消化功能失常、内分泌功能紊乱、细菌感染、雄性激素分泌亢进所致皮脂分泌过多等。

中医认为本病多因内蕴湿热、外感风邪、蕴阻肌肤、湿热上蒸所致；或因湿热伤耗阴血，血虚风燥，肌肤失养而成。

(3) 防护要点

1) 注意饮食。因脂溢性皮炎的发生与消化功能失常，以及食糖类、脂肪类食物过多有关，因此，患者应不饮酒，少食辛辣、海鲜、牛羊肉、狗驴肉等刺激性及油腻食物（肥肉）和甜食（如奶油蛋糕、巧克力等），多食蔬菜、水果，多饮水。

2) 每晚用温水涂少量硫黄香皂或硼酸皂洗脸。清除面部油腻，清洁皮肤。

3) 耐心坚持治疗，不要滥用药物，特别是激素类药物。

2. 扁平疣

扁平疣是一种病毒性皮肤病，中医称"扁瘊"，它的病原体和寻常疣一样，是由人类乳头状瘤病毒感染人体皮肤所造成的皮肤赘生物，如彩图2所示。

(1) 临床特征。扁平疣好发于青少年，又称青年扁平疣。多发于颜面部、手背和前臂部等处。常分散分布，表面光滑，数目较多，也可密集成片，有时可见因搔抓而沿抓痕呈串珠状排列。

皮疹的形态多种多样，呈圆形、椭圆形或多角形等，大小可由针头大至黄豆大。皮疹光滑，高出正常皮肤表面呈小丘状。

皮疹的颜色可如同正常皮肤或呈淡褐色，一般无自觉症状或偶感微痒，在初发病时，皮损发展及增多较快。因扁平疣的疣体中有大量活跃的病毒，当局部被搔抓时，疣体表面和正常皮肤可产生轻微的破损，这时病毒很容易被接种到正常皮肤上而产生新的疣体。一旦出现明显瘙痒或其周围皮肤发红通常预示着皮损将要消退。

扁平疣呈慢性，有自限性，如不治疗通常1～2年内或更久而自行消退。愈后不留痕迹或仅有暂时性色素沉着，常因数目较多而影响容貌。

扁平疣发病突然，多于不知不觉中发生，不仅可以自身传染，还可通过接触传染，有时与患有扁平疣的患者密切接触就很容易被感染上。所以，美容院尤其要做好消毒工作。

(2) 病因。一般认为患者的免疫功能紊乱，机体抵抗力下降易诱发该病。

(3) 防护要点。提高机体免疫力，避免搔抓。治疗方法较多，如抗病毒，但有时效果并不明显。

3. 睑黄瘤

睑黄瘤多发于中老年人，以进入更年期的妇女最为常见，是代谢障碍性皮肤病，如彩图3所示。

(1) 临床特征。皮疹为浅黄至橘黄色、扁平柔软的斑片或稍隆起的斑块，可呈针头大到黄豆大，好发于眼睑内眦部，常对称分布，病程持久，可相互融合。

无痛痒及其他任何不适。故常常不引起人们的关注。

(2) 病因。发生睑黄瘤的人都有可能存在全身性的由脂代谢障碍引起的动脉粥样硬化或肝胆疾病。所以，当睑黄瘤这个皮肤报警信号出现的时候，要建议顾客及时去医院化验检查血脂，做有关心、脑血管以及肝、胆、肾脏等方面的检查，以便及时查出身体隐患，及早调整饮食，得到正确无误的治疗。

4. 汗管瘤

汗管瘤又称汗管囊瘤或汗管囊腺瘤，是表皮内小汗腺导管处形成的一种腺瘤，多见于女性。部分汗管瘤患者有家族史，如彩图4所示。

（1）临床特征。汗管瘤多见于女性，可发生于任何年龄，但常在青春期出现或显著增多，妊娠期、月经前期或使用女性激素时皮疹增大。

皮疹为皮肤色、淡黄色或褐色的扁平丘疹，从针头到豌豆大小，呈半球形坚固丘疹，表面有蜡样光泽，可密集但不相融合。常对称分布于下眼睑，也见于前额、两颊、颈部、腹部和女阴。常无自觉症状，有的病人在夏季因出汗困难而产生瘙痒或灼热感。

慢性病程，很少自行消退，有的汗管瘤多年静止无变化。当人出现精神创伤、过度劳累、月经期或内分泌失调等造成免疫力降低的时候，皮疹可逐渐增多或增大，影响人的面部眼周美观，给人造成很大的精神压力和情绪影响。

（2）病因。汗管瘤是一种因小汗腺表皮内导管分化而产生的肿瘤，与内分泌、妊娠、月经等因素有关。

中医认为多由肌肤腠理毛孔不密，风热邪毒侵入皮肤，或人体肝虚血燥，筋气不荣，郁积皮肤生成丘疹而发病。

5. 日光性皮炎

日光性皮炎又称日晒伤，是由日光中的中波紫外线过度照射引起的人体局部皮肤发生的光毒反应。皮肤反应程度因照射时间、范围、环境因素及肤色不同而有差异。热可以增加机体对紫外线的敏感性。本病的发病也与个人的易感性有关，多见于春末夏初。高原居民、雪地勘探或水面作业者发病较多，此外，雪域高原、水上海边的旅游者也多见。

（1）临床特征。当皮肤受到强烈日光照射2～6小时后，暴露的部位如面、颈、手背等处易发生皮疹。根据皮肤反应轻重分为一度晒伤和二度晒伤。一度晒伤表现为局部皮肤经日晒后出现弥漫性边界清楚的红斑、水肿，24～36小时达高峰。二度晒伤表现为局部皮肤红肿后，继而发生水疱甚至大疱，疱壁紧张，疱液为淡黄色。自觉症状有灼痛或刺痒感。水疱破裂后呈糜烂面，不久干燥结痂，遗留色素沉着或色素减退。

（2）病因。一般认为日光性皮炎的发生，有两种不同的含义，一是光毒性皮炎，二是光敏性皮炎。光毒性皮炎纯系日光照射于皮肤上引起的毒性反应，大部分患者属于此类；而光敏性皮炎是日光通过皮肤而发生的免疫性反应，虽仅在少数人中发生，但反应较严重。皮肤白、对光敏感的人，容易患此类皮肤病。轻者1～2日后逐渐消退，重者恢复约需1周。

（3）防护要点。经常参加户外锻炼，使皮肤产生黑色素，以增强皮肤对日光的耐受性。对日光敏感性较强的病人，应尽量避免日光曝晒。外出时做好防护，如打伞、戴草帽、手套等。还可以外用一些遮光剂，如防晒霜，于曝晒前15分钟搽在暴露部位的皮肤上。

> **相关链接**
>
> 日光大部分由可见光组成,光谱范围大约为400～770纳米,它除了有刺激眼视网膜的能力外,还有一些生物学活性。波长高于770纳米的是红外线,是不可见的热线,能使皮肤发红。波长在400纳米以下的称紫外线。波长320～400纳米的长波紫外线(UVA)可达真皮,作用于血管和其他组织,引起光变态反应性皮炎。引起日光性皮炎的是290～320纳米中波紫外线(UVB)。

6. 接触性皮炎

接触性皮炎指皮肤或黏膜接触外界某些物质后而发生的炎症反应(见彩图5)。医学上将接触性皮炎分为原发性和变态反应性两种。原发性接触性皮炎,可发病于任何年龄的任何人。这种患者在接触到强酸或强碱等强刺激性物质后,会在很短时间内发病而出现临床症状。如果这种人接触到了弱的刺激性物质后,会出现慢性症状。而变态反应性接触性皮炎仅在少数人中才能引起临床症状,当这种患者接触到可引起症状的物质后,很快在极短的时间内发病。

(1)临床特征。局部出现水肿性红斑和丘疹,重者发展到形成水疱、大疱。本病的损害一般无特异性,症状取决于接触物性质、浓度、接触方式、接触时间长短。轻者仅呈现急性皮炎改变,皮损为红斑、丘疹、肿胀、水疱、糜烂、渗出等;重者有显著水肿糜烂、溃疡、坏死;严重者头痛、恶心、发热、畏寒。

长期反复接触后可呈慢性皮炎改变,皮损为局部干燥、脱屑或皲裂。但临床上以单一皮损表现为主。自觉剧烈瘙痒,时有灼热及剧痛,全身症状轻微。

(2)病因

1)化学性物质。如金属及其制品(镍、铬及其制品)、日常生活用品(肥皂、香皂、洗衣粉、皮革)、塑料及其制品、化妆品(润肤的美容香脂、雪花膏、口红、染发水、洗发香波)、外用药物(汞剂、磺胺剂、抗生素软膏、清凉油)及化工原料(汽油、煤油、机油、柴油、油漆、各种染料)等。

2)植物性物质。如漆树、荨麻、除虫菊、银杏、补骨脂、猫眼草等。

3)动物性物质。如斑蝥、毛虫、动物毒素等。

接触性皮炎仅在接触部位及其附近发病,一般来说皮肤损害的边界比较清楚,因接触物不同常有不同形态,例如,对表带过敏者,往往表现为腕部皮肤的环形损害,发病处常出现红斑、丘疹、丘疱疹等,多伴有明显的瘙痒感。患者常常因不能自主控制而不断搔抓,从而在患病部位出现明显的抓痕,甚至糜烂,而有液体渗出。

(3)接触性皮炎的诊断及防治

1)有明确的接触史,所接触的物质有刺激性或抗原性。

2) 有一定的潜伏期，从接触到发生皮炎，短则数分钟，长则数日。接触物的刺激越大，潜伏期越短。如为变应原，则初次接触后4~20天，再次接触24小时内发病。

3) 病变多局限于接触部位，边界清楚。偶可扩展至身体他处。

4) 可通过斑贴试验协助诊断。

5) 去除病因，处理得当，1~2周可痊愈。不接触致敏物一般不再复发。

7. 荨麻疹

荨麻疹俗称"风疹块""发风丹"（见彩图6），是一种常见的过敏性皮肤病。由各种因素致使皮肤黏膜血管发生暂时性炎性充血与大量液体渗出，造成局部水肿性的损害。

（1）临床特征。荨麻疹最突出的表现是皮肤突然发痒，继而出现扁平的高出皮肤的风团，有的发红，有的发白，越起越多，大小及形态不一，但边界清楚，伴有痒感，晚间加重。几分钟或几个小时后就自己消退，消退后不留任何痕迹。可有发烧、腹痛、腹泻或其他全身症状，可分为急性和慢性荨麻疹两种类型。急性荨麻疹一般发病急骤，多数能查找出病因，病程在1周左右。多数病人在数日内即可消退。慢性荨麻疹，病程大于6~12周。

（2）病因。荨麻疹原因很多，约3/4的患者不能找到原因，尤其是慢性荨麻疹，其可由各种内源性或外源性的复杂因子引起。常见的可以归纳为：

1) 药物。如磺胺类药物。

2) 食物。如含有特殊蛋白质的鱼、虾、蟹、鸡蛋、牛奶等常见致病因素。

3) 感染。细菌性感染、病毒性感染、真菌性感染与寄生虫。虫咬症如螨、跳蚤、臭虫等。

4) 吸入物。有各种花粉、尘土等。

5) 物理及化学因素。如冷、热、日光、摩擦及压力等物理性和机械性刺激，或某些化学物质。

（3）荨麻疹的诊断及防治。找出病因以消除病因为主，有感染时常须应用抗菌素，对某些食物过敏时暂且不吃。

2.3 问题性皮肤

皮肤的性质由多种因素决定，如种族、年龄、性别、饮食习惯、气候、环境、精神状态等。每个人的皮肤性质都会随各种因素的变化而改变。健康的皮肤，首先是结构完整，能够执行正常的生理功能，反应在外表上，可见柔软、光滑、润泽、紧致、富有弹性、没有皮肤疾患。但由于各种因素的影响，皮肤会发生一些问题，如过敏、痤疮、色斑等，美丽肌肤便黯然失色。

2.3.1 常见皮肤异常的原因

要保持皮肤健康有诸多要素：如合理的饮食、充足的睡眠、正确的保养。其中任何一种因素的改变，都可影响皮肤的健康。此外，还有很多其他因素影响皮肤健康，概括来讲可以分为不可控因素与可控因素两大类。

1. **不可控因素**

（1）内在因素。主要是年龄的变化。随着年龄的增长，皮肤会逐渐干燥和失去弹性，自然老化。皮肤细胞由基底层发育之后，慢慢成熟，渐次往表面推移，到完全老化时，变为角质层死细胞而脱落，其间老化速度完全取决于新陈代谢的速度和营养的供给。皮肤随着时间的流逝，新陈代谢会变缓，机体的整体状况从高峰渐渐滑落。在人的一生当中，人体内自然的化学变化会使皮肤的机能及外观发生改变。

1）孩童期。孩童期皮肤柔软弹性好，细腻光滑无瑕疵。

2）青春期。体内性激素分泌，促使油脂分泌增加，皮肤状况佳，但易受感染伤害。

3）成年期。皮脂腺的油脂分泌不再旺盛，保水能力下降，胶原蛋白萎缩，皮肤逐渐干燥失去弹性，并开始出现皱纹和细纹。

4）更年期。激素分泌量的改变降低了皮肤细胞的再生能力，皮肤胶原蛋白减少，皮肤干燥变薄、脆弱。

（2）外在因素

1）阳光。万物生长靠太阳，这是地球上生物存在的基本条件。太阳光是维持人体生命活动必不可少的物质，提供温暖，并使皮肤展现美好、健康的光泽。经太阳光照射后，皮肤变得微黑红润，是一种健康美的形象。阳光中大部分为可见光（波长为400～700纳米）。可见光穿透力强，但能量较小，对人体影响很小，太阳光线中对皮肤有影响的是紫外线和红外线。

①紫外线。紫外线是波长为100～400纳米的电磁波。

a. 作用

（a）紫外线能激活黑色素细胞，促进黑色素细胞合成黑色素，使肤色变深，这有利于防止日光对皮肤的损伤。

（b）紫外线能促进表皮内维生素D的合成，可以促进钙的吸收，有助于骨骼和牙齿的发育，防止佝偻病。

（c）紫外线能生物灭菌，预防疖疮、毛囊炎等皮肤病。紫外线能促使细菌的脱氧核糖核酸（DNA）链断裂，致细菌死亡。

b. 副作用。紫外线是皮肤衰老的最大敌人。

（a）紫外线强烈作用于人体皮肤时会损伤皮肤细胞，轻者出现红斑，重者发生水肿，甚至坏死，久之干燥、脱水，皮肤过早衰老。这是因为过量的紫外线可使皮肤的胶原纤维分解和弹性纤维变性，使皮肤的韧性和弹性降低，皱纹加深，肤色加深，出现老年斑等衰老表现，并加重黄褐斑、雀斑、黑变等，有的还可引发光敏性皮炎，甚至诱发皮肤癌。

（b）紫外线作用于中枢神经系统，可出现头痛、头晕、体温升高等。作用于眼部，可引起结膜炎、角膜炎，称为光照性眼炎，还有可能诱发白内障。

> **相关链接**
>
> **紫外线分类**
>
> 紫外线又依其波长分为短波、中波和长波。
>
> ·短波（UVC）。波长为200～290纳米，UVC在到达地面前基本被臭氧层吸收，对人体影响不大。
>
> ·中波（UVB）。波长为290～320纳米，UVB紫外线主要由表皮吸收，引起皮肤红斑，还可以诱导一些免疫学的变化，会令皮肤变干，加速皮肤衰老。人体受UVB长时间辐射后会使皮肤黑色素细胞变异，产生难以消除的太阳斑。但它穿透力差，很容易被云层和其他遮盖物挡住，也不能透过窗玻璃。
>
> ·长波（UVA）。波长为320～400纳米，又称"黑光"，可以穿透表皮达到真皮，并且可作用于血管和其他组织，使真皮内保持皮肤弹性的胶原纤维断裂。皮肤因损害而失去弹性和光泽，逐渐变得干燥、粗糙和松弛，从而发生老化皱纹等，同时令皮肤变黑。UVA一年四季都同样猛烈，不分季节时段。
>
> 其中只有长波及部分中波紫外线可以穿过大气层照射到地面而对人体产生作用。因此，必须注意避免过度曝晒，室外工作者或外出旅游时应戴草帽、撑遮阳伞，在面部和四肢等暴露部位擦防晒水或霜，以保护皮肤。

②红外线

a. 作用。对人体皮肤、皮下组织具有强烈的穿透力。外界红外线辐射人体产生的一次效应可以使皮肤和皮下组织的温度相应增高，促进血液循环和新陈代谢，对组织产生的热作用、消炎作用及促进再生作用有利于改善机体组织、重要脏器的营养、代谢，促进人体健康。

b. 副作用。红外线通过其热辐射效应使皮肤温度升高，毛细血管扩张，充血，增加表皮水分蒸发等，直接对皮肤造成不良影响。其主要表现为红色丘疹、皮肤过早衰老和色素紊乱。皮肤温度升高，毛细血管扩张充血，增加表皮水分蒸发等直接对皮肤造成不良影响。

红外线还能够增强紫外线对皮肤的损害作用，加速皮肤衰老过程。

> **相关链接**
>
> 红外线（infrared rays）是太阳光线中众多不可见光线中的一种，由德国科学家霍胥尔于1800年发现，又称为红外热辐射（infrared radiation），俗称红外光。太阳光谱上红外线的波长大于可见光线，位于红色光外侧，波长为750微米～1毫米，具有很强热效应，并易于被物体吸收，通常被作为热源。它透过云雾的能力比可见光强。红外线可分为三部分，即近红外线，波长在750～1 500微米之间；中红外线，波长在1 500～6 000微米之间；远红外线，波长在6 000微米～1毫米之间。

2）湿度。湿度是表示大气干燥程度的物理量。在一定的温度下，在一定体积的空气里含有的水汽越少，则空气越干燥；水汽越多，则空气越潮湿。空气的干湿程度叫做"湿度"，一般人在45％～55％的相对湿度下感觉最舒适。

①湿度过低。空气干燥，会破坏人体皮肤的防御能力，使表皮细胞脱水，皮脂腺分泌减少，从而导致皮肤干燥、起皱、开裂。过热而不通风的房间里的相对湿度一般比较低，这可能对皮肤不良，对黏膜有刺激作用，因上呼吸道黏膜的水分大量丧失，人们就会感到口鼻干痛，甚至出现咽喉肿痛、声音嘶哑、鼻出血、皮肤干燥失水、手脚皮肤干裂等现象。人们在实际生活中，冬春季会感到空气干燥，所以，此时适当增加室内湿度，对皮肤绝对是个最好的选择。

②湿度过高。影响人调节体温的排汗功能，人会感到闷热。在低温潮湿的天气，由于大气中的水汽蒸发吸收了身体的热辐射，从而使人体感到阴冷，并容易受凉。在高温潮湿的天气，相对湿度如果达到80％以上，就会妨碍机体蒸发散热，会使人烦躁、疲倦、食欲不振，面色无华。

3）温度

①温度过高。高温会使皮肤血液循环加快，毛孔扩张，皮脂腺和汗腺分泌增多，造成皮肤油腻。虽然在炎热的气候及高温时，皮肤会感到更加油腻，但仍需要进行适当的保湿护理。

②温度过低。低温会使皮肤新陈代谢降低，血液循环减慢，皮肤血管收缩，皮脂腺和汗腺分泌减少，皮肤干燥无光泽。

4）风。强风结合干燥的、极高或极低的温度，会使皮肤表面水分被带走，皮肤干燥、脱皮。同时，强风带来的风沙及尘土，往往会附着在皮肤表面，造成毛孔阻塞和皮肤分泌物减少，导致皮肤干燥、营养不良。

5）污染。空气中各种化学漂浮物增多，附着在皮肤上，容易堵塞毛孔，甚至引起敏感。

2. 可控因素

（1）睡眠。睡眠是人类一种不可缺少的生理活动，对女性来说，睡眠更具有美容的特殊功能。充足的睡眠对美容具有生理与心理的双重益处，它使生理器官获得充分休息和吸收营养的机会，而清晨起来精神饱满，会使你信心十足。保持充足的睡眠，可使皮肤有足够的时间修复日间所受的损伤。尤其晚上22:00到第二天凌晨02:00，此时其他系统活动下降，有较多的血液供应皮肤组织，皮肤的新陈代谢加快，皮肤细胞再生更新得比白天要快得多，可减缓皮肤老化。假如睡眠不佳，清晨就可以看出面色不好。长期失眠或少眠者，甚至会面容憔悴、精神委靡、皮肤粗糙、没有光泽，不但会影响皮肤健美，更会对人体健康产生不良的影响。

良好的睡眠有利于皮肤健美，但要注意也不可睡眠过度，对一般人来说，每天8小时睡眠已经足够。有时过多的睡眠会导致面部浮肿。

(2) 水分。水分可为人体提供充分的体液，帮助身体排除废物。日常饮食应注意对水分的汲取。当人体水分减少时，会出现皮肤干燥，皮脂腺分泌减少，从而使皮肤失去弹性，甚至出现皱纹。为了保证水分的摄入，每天饮6～8大杯水（睡前2小时勿大量饮水，否则会导致面部浮肿）有利人体的循环作用，有利于排出废害物质，加速细胞的代谢生长，令皮肤滋润。

(3) 营养。生物从外界摄取养料以维持其生命，营养素是维持正常生命活动所必需摄入生物体的食物成分。美好的体形，健康的皮肤除了日常护理和保养外，注意均衡营养也是必不可少的。均衡营养是指膳食中所含的营养素种类齐全、数量充足、比例适当。人体所需的营养素主要来源于食物，而各类食物中的营养素分布并不均衡，因此，均衡营养必须多种食物合理搭配，应建议顾客在日常膳食中遵守食物要多样，饥饱要适当，油脂要适量，粗细要搭配，食盐要限量，甜食要少吃，饮酒要节制，三餐要合理的原则。

(4) 不良习惯。这是影响皮肤的因素中最容易控制的一种。

1) 吸烟。香烟中的尼古丁会使面部毛细血管痉挛收缩，造成血液循环障碍，氧气及养分难以被送达皮肤表面，进而使皮肤显得苍老。吸烟也容易使眼部及唇部周围的皮肤过早出现皱纹。

2) 酗酒。酗酒损害肝脏和脑，长期饮酒会导致酒精肝、脂肪肝，甚至肝硬化；麻痹脑神经，导致记忆力减退。

3) 咖啡因等利尿成分。会导致人体系统的水分流失。

4) 药物。有时会对皮肤产生负面影响，并使其更加敏感。

2.3.2 痤疮

痤疮，俗称青春痘、粉刺、暗疮，中医古代称面疮、酒刺。大部分人在青春期均患过不同程度的痤疮。痤疮是一种发生于毛囊皮脂腺的慢性炎症，痤疮好发年龄在12～25岁之间，但也有10～13岁或30岁才初发的。多发于头面部、颈部、前胸、后背等皮脂腺丰富的部位，影响容貌。它是美容院遇到的常见的问题性皮肤。痤疮如彩图7、彩图8所示。

1. 成因

(1) 雄性激素过高。青春期以前极少发病，性功能减退的人，如古代宫廷被阉割的太监不发病，女性在月经前常有痤疮发作，妊娠期痤疮症状减轻。分泌雄性激素的器官男性为睾丸及肾上腺，女性是卵巢、胎盘及肾上腺。雄性激素和雌性激素在男女体内比率不同，比率的改变可能使痤疮出现。皮脂腺的发育和皮脂的分泌也与雄性激素增加有关，它能促使皮脂腺细胞周转和脂类合成，引起皮脂分泌增多，产生又浓又多的皮脂，不能完全排泄出去，渐渐聚积在毛囊口内。同时，毛囊导管也在雄性激素作用下而过度角化，毛囊壁肥厚、阻止皮脂排泄。毛囊壁上脱落的上皮细胞增多，与浓稠的皮脂混合，成为干酪状物质，阻栓在毛囊口内形成粉刺，以后暴露在毛囊口外的顶端渐渐干燥，又经过空气的氧化作用、黑色素的沉积、尘埃的污染而变色，形成黑头粉刺。毛囊中存在的痤疮棒状杆菌、白色葡萄球菌和卵圆形糠疹芽孢菌，特别是痤疮棒状杆菌含有使皮脂分解的酯酶，毛囊内的皮脂被脂酶分解，而产生较多的游离脂肪酸。这些游离的脂肪酸能使毛囊及毛囊周围发生非特殊性炎性反应。当粉刺壁的极微的溃疡及游离脂肪酸进入附近真皮后，再加上黑头粉刺挤压附近的细胞，使它们的抗菌力下降，从而容易受细菌的感染引起炎症，于是发生丘疹、脓疱、硬节、结节及脓肿。

（2）微量元素影响。有实验证明，锌低会影响维生素A的利用，促使毛囊皮脂腺的角化；铜低会削弱机体对细菌感染的抵抗力等。总之，微量元素锌、铜、铁含量低，锰升高可使体内脂肪代谢、性激素分泌受到一定影响，加上皮肤抵抗力低下，均可能与痤疮发病有一定的关系。

（3）皮脂分泌亢进。由遗传、饮食、自主神经功能紊乱，尤其是内分泌失调等原因引起。雄性激素是皮脂腺活动的促进因子，能使皮脂腺增大，生成和排出的皮脂增多。此变化对分布于面部、前胸、后背部位的大皮脂腺尤为明显。

（4）皮脂排泄障碍。皮脂在腺体内合成后，经导管、毛囊排至体表，和汗液共同构成皮脂膜。如果皮脂排泄顺利，就不会构成痤疮。但是，由于很多因素可导致皮脂排泄管道狭窄（如遗传、维生素A缺乏、毛囊过度角化、游离脂肪酸和化妆品的刺激，以及炎症等）、闭塞，皮脂在毛囊内潴留，变成脂肪酸刺激毛囊壁，造成炎症损伤。

（5）微生物作用。毛囊内有痤疮棒状杆菌、表皮葡萄球菌、卵圆形糠秕孢子菌等，在毛囊闭塞的情况下，痤疮杆菌大量繁殖，导致炎症，形成痤疮（青春痘），造成炎性丘疹。

（6）其他因素

1）遗传因素。

2）心理因素。一般学习压力、恋爱压力、生活压力、就业压力等过大时，都会引起痤疮的产生。

3）饮食因素。摄入高糖、高脂饮食，吃辛辣食品及巧克力，饮用浓酒、可可、咖啡等热性饮料可加剧痤疮。

4）药物因素。如口服避孕药等，可促进痤疮的发生和加剧。长期服用溴化物、碘化物及皮质激素等也可引起痤疮。

5）消化功能紊乱、便秘等可促进痤疮的发生和发展。

6）化妆品。化妆品具有两面性，若使用不当，容易产生青春痘，因为粉质的化妆品容易堵住毛孔。经常使用厚重粉底或油彩化妆也会堵塞毛孔而加剧痤疮。

7）维生素的缺乏。尤其是维生素A和维生素B_6的缺乏，均可导致痤疮。

8）感染。在痤疮发病之后，一旦皮肤受损，细菌便乘虚而入，继而加重病情，使患者产生结节、囊肿，最后留下瘢痕。

总之，皮脂分泌增加和排泄障碍是痤疮发病基础，在此基础上引起细菌繁殖，再加上其他因素的协同作用，便导致了痤疮的发生和恶化。

从中医学的角度来看，机体血热偏盛，是粉刺发病的根本；饮食不洁、外邪侵袭是发病的条件；血热痰结使病情复杂沉重。

2. 表现

皮损主要发生于面部，也可发生在胸背上部及肩部，偶尔也发生于其他部位，但从不累及眼眶周围的皮肤。开始时患者差不多都有黑头粉刺及油性皮脂溢出，还常伴有丘疹、结节、脓疱、脓肿、窦道或瘢痕。各种损害的程度不等，往往以其中一两种损害为主。病程长，多无自觉症状。如炎症明显时，则可引起疼痛和触疼，症状时轻时重。青春期后大多数人均能自然痊愈或症状减轻。临床上根据皮损的主要表现可分为以下几种类型：

（1）点状痤疮。黑头粉刺是痤疮的主要损害症状，是堵塞在毛囊皮脂腺口的乳酪状半固体，露在毛囊口的外端发黑，如加压挤之，可见头部呈黑色而体部呈黄白色半透明的脂栓排出。

（2）丘疹性痤疮。皮损以炎性的、小米至豌豆大的坚硬的小丘疹为主，呈淡红色至深红色。丘疹中央可有一个黑头粉刺或顶端未变黑的皮脂栓。

（3）脓疱性痤疮。以脓疱表现为主，脓疱为谷粒至绿豆大小，为毛囊性脓疱和丘疹顶端形成的脓疱，脓疱破后脓液较黏稠，愈后遗留浅的瘢痕。

（4）结节性痤疮。当发炎部位较深时，脓疱性痤疮可以发展成壁较厚的结节，大小不等，呈淡红色或紫红色。有的位置较深，有显著隆起而呈半球形或圆锥形。它们可以长期存在或被渐渐吸收，有的化脓溃破形成显著的瘢痕。

（5）萎缩性痤疮。丘疹或脓疱性损害破坏皮脂腺，引起凹坑状萎缩性瘢痕。溃破的脓疱或自然吸收的丘疹及脓疱都可引起纤维性病变及萎缩。

（6）囊肿性痤疮。形成大小不等的皮脂腺囊肿，常继发化脓感染，破溃后常流出带血的胶冻状脓液，而炎症往往不重，以后形成窦道及瘢痕。

（7）聚合性痤疮。聚合性痤疮是损害最严重的一种，皮损多形，有很多的粉刺、丘疹、脓疱、脓肿、囊肿及窦道、瘢痕、瘢痕疙瘩集簇发生。

3. 防治

痤疮首先以预防为主，除了正确治疗和护养外，未经消毒以前，红肿发炎期间千万不要自己去挤。大多数情况下，严重的疤痕都跟随意挤压、处理不当有关。未经消毒的皮肤、手指、工具，不正确的手法，很容易在挤压痤疮的时候伤及真皮层，留下凹洞和色斑，造成终身消除不去的遗憾。

（1）注意皮肤清洁，养成良好的卫生习惯，不要用手抠或挤压粉刺。

（2）注意饮食，少吃动物性脂肪、甜食和刺激性食物，如巧克力、海鲜、坚果、奶酪等食物，不吃辛辣食物，如生葱、大蒜、辣椒等。

（3）多食用粗纤维食物、蔬菜水果，多饮水，保持大小便通畅。女青年应注意生理周期的正常，及时解除痛经。

（4）在痤疮发作期，最好不使用化妆品，特别是油性及粉状化妆品，以免毛孔进一步堵塞，加重皮肤的炎症反应，禁用溴、碘类药物。不要使用皮质类固醇激素。

(5) 保持心情舒畅，向患者解释清楚痤疮是因青春期内分泌的变化，性激素的变化而产生的一种常见现象，正确的治疗与护理可以减轻皮损。

(6) 不要用手挤压痤疮，以免加重炎症、留下疤痕。

(7) 美容院护理。目的是消炎、去脂、清除皮面过多的油腻，去除毛孔堵塞物，使皮脂外流通畅，保持皮肤清洁、控制感染。

相关链接

内 服 疗 法

- 广谱抗生素。可以控制炎症，以感染为主的应首选抗生素，以四环素类最好。四环素可以抑制痤疮丙酸杆菌，对白细胞趋化性有抑制作用，能使皮脂中游离脂肪酸浓度明显下降。
- 维甲酸类。抑制毛囊角化过度，防止新的阻塞和炎症形成，减少皮脂分泌和粉刺形成，对结节和囊肿性皮损效果好。
- 锌制剂。有抑制毛囊角化或炎症作用。
- 维生素类。

2.3.3 色斑皮肤

所有皮下色素增加通称色斑，也叫黑斑。

色斑是一种人面部的色素障碍性皮肤病，不同程度地影响到人面部的美观，它困扰着众多女性，既是皮肤较容易出现的问题之一，也是美容的重要课题之一。

1. 黑色素合成的原理及途径

黑色素广泛存在于人的皮肤、黏膜、视网膜等处，它由黑色素细胞合成并分泌。皮肤的黑色素细胞主要分布在表皮的基底层。黑色素主要是黑色素颗粒中的酪氨酸受刺激发生化学反应而形成的，过程为：酪氨酸→多巴→多巴醌→多巴色素→黑色素。

酪氨酸在酪氨酸酶（一种含铜离子的蛋白质）的催化作用下转化成多巴，经过氧化反应变成多巴醌，最后代谢的产物就成为黑色素，色斑则是黑色素堆积而成的结果。

色素生成后的代谢途径有两种：一是随着表皮的基底层细胞不断向上移动，随着角质层二十八天的生理周期脱落（剥脱性）；二是经过真皮层的毛细血管进入血液循环后最终从肾脏排泄到体外。

2. 影响黑色素形成的因素

(1) 硫氢基。表皮中的硫氢化合物是还原性谷胱甘肽（GSH）。它与酪氨酸酶的铜离子结合从而对酪氨酸起抑制作用，使黑色素合成受阻。由于紫外线以及炎症都是减少表皮内硫氢基的因素，所以，它们都是促使黑色素生成和增加的直接因素。凡能减少表皮硫氢基的因素,如紫外线、皮炎等均能使黑色素增多。日晒斑和皮炎后的色素沉着就是由此产生的。又如营养不良(过度减肥)也会使皮肤中硫氢基的来源不足,同样使皮肤中的黑色素颗粒增加。

(2) 微量元素。大量实验证明,当铜离子和锌离子缺乏时,可使动物毛发变白。某些重金属,如铅、汞、金、银等也会引起皮肤和黏膜的色素沉着。重金属含量过高的化妆品会引起皮肤变黑。

(3) 内分泌。某些激素可以促进黑色素细胞分泌,导致黑色素颗粒增加。维生素A缺乏时也会引起色素沉着。

(4) 强刺激。日晒、药物、热辐射、长期摩擦等都会增加酪氨酸酶的活性,使肤色加深或起色斑。

3. 色斑产生的原因

色斑产生的原因简单来说就是黑色素增加所引起的,与下列因素有关:

(1) 长期过度的紫外线照射,使黑色素大量产生,不易排除,是形成黑斑的外在原因。皮肤对紫外线是相当敏感的,过度地照射会使基底层色素细胞大量制造出黑色素,原因在于阻止紫外线到达真皮和真皮以下组织,防止损伤内部组织。激增的黑色素若无法随着正常的代谢排出的话,就会产生沉淀现象,而形成黑斑。

(2) 内分泌失调(妊娠期、更年期及服用某些避孕药等)。人体内有多种激素,控制着身体的内在平衡。所以,若有任何一种激素分泌不足或是过量,都会导致机体病变。黑斑发生在女性身上概率较男性大,理由是因为雌性激素会刺激黑色素细胞,增加黑色素沉积。更年期和妊娠期间常常会产生黑斑,原因是内分泌失调的关系。大部分妊娠女性在生产后黑斑就会消失,而更年期妇女则因新陈代谢衰退,皮肤持续老化,造成无法将黑色素由角质层赶走而残留形成黑斑。避孕药也常会导致黑斑形成,但多半会在停止服用后消失。

(3) 精神紧张或不安。当精神紧张时会促使脑下垂体制造黑色素细胞刺激素,刺激黑色素生成。黑色素细胞对刺激相当敏感,因此一旦精神紧张、焦躁或忧虑时就会反应在皮肤上。

实验室研究证实,不良精神因素通过下丘脑—垂体释放,会促使黑色素细胞激素(MSH)等相关神经肽(NP),而致色素沉着。

(4) 化妆品与保养品使用不当。劣质化妆品或保养品使用不当,又经日光或物理性刺激,使产品内过多的香料、铅、汞等物质沉淀于皮肤内。

(5) 皮肤的老化。由于老化造成的新陈代谢迟缓,使角质层异常堆积,黑色素不易分解代谢,也会使皮肤变黑。

(6) 长期暴露于太热环境。长期暴露于太热环境,会使黑色素细胞活跃,合成更多黑色素。

(7) 遗传体质。这也是一个重要因素,有些人其一生中脸庞都没有任何斑点,但有些

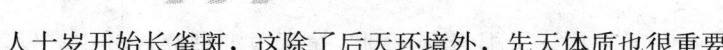

人十岁开始长雀斑,这除了后天环境外,先天体质也很重要。

(8) 皮肤发炎。如痤疮或湿疹,都会刺激黑色素细胞,产生过多的黑色素。

除此之外,皮肤干燥、精神压力,甚至妊娠、生产时的激素浓度改变等也都是形成黑斑的原因。总之,黑斑的形成有其外在因素,也有其内在因素,我们若要防范,就必须内外兼顾才行。

4. 色斑分类

(1) 雀斑。雀斑是一种面部常见皮肤病,本病始发于学龄前儿童,少数自青春期发病,女多于男,多伴有家族史。雀斑如彩图9所示。

1) 成因。具有遗传倾向,为常染色体显性遗传性皮肤病。"雀斑遗传基因"在紫外线的照射下,导致基底层的酪氨酸酶活性增加,形成黑色素即雀斑,也叫基因斑,它成于胎儿期,是与生俱来的固定体。遗传性雀斑分显形斑和隐形斑。显形斑大约在6~12岁时开始形成,18岁左右到达高峰;而隐形斑则大多在妊娠反应后现于面部,这就是为什么把雀斑分为先天雀斑和后天雀斑的原因。其实怀孕后孕妇的内分泌会起很大变化,会刺激隐藏的雀斑爆发出来,而不是说其雀斑是后天生长的。

2) 表现。皮损发生在颜面、颈部、手背等暴露部位,多为针尖至芝麻大小的圆形或椭圆形淡黄或褐色斑点,数目多少不定,分散或密集,对称分布,互不融合,无自觉症状,病程缓慢。夏季或日晒后颜色加深,数目增多,冬季色淡,数目减少。多见于皮肤白皙的女子。当它受到强烈阳光照射时,数量会增加,颜色变浓,又称为夏日斑。

3) 防治

①避免日光照射。

②春夏外出应戴遮阳帽,涂防晒霜。

③不宜滥用外涂药物。

④在饮食上,多吃新鲜蔬果,增加维生素C的摄入量。

(2) 肝斑(又称黄褐斑)。女性多见,尤其好发于育龄期妇女,常在妇女怀孕2~3月时产生,故又称妊娠性斑。其色素随内分泌变化、季节、日晒、劳累、紧张等因素稍有变化,或因某些疾病(如慢性胃肠疾病、肝病等)、某些药物(如冬眠灵、苯妥英钠等)而加重。部分患者分娩后或停服避孕药后可缓慢消退,但大多数人病程难以肯定,可持续数月或数年。黄褐斑如彩图10所示。

1) 成因

①日光照射。日光是重要发病因素之一,290~400纳米紫外线照射可增强黑素细胞活性,引起色素沉着,应用遮光剂可使病情减轻。经常照射太阳光,会诱发黄褐斑。

②内分泌异常。临床约20%口服避孕药的妇女可发生黄褐斑;妊娠中,体内过多的雌激素及黄体酮可刺激黑素细胞,促使黑素生成增加,使患者面部出现黄褐色斑,亦称妊娠斑,分娩后该色素斑可逐渐消失。

③疾病。慢性肝病、慢性消耗性疾病(如结核、肿瘤等)患者也可出现黄褐斑。

④遗传。黄褐斑有遗传背景。一般来说，黄褐斑在亚洲、拉丁美洲种族人群中多发，而在白色人种中发病率较低。

⑤应用化妆品不当。在临床上，常能见到某些化妆品也可引发黄褐斑样皮肤损害。这可能与化妆品中的某些成分如水杨酸盐、金属、防腐剂和香料等直接刺激皮肤，使其发生过敏反应有关，尤以劣质化妆品更为有害。

中医认为，肝失条达，气机郁结，郁久化火，灼伤阴血，血行不畅，可导致颜面气血失和；脾气虚弱，运化失健，不能化生精微，则气血不能润泽于颜面；肾阳不足，肾精亏虚等病理变化均可导致颜面发生黄褐斑。

2）表现。皮损常对称分布于面部，以颧部、颊部及鼻、前额、颏部为主，一般不累及眼睑和口腔黏膜。表现为淡褐色到深褐色的色素斑，边缘清楚或呈弥漫性，局部无炎症及鳞屑，也无自觉症状。

3）防治

①避免日晒。外出时，可涂遮光剂。遮光剂可防御紫外线光和可见光，从而保护皮肤免受损伤及防止色素沉着。如对氨基苯甲酸及其酯类，使用时均应注意预防过敏反应的发生。

②停止口服避孕药，不用有香味的化妆品，如有慢性疾病应及时彻底治疗。

③口服维生素C，每次200毫克，每日3次；维生素E，每日100毫克。一般服药一个月以上，可以减少晒伤等引起的黄褐斑。

④外用脱色剂，如维A酸（有脱色作用），氢醌（氢醌主要阻断被酪氨酸酶催化的从酪氨酸到多巴的反应过程，减少黑素的形成），熊果苷（抑制酪氨酸酶的活性）。

相关链接

中医药物祛斑，就是运用中药调理脏腑、平衡阴阳，以达到祛斑目的的治疗方法。有活血化瘀法、疏肝理气法、温阳补肾法之分。常用药物有：桃仁、红花、三棱、莪术、川芎、赤芍、柴胡、枳壳、香附、郁金、白芍、青皮、甘草、附子、熟地、肉桂、山药、山茱萸、菟丝子、鹿角胶、枸杞子、当归、杜仲、薏苡仁等。选方可用：通窍活血汤、桃红四物汤、逍遥散、右归丸、桂附八味丸等。

（3）晒斑。晒斑由日光或其他光线照射形成，是皮肤对强光照射引起的一种急性损伤性反应，属光敏性皮肤病。

1）成因。夏日只要日晒时间过长，脸部、颈部、手臂和下肢暴露部位的皮肤便会产生日晒斑，即医学上所称的日光性皮炎，也称日光红斑。

2）表现。晒斑呈现椭圆形突起或平滑、深棕色的斑块，容易出现在前臂外侧、手背、小腿前侧及脸部，约米粒至角币大小。初期，裸露的皮肤经过曝晒发生边界清楚的水肿性红斑或水疱，局部有烧灼感和刺痛感，24小时内出现疼痛高峰，之后疼痛渐减，红斑和水泡开始渐渐消退。轻者两日可愈，重者一周后才能痊愈。过后有粉末状脱屑，并出现皮肤色素沉着。

3）防治

①要佩戴有色眼镜（太阳镜），衣袖裤腿尽量放长，戴草帽、凉帽、遮阳帽等，以有效避免皮肤受日光的直接强烈照射。

②皮肤裸露部位适当涂擦防晒膏霜。在美容化妆品中有不少种类的防晒霜，在夏日旅途中坚持涂搽，能大大减少晒伤程度，因为防晒剂能抵御中波紫外线的照射。

③平时注意适当接受日光的照射，坚持多次少量地接受日晒，使皮肤颜色加深（皮肤中黑色素形成），促进紫外线吸收，保护皮肤免受晒伤。

④如果旅行中已发生晒斑，症状轻的要避免再次日晒而加重；症状重的可用西瓜皮轻擦患处，它有消肿、消炎、止痛的功效。

⑤UVA紫外线的损伤是可以累积的，而且是不可逆的。如果在童年仅一次起泡性晒伤就可以使以后患皮癌的危险增加一倍。

（4）老年斑。医学上称为"老年性色素斑"（见彩图11）。老年斑是因角质形成细胞成熟迟缓所致的一种良性的表皮增生性肿瘤。它是指在老年人皮肤上出现的一种脂褐质色素斑块，多见于高龄老人，人们又称其为"寿斑"。这种脂褐质色素是细胞氧化后的产物，一旦聚集过多便会影响脏器功能，使人渐渐衰老。

1）成因。老年人细胞代谢机能减弱，机体抗氧化能力衰退，当饮食中摄取脂肪过多时，容易发生氧化，产生脂褐质色素。衰老的组织细胞失去应有的分解和排异功能，导致超量的棕色颗粒堆积在局部细胞基底层内，从而在人体表面形成老年斑。另外，紫外线的照射也能促使老年斑出现。

中医认为进入老年期后肺气虚衰，卫气不足，皮肤腠理失养，是出现老年斑的根本原因。

2）表现。出现在颜面、手背等处，皮肤略高出皮面的扁平的丘疹或色斑片，大小为米粒到指甲或更大，淡褐色或深褐色，表面粗糙并可见细微的裂纹。一般无自觉症状，偶有瘙痒。或随着年龄的增长，黑褐色斑块的数目逐渐增多，面积也逐步扩大。

3）防治

①避免日光曝晒和异常刺激。日光过度照射是促使皮肤老化和皮损发展的重要原因。

②调整饮食，每日摄取脂肪不得超过50～60克。要调整好动物性脂肪和植物性脂肪的摄入比例（正常比例为1∶2）。

③多食含维生素E、维生素A丰富的食物，如植物油、谷类、豆类、深绿色植物等。维生素E能阻止脂褐质生成，并有清除自由基与延长寿命的功效。

④适当服用一些抗衰老的中药，如人参、黄芪、灵芝、银耳、山楂等。

⑤适量参加体育运动，保持良好的心态和规律的生活，这样可以促进皮肤的血液循环，从而延缓衰老。

⑥要保持心情舒畅和大小便通畅。

（5）外伤性黑斑。因皮肤表面受损而引起的黑斑。外伤性黑斑在近十年非常多，这是因为有许多人为了快些清除黑斑、雀斑、粉刺疤痕等，使用了一些具有强力漂白成分、杀菌力强的保养品，尽管当时看起来能够消除、控制黑斑或斑痕，但实际上那只是暂时的。因为这类保养品的成分以药性为主，长期使用后，不仅药性会沉淀在皮肤内，容易形成黑斑，而且原本压制的毒素也会一并发作，对皮肤造成更大的伤害。

1）成因

①各种外伤引起的皮肤色素沉着，如烫伤、挫伤。

②炎症引起的皮肤色素沉着，如痤疮挤压、抠挖引起的炎症。

2）表现。点状或片状的色素沉积，颜色深浅不一。

3）防治。外伤性黑斑完全治愈的可能性很小，出现外伤性黑斑后切不可再用磨砂、脱色类产品强行祛斑，因为受了伤的肌肤如果再失去皮肤的保护，而暴露在阳光下或环境中，会造成更大的伤害。因此，可以选择使用一些性质温和的修护性产品和美白产品淡化色素。

总之，色斑产生的原因除了基因和疾病之外，最大的原因就是不良的生活习惯，所以，祛斑不仅要内调外治，还要注意养成良好的生活习惯，比方饮食、作息等。

2.3.4 衰老性皮肤

表皮在25岁后生长较慢，生长和衰老同时进行。因此，25岁是人的皮肤生长的转折点。但无论怎样，人在自然界生存都要经过生长、发育、衰老的过程，这是不可抗拒的自然规律。皮肤是机体的一部分，当机体衰老时，皮肤也不可避免地老化。作为皮肤，其衰老的特征是：出现皱纹、失去张力和弹性，失去光泽，出现老年斑点。对于过早衰老的皮肤，我们把它称之为衰老性皮肤。

1. 衰老的机理

关于衰老的机理学说甚多，较为著名的有自由基学说、生物钟学说、内分泌功能减退学说、差错突变学说等。

（1）自由基学说。1956年，英国的哈曼博士提出了著名的《自由基衰老理论》，介绍了人类衰老和生病的原因：自由基攻击生命大分子造成组织细胞损伤，是引起机体衰老的根本原因，也是诱发肿瘤等恶性疾病的重要起因。自由基是在外层轨道上具有不成对电子的分子，它们一般都非常活泼、是人体生命活动中多种生化反应的中间代谢产物。在正常情况下，人体内的自由基是处于不断产生与清除的动态平衡之中。自由基是机体有效的防御系统，只有当自由基反应异常或失控才会引起组织的损害或机体的衰老。其危害主要如下：

1）氧化人体内大量的不饱和脂肪酸，使脂肪变性，形成过氧化脂质，并进一步分解产生醛，而醛能交联蛋白质、脂类及核酸。

2）引起核酸变性，影响它们传递信息的功能以及转录、复制的特性，导致合成蛋白质能力下降，并产生合成差错。

3）引起蛋白质变性，导致某些异性蛋白的出现，从而引起自身免疫反应。

4）引起细胞外可溶成分降解，如可使关节滑液中的黏多糖发生氧化降解，结果滑液失去润滑作用，对关节产生明显的损害。

相关链接

自由基，化学上也称为游离基，是含有一个不成对电子的原子团。由于原子形成分子时，化学键中电子必须成对出现，因此自由基就到处夺取其他物质的单个电子，使自己形成稳定的物质。在化学中，这种现象称为氧化。我们生物体系主要遇到的是氧自由基，例如，超氧阴离子自由基、羟自由基、脂氧自由基、二氧化氮和一氧化氮自由基。氧自由基、过氧化氢、单线态氧和臭氧，通称活性氧。体内活性氧自由基具有一定的功能，如免疫和信号传导。但活性氧自由基过多就会有破坏行为，导致人体正常细胞和组织的损坏，从而引起多种疾病，如心脏病、老年痴呆症、帕金森病和肿瘤等。此外，外界环境中的阳光辐射、空气污染、吸烟、农药等都会使人体产生更多活性氧自由基，致使核酸突变，这是人类衰老和患病的根源。

（2）生物钟学说。本学说认为，在下丘脑中存在"生物钟样调控机构"，控制细胞分裂的速度和次数。如美国学者海弗利克发现，一个中年人大约由50万亿～60万亿个细胞组成，这些细胞从胚胎开始，分裂46～50次后，就不再分裂，然后死亡。根据这个细胞分裂次数推算，人类的寿命应是120年。这就说明，衰老在机体内类似一种"定时钟"，即衰老过程是按一种既定程序逐渐推进。凡是生物都要经历这种类似的生命过程，只是不同物种又各有其特定的生物钟而已。

（3）内分泌功能减退学说。这种学说认为，人体内分泌系统的调节在动物的生长、发育、成熟、衰老与死亡的一系列过程中具有重要作用，这些作用主要是通过内分泌分泌的活性物质——激素来完成。有人提出，垂体定期放出衰老激素，该激素使细胞利用甲状腺的能力降低，从而影响细胞的代谢力，这是衰老死亡的原因。内分泌功能减退尤以性激素分泌水平降低最为明显。

（4）差错突变学说。这一学说首先由梅德维德夫提出。此学说认为在蛋白质合成过程中很可能发生差错，例如会发生氨基酸的错插现象。蛋白质中的氨基酸原来都按严格的顺序排列（这取决于DNA与RNA的遗传信息），如果合成过程中的某一环节发生了随机的差错，将使一种氨基酸的位置被另一种氨基酸所占据，这就是错插。如果错插的部位恰好是蛋白质发挥功能最关键的区域——酶类的催化活性中心——就会发生严重后果，即酶的活性减弱，专一性降低，甚至完全丧失原有功能。带有差错的酶可以合成大量有差错、有缺陷的蛋白质，这些有缺陷的蛋白质积累在细胞中，积累到一定程度，细胞就会衰老和死亡。

2. 衰老性皮肤的成因

与人体自身生理因素——年龄有密切关系，在内外不良环境的作用下，表皮发生萎缩，真皮内的弹性纤维和胶原纤维减少，皮肤的附属器官功能减退，细胞生成减少，水分和皮下脂肪逐渐减少，皮肤逐渐衰老。到了老年期，皮肤的血液流通减退，血管抵抗力变弱，出现老年性黑斑，皮肤失去光泽。

（1）内因

1）遗传因素，有家族史。如有的一家人都比同龄人年轻、长寿；有的人在某方面就有过早的衰老史。

2）慢性消耗性疾病，代谢障碍，因身体瘦弱，致使皮下脂肪少，皮肤松弛易出现皱纹。如内分泌紊乱，激素分泌失调，影响皮肤弹性。

3）精神因素，长期思想压力大，多愁善感，性急易怒等，导致面部皮肤形成过多的表情皱纹。

4）营养失调，胃肠吸收功能不好，偏食或暴饮暴食，影响脂肪、蛋白质及维生素的吸收，导致营养不良，引起皮肤松弛和粗糙。

5）不良的生活习惯，如生活不规律、长期夜生活、睡眠不足、过度劳累；吸烟酗酒；面部表情过度夸张，如挤眉弄眼、愁眉苦脸等均可导致不同程度的皮肤营养失调，影响皮肤的正常代谢功能及活动，会令皮肤的调节功能受损，衰老起皱。

（2）外因

1）环境的改变，气候的冷热变化，经常风吹日晒，使暴露在烈日和冷风中的皮肤难以适应，从而加速老化；过多的紫外线累积照射，使皮肤干燥，变黑老化。紫外线损伤是皮肤早衰的主要原因。

2）饮用太浓的茶或咖啡，烟酒过度也会加速皮肤老化。

3）不正确的洁面护肤，如经常用热水烫洗面部皮肤令皮肤松弛，过多地扑粉会使皮肤水分减少。按摩方法不当、快速减肥后皮肤变松弛等，均可刺激皮肤发生早衰，导致皱纹出现。

4）平日饮水不够，体内水分不足，令皮肤容易失去弹性和滋润性，产生皱纹。

5）缺乏运动，营养不均衡或体重迅速下降，均令皮肤松弛而产生皱纹。

6）在光线不足的地方工作或阅读写字，脸部肌肤会因此收缩呈紧张状态，长期如此会由于皱眉而在前额和眉眼部产生皱纹。

7）长期心情郁闷、焦躁不安，会牵动表情纹而产生纵向或横向纹理，令人未老先衰。

3. 表现（衰老皮肤的特征）

（1）皱纹增加。皱纹是皮肤老化的最初征兆。皱纹进一步发展，会形成皱襞，即皮肤上较深的褶子。25岁以后，皮肤的老化过程开始，皱纹渐渐出现。出现的顺序一般是前额、上下眼睑、耳前区、颊、颈部、下颏、口周。

> **相关链接**
>
> 皱纹的出现与年龄、表情肌和重力有关。当表情肌收缩时，皮肤随之收缩而出现皱纹，即表情纹。正常的、年轻人的皮肤具有一定的弹性和张力，当表情肌松弛后，皮肤会很快复原，皱纹消失。人进入中年后，皮肤开始明显老化，皮肤变薄、变硬、干燥、张力降低；真皮弹力纤维变性、断裂，使皮肤的张力和弹性降低，这样，当表情肌松弛后，皮肤不能很快复原，久之则使皱纹固定下来，此时，表情肌不收缩皱纹依然存在。随年龄增大，皮肤和皮下组织更加松弛，加上面部支持组织的萎缩或缺失，以及肌肉的松软，皮肤将会在重力的作用下下垂，形成更深的皱纹。

(2) 皮下组织的减少、变薄，皮肤松弛，弹性减弱。

(3) 色素的增加。出现色斑、老年斑。

(4) 下垂。眼睑、额部、耳部皮肤下垂，下眼睑肿胀、出现眼袋。

(5) 颈部皱纹增长，肤色变黄，光泽黯淡，毛发减少。

4. 防治

(1) 避免过度日光曝晒，阻隔紫外线伤害皮肤；尽量避免寒冷及风沙对肌肤的直接侵袭。

(2) 需使用保湿抗皱专用面霜。面部皮肤形成皱纹主要是皮肤缺水所致，以橄榄油、硅酮油、透明质酸等为主要成分的润肤剂能使皮肤保持水分，防止其干燥老化，达到去皱的目的。以 SOD 制成的护肤品除可抗衰老、消除皱纹外，还具有防晒增白作用。

(3) 衰老性皮肤日常护理。洗脸时可冷热水交替进行，以增加肌肤血液循环。按摩是保护皮肤弹性的最好方法，尽量每日做一次简易按摩。

(4) 保持皮肤充足的水分，每天必须喝 6～8 杯水，洗脸后应立刻补充化妆水及乳液等滋养品。

(5) 饮食营养均衡，不偏食、偏嗜。干性皮肤应增加蛋白质，多摄取各种维生素。

(6) 生活规律。保持充足的睡眠，保持身心的健康，避免烟、酒的过度刺激，少喝咖啡，防止便秘。

(7) 适当进行体育锻炼，劳逸结合。适量的运动能促使全身血液循环加速，使肌体活动张弛适度，让肌肤达到健康平衡，大大减轻肌肤衰老的程度。

(8) 定期到美容院做全面的皮肤护理。

2.3.5 敏感与过敏

敏感性皮肤就是易受刺激而引起某种程度不适的皮肤。这种皮肤一般都比较白，毛孔也较细小，但非常脆弱，易受刺激。

1. 敏感与过敏的概念

（1）敏感。敏感是指感受力强、抵抗力弱，受到外界刺激后会产生明显反应的脆弱皮肤。敏感是一种状态，有先天性和后天性之分。

（2）过敏。过敏是一种症状，是各种因素所造成的皮肤红、肿、热、痛、瘙痒等现象。通常，敏感性皮肤容易过敏，而过敏的皮肤不一定敏感。

2. 敏感性皮肤的成因

（1）敏感。敏感性肌肤对于很多普通的东西都有强烈的反应，敏感性皮肤比一般人的皮肤干燥、缺水、粗糙、皮脂分泌少，保湿能力弱，角质层薄，且角质层多是未完全角化的角质细胞，因而皮肤防御机能衰退，容易受到外界影响而产生过敏。敏感性肌肤可以说是一种不安定的肌肤，是一种随时处在高度警戒中的皮肤。其护理要特别留意。

1）先天因素。先天因素跟遗传有关。

2）后天因素

①环境因素。季节交替，气温、湿度的变化，空气污染，紫外线等均易造成或诱发。

②疾病及内分泌紊乱。如长期胃肠功能紊乱者，各种内脏疾病及内分泌失调等。

③营养不均衡，长期营养不良。

④精神因素。长期精神不稳定、压力过重、过度抑郁、精神刺激等。

⑤药物因素。如长期搽用激素类药膏，长期服用某些药物等。

⑥保养不当。应用碱性保养品，过度清洁、过度去角质等。

（2）过敏。过敏反应是由一种过敏原激发的反应，比如春天花粉激发的花粉热。过敏原可能是任何天然或人造的东西，包括草药和精油。当过敏原与皮肤发生接触或被吸入时，细胞立即分泌组胺。这种物质会引起红肿、发炎和瘙痒，并且形成荨麻疹一般的痕迹。过敏反应短暂而强烈，通常情况下症状在几小时内会消失。如再次接触过敏原，症状又会重新开始。

引起或诱发皮肤过敏主要有以下几个因素：

1）食物。如海鲜、花粉、某些刺激性食物等。

2）药物。外用药，如某些搽洗剂、药膏。内服药，如阿斯匹林、止痛剂、镇静剂、利尿药等。

3）化妆品。某些化妆品中的酒精、色素、香料、防腐剂、防晒剂及染发剂、冷烫精等均易引起过敏。

4）异物。如动物毛发、皮件、金、银、铜等装饰品，油漆、橡胶、汽油等各种异物。

当皮肤接触到"过敏原"时：

过敏原（抗原） —侵入人体/刺激产生→ 抗体（免疫球蛋白E抗体） —第二次再接触抗原→ 产生

- 抗原抗体反应
- 肥大细胞释放组织胺、慢反应物质 → 破坏皮肤周围组织，导致过敏
- 淋巴细胞释放淋巴因子

3. 特征及临床表现

(1) 敏感皮肤特征

1) 皮肤毛孔紧闭细致；皮肤薄，隐约可见微细血管和不均匀潮红；表面干燥缺水。

2) 对季节、气候变化适应能力差，皮肤易出现红肿、灼热、疼痛、瘙痒、脱屑等症状，眼周、唇边、关节、颈部等部位容易干燥及发痒。

3) 多有过敏史。如：曾有化妆品或药物过敏史；曾因佩戴金属饰品等而引起皮肤干燥、发痒等。

(2) 过敏表现。皮肤过敏造成的疾病包括荨麻疹、接触性皮炎、异位性皮炎等，表现为：轻者局部皮肤发红、瘙痒、起疹；重者皮肤肿胀、出现较多过敏性面疱、有液体渗出；严重者表皮坏死脱落，甚至出现全身症状，如发热、乏力、纳差等。

4. 防治

(1) 敏感性皮肤不宜去掉角质。这是因为，角质薄和角质损伤是造成敏感的主要原因，因而保养的首要原则就是维护角质不受伤害。

(2) 避免阳光直射。随时做好防晒、隔离工作，因为敏感性肌肤的表皮层较薄，缺乏对紫外线的防御能力，容易老化。

(3) 保湿。敏感性肌肤浅薄的角质层常常不能保持住足够的水分，因而日常保养中要加强保湿。

(4) 慎重选择护肤品。尽量使用无香精、无色素产品，产品以单一为主，避免频繁更换化妆品。

(5) 尽量减少对敏感性皮肤的刺激，避免接触过敏原，必要时停止使用化妆品。

(6) 一旦发生过敏，马上停止使用一切化妆品，轻者不需处理，过敏症状会自然消退；重者可涂用一些抗过敏药，但一经好转立即停用；极严重者或伴有全身症状者应去医院治疗。

2.3.6 眼部皮肤问题

眼睛周围的皮肤特别柔细纤薄，厚度仅为 0.5 毫米，而面部皮肤的厚度约有 1.75～2.5 毫米，换言之，眼部皮肤厚度仅为面部皮肤的 1/3，薄弱的皮肤结构是眼部问题的根源。同时，眼周皮肤的汗腺和皮脂腺分布较少，真皮层、纤维及胶原组织较少，加上眼部肌肉动作频繁，因此，水分蒸发速度较快，特别容易干燥缺水，较易衰老，易出现黑眼圈、鱼尾纹、眼袋、浮肿等问题。

1. 眼部皮肤问题的形成原因

(1) 黑眼圈的成因。黑眼圈是一种常见的困扰，它会让人看起来很疲倦、没精神。常见两种颜色：一种是青色，这是因为微血管的静脉血液滞留；另一种是茶色，因黑色素生成与代谢不全而产生。两种黑眼圈产生的原因不同。青色黑眼圈通常发生在 20 岁左右，因其眼皮静脉血管血流速度过于缓慢，眼部皮肤红细胞供氧不足，导致静脉血管中二氧化碳及代谢废物积累过多，形成慢性缺氧，从而造成眼部色素沉着。从外表看来，皮肤为暗蓝色调。茶色黑眼圈的成因则和年龄增长有关，长期日晒造成色素沉淀在眼周，久而就会形成茶色黑眼圈；另外，血液滞留造成的黑色素代谢迟缓，还有肌肤过度干燥，也都会导致茶色黑眼圈的形成。

黑眼圈的形成与以下因素有关：

1）睡眠不足、疲劳过度，使眼睑得不到充分休息，处于紧张收缩状态，该部位的血流量长时间增加，回流却较缓慢，引起眼睑皮下组织血管充盈，从而导致眼圈淤血，滞留下黯黑的阴影。

2）先天遗传或后天性眼皮色素沉着增加；患者的眼轮匝肌先天性就较肥厚，或是眼部皮肤的色素先天体质就比邻近部位的皮肤色素深暗，而量也多，所以显现出暗灰色眼圈。

3）眼袋的出现造成了阴影。

4）化妆品的色素颗粒渗透。常用化妆品后，可能由于某些深色的化妆品微粒渗透到眼皮内，久之形成黑眼圈。

5）中医认为：肾气亏损，两眼缺少精气的滋润，使黑色浮于上，因此眼圈发黑；久病体弱或大病初愈的人，由于眼周围皮下组织薄弱，皮肤易发生色素沉着，并极易显露在上、下眼睑上，出现一层黑圈。

（2）眼袋的成因。系下睑皮肤、皮下组织、肌肉及眶膈松弛，眶后脂肪肥大，突出形成袋状突起，称眼袋，大部分发生在四五十岁。眼袋对容貌有很大的影响，它不仅使人显老，严重的还会由眼眶膜的松弛出现下睑外翻、下睑缘内翻倒睫等并发症，不论男女均可发生，它是人体开始老化的早期表现之一。眼袋如彩图12所示。

由于眼袋的形成原因不同，它所表现的形式也有所差别：

1）单纯眼轮匝肌肥厚型眼袋。由于遗传性因素，年轻时就有下睑眼袋。其突出特点为靠近下睑缘，呈弧形连续分布，皮肤并不松弛，多见于年轻人。

2）单纯皮肤松弛型。此种情况为下睑及外眼角皮肤松弛，但无眶隔松弛，故无眶隔脂肪突出，眼周出现细小皱纹，多见于中年人。

3）下睑轻中度膨隆型。主要是眶隔脂肪的先天性过度发育，多见于中青年人。

4）下睑中重度膨隆型。同时伴有下睑的皮肤松弛，主要是皮肤、眼轮匝肌及眶隔松弛，造成眶隔脂肪由于重力作用脱垂，多见于中老年人。

眼袋会随着年龄的增长而更加明显。由于眼睑皮肤很薄，皮下组织薄而疏松，很容易发生水肿现象，如再不严加控制任其进一步老化，则皮肤与皮下组织脱离，导致眼眶内较多的脂肪组织膨胀，使下睑臃肿，就会产生眼袋和眼皮下垂。

（3）眼皱纹的成因。眼部皱纹的形成主要是因为表皮组织干燥变薄，真皮层因胶原蛋白和弹力纤维补充不足而变细，失去网状支撑力。除此之外，如果皮脂腺的机能下降，皮脂分泌减少，皮脂膜不易形成，角质层的水分就容易流失，使肌肤变得干燥，而眨动上万次的眼部，更容易因此产生小细纹。同时，过多的紫外线照射也会促生眼皱纹。

2. 眼部皮肤问题的防治

虽然衰老是自然规律，但只要稍加注意，延缓眼部皮肤问题出现及加重，是完全有可能的。首先是充足的睡眠。长期睡眠不足，是过早出现眼部皮肤问题并使眼袋加重的重要原因。良好的睡眠可明显改善眼睑组织的血液循环，可使眼周各层组织保持良好的活力，从而有效地防止眼部皮肤问题的发生与加重。如果长期睡眠不足，则使眼周组织慢性疲劳，产生血输障碍，使得各层组织发生退行性衰老，再加以重力的作用，使得黑眼圈、眼袋和皱纹过早出现，并迅速加大加重。另外，均衡的营养摄入，保健按摩，优质的营养霜等都是防止眼部皮肤问题的有效方法。

（1）每天要多喝清水，6～8杯，尤其是早上起床时，晚上则不适宜饮太多水，以免造成次日颜面浮肿。

（2）平时避免摄取过多的盐，因为盐会导致水分囤积。另外，循环系统不规则也会引起水分囤积，造成眼部浮肿，这种现象可能发生在任何年龄。

（3）保持乐观情绪，克服不良习惯：如喜欢皱眉、眯眼及面部表情过于丰富等。

（4）睡眠充足，切忌熬夜。睡眠不足或疲劳都会造成眼部体液堆积形成眼袋。

（5）避免阳光直接照射。阳光猛烈的时候要戴上太阳眼镜。

（6）注意营养均衡，从饮食中吸取营养，多吃瘦肉、蛋类、豆制品、花生、黄豆、芝麻、新鲜蔬菜及水果等富含脂肪、蛋白质、氨基酸、维生素A及矿物质的食品。

（7）眼睛周围的皮肤极其薄弱，化妆或卸妆的时候，动作要轻柔，切忌用力拉扯皮肤。

（8）选用合适的眼部保养品。

（9）按摩和指压。眼部按摩可促进眼周血液循环和肌肉运动，有亮眼及消除疲劳的作用。

相关链接

眼睛特别护理方法

- 眼睛酸涩疲劳。可用牛奶洗眼。将纱布折叠成小片，在牛奶中完全浸透，覆盖在眼皮上20～30分钟，能增强眼部肌肉活力，解除疲劳。

- 黑眼圈。可用几片黄瓜或冷藏过的茶包敷眼，每晚睡前使用，20～30分钟后取下，对后天性黑眼圈效果较好。

- 眼袋或生理性浮肿。将新鲜土豆切成片，先揉擦眼部患处，再敷在眼周15～20分钟取下，可消肿，经常使用可减轻眼袋症状。

2.4 中医美容基础

2.4.1 中医美容概述

1. 中医美容的基本概念

中医学以维护人体健康长寿、预防疾病、调节心身为研究对象。医者即是"治病之工""上工治未病",同时还要指导调养心性,宝命全形。而中医美容是以传统的中医整体理论为指导思想,利用中医特有的方法(如中药、按摩、饮食、养生、针灸等),并结合现代美容技术来美化人的容颜的一门学科。它不仅能美容,而且能防治疾病、强身健体。中医美容即注重局部养治,又注重全身调理,使人体气血充盈,经络通畅,产生自然美、健康美。因此,中医美容学是综合性、多学科、全方位、多层次的。

2. 中医美容的基本特点

(1) 整体观念。整体就是统一性和完整性。中医理论认为人体是一个有机的整体,其统一性的形成以五脏(心、肝、脾、胃、肾)为中心,配以六腑(胆、胃、大肠、小肠、膀胱、三焦)、五官、四肢、须发、爪甲等,通过经络系统连成有机整体,并通过气血津液完成个体机能活动。同时,人与自然也是统一的,如季节气候对人体的影响:春温、夏热、秋燥、冬寒。

(2) 辨证论治。辨证论治是中医临床的操作体系,包括辨证和论治两大方面,即分析、辨别疾病的症候而后确立治疗原则和方法,这也是中医美容学对皮肤问题的分析和解决方法的依据。

(3) 内病外治和外病内治。内病外治是祖国医学的一种重要疗法,外治用药可通过经络而进入体内,治其外而作用其内,而且简、便、廉、验,可避免内服药引起的副作用。

2.4.2 中医美容基础理论

1. 脏腑与美容

(1) 心与美容。心是脏腑中最重要的器官,起着主导和支配的作用。在五行属火(与小肠相表里)。主血脉,主神志,其情志为喜,在液为汗,在体合脉;其华在面,开窍于舌。其与容颜相关的生理功能是:

1) 心主血脉,其华在面。即心气能推动血液的运行,从而将营养物质输送到全身。而面部又是血脉最为丰富的部位,心脏功能盛衰都可以从面部的色泽上表现出来。心气旺盛,心血充盈,则面部红润光泽。心的气血充沛,方能使面色红润光泽。若心血不足,脉失充盈,面部供血不足,皮肤得不到滋养,则面色晄白萎黄无华,甚至枯槁。

2) 心主神志,与人们的思维意识活动有关。心是人体血液循环的动力,血液通过心脏的搏动而输送到全身,心血的盛衰都可以从脉搏上反映出来。心主汗,开窍于舌,舌质的变化可以反映出心的生理及病理变化。如心气虚表现为面色苍白。心血虚,血不养心,神不守舍，故头晕，健忘，面色淡白无华。心火上炙，面红赤。

(2) 肝与美容。肝位于上腹部、横膈之下。在五行属木，肝与胆直接相连，又互为表里。其与容颜相关的生理功能是：

1) 肝主藏血，主疏泄，能调节血流量，调畅全身气机，使气血平和，面部血液运行充足，表现为面色红润光泽。若肝之疏泄失职，气机不调，血行不畅，血液瘀滞于面部则面色青，或出现黄褐斑。肝血不足，面部皮肤缺少血液滋养，则面色无华。

2) 肝开窍于目，肝脏有病常会引起各种眼病，两目干涩，暗淡无光，视物不清。"爪"包括指甲和趾甲，有"爪为筋之余"之说。肝血充足，则指甲红润、坚韧；肝血不足，则爪甲枯槁、软薄，或凹陷变形。

(3) 脾与美容。脾位于中焦，在横膈之下。脾在五行属土，脾和胃互为表里，两者均是主要的消化器官。其与容颜相关的生理功能是：

1) 主运化、升清和统摄血液。人出生后其生命活动的维持和气血津液的化生，都有赖于脾胃运化的水谷精微，故称脾胃为"气血生化之源""后天之本"。

2) 脾开窍于口，其华在唇。口唇的色泽与全身的气血是否充盈有关，脾气健运，食欲旺盛，则口唇健美。若脾失健运，生湿生热，则口唇生疮或口臭。或气血不足，致使唇色淡白无华。

3) 全身肌肉的营养要依靠脾输布和化生营养物质来供养，脾胃功能健运，身强体健，肌肉中满。若脾失健运，则肌肉消瘦，四肢疲惫，甚至痿弱不用。

(4) 肺与美容。肺为魄之处，气之主，在五行属金。肺与大肠互为表里。其与容颜相关的生理功能是：

1) 肺主气，司呼吸，主宣发和肃降，主通调水道。肺的气机以宣降为顺，人体通过肺气的宣发和肃降，使气血津液得以布散全身。肺气充沛，则皮毛得到滋养而润泽，汗孔开合正常，体温适度并不受外邪侵袭。

2) 肺开窍于鼻，在体合皮，其华在毛。肺主宣发，外达于皮毛，以充养身体，温润肌腠和皮毛。若肺气虚弱，则皮毛失于滋养而憔悴枯槁，汗孔失于调节而多汗或少汗，体温失度，外邪易于侵袭。若肺功能失常日久，则肌肤干燥，面容憔悴而苍白。

(5) 肾与美容。肾位于腰部。肾在五行属水，与膀胱互为表里。由于肾藏有"先天之精"，为脏腑阴阳之本，生命之源，故称为"先天之本"。藏精，主生长发育与生殖，包括肾阴、肾阳。肾主水，发为血之余，血乃肾精所化生。故发的生机根于肾。在体为骨，主骨生髓，其华在发，开窍于耳及二阴。发的营养虽源于血，但其生机却根源于肾。因为肾藏精，精能化血，精血旺盛。肾精充盈，肾气旺盛时，五脏功能也将正常运行，气血旺盛，则毛发多而润泽，容貌不衰。当肾气虚衰时，人的容颜黑暗，鬓发斑白，齿摇发落，皱纹满面，未老先衰。凡久病而见头发稀疏、枯槁、脱落，或未老先衰、早脱、早白者，多属肾精不足和血虚。

2. 气、血、津液与美容

气、血、津液，是构成人体的基本物质，也是维持人体生命活动的基本物质。气、血、津液，是人体脏腑、经络等组织器官生理活动的产物，也是这些组织器官进行生理活动的物质基础。

(1) 气

1) 气的含义。一是指维持人体生命活动的基本物质，如饮食中的水谷之气，吸入之清气（即氧气）等，即所谓"人之有生，全赖此气"。二是指生命活动的动力，如脏腑之气。所以，气有物质和功能两种涵义。先天和后天之气，是相互资生，相互促进，相辅相成的，二者结合起来，名为"正气"，也称"真气"。"正气"为诸气之本。各种不同名称之气，都是在正气支配下发挥作用的。

2) 气的来源与生成。气分先天之气和后天之气。先天之气也称为元气，禀受于父母，由先天之精化生而成；后天之气为由肺吸入之清气与脾胃运化水谷所产生的水谷精微之气结合而成。先天之气与后天之气合而称为真气或称正气。

3) 气的功能。人体各部的功能以及机体的一切生命活动过程，无不体现于气的推动作用。总的来说，气有温煦、保卫、化生、固摄及动力等作用。

①推动作用。气可以促进人体生长发育，激发各脏腑组织器官的功能活动，推动经气的运行、血液的循行，以及津液的生成、输布和排泄。

②温煦作用。气的运动是人体热量的来源。气维持并调节着人体的正常体温，气的温煦作用保证着人体各脏腑组织器官及经络的生理活动，并使血液和津液能够始终正常运行而不致凝滞、停聚。

③防御作用。气具有抵御邪气的作用。一方面，气可以护卫肌表，防止外邪入侵；另一方面，气可以与入侵的邪气作斗争，以驱邪外出。

④固摄作用。气可以保持脏腑器官位置的相对稳定，并可统摄血液防止其溢于脉外，控制和调节汗液、尿液、唾液的分泌和排泄，防止体液流失，固藏精液以防遗精滑泄。

⑤气化作用。气化作用即在通过气的运动可使人体产生各种正常的变化，包括精、气、血、津液等物质的新陈代谢及相互转化。实际上，气化过程就是物质转化和能量转化的过程。

气的各种功能相互配合，相互为用，共同维持着人体的正常生理活动。比如，气的推动作用和气的固摄作用就是相辅相成的。一方面，气推动血液的运行和津液的输布、排泄；另一方面，气又控制和调节着血液和津液的分泌、运行和排泄。推动和固摄的相互协调，使正常的功能活动得以维持。

(2) 血。血即血液，为循行于脉管中的富有营养的红色液体，是构成人体和维持人体生命活动的基本物质之一。血液必须在脉管中运行，才能发挥其正常的生理效应。脉则具有阻遏血液逸出的功能，故又有"血府"之称。

1) 血的生成。血液主要由营气和津液所组成。

2) 血的生理功能。血具有营养和滋润全身的生理功能，又是神志活动的物质基础。

(3) 津液

1) 津液的概念。津液是机体一切正常水液的总称，包括各脏腑组织器官的内在体液及其正常的分泌物，如胃液、肠液、涕、泪等。津液同气和血一样，也是构成人体和维持人体生命活动的基本物质。津与液虽然同属于水液，都来源于饮食物，有赖于脾和胃的运化功能而生成，但由于津和液在其性状、功能及其分布部位等方面有所不同，因而也有着一定的区别。一般来说，津性质较清稀、流动性较大，分布于体表皮肤、肌肉和孔窍，并能渗注于血脉之中，起滋润作用；液性质较稠厚，流动性小，灌注于骨节、脏腑、脑、髓等组织，起濡养作用。津和液之间，可以相互转化，故津与液常同时并称。

2) 津液的生理功能。一方面津液有滋润和濡养的生理功能，可以滋润皮毛、肌肤、眼、鼻、口腔，濡养内脏、骨髓及脑髓；另一方面津液可以化生血液，并有滋养、滑利血脉的作用，是组成血液的主要成分。此外，津液的代谢还有助于体温的恒定及体内废物的排出。

3. 经络与美容

经络是经脉与络脉的总称，运行全身气血，联络脏腑肢节，起沟通内外、贯穿上下、联系左右前后、网络周身的作用，将外在筋、脉、肌、皮、五官、九窍与内在的五脏六腑等联成统一的有机整体。凡人体内行于深层较大的纵行主干脉为经脉，行于浅层较小的横行分支脉为络脉。经络学说不仅是针灸、推拿、气功等学科的理论基础，而且对指导美容实践有十分重要的意义。

(1) 经络系统的组成。包括经脉和络脉两部分，其中纵行的干线称为经脉，由经脉分出网络全身各个部位的分支称为络脉。

1) 经脉。又名正经，包括十二经脉、十二经别和奇经八脉。经络作为运行气血的通道，以十二经脉为主，其"内属腑脏，外络于肢节"，将人体内外连贯起来，成为一个有机的整体。十二经脉是人体经络系统中十二条经脉的合称，十二经别是十二经脉在（肢体深部）胸、腹及头部的重要分支脉，沟通脏腑，加强表里经的联系。奇经八脉，是具有特殊作用的经脉，对其余经络起统率、联络和调节气血盛衰的作用。奇经八脉是人体内任脉、督脉、冲脉、带脉、阴跷脉、阳跷脉、阴维脉、阳维脉等八条经脉的统称。

2) 络脉。又名别络，是十二经脉在四肢部以及躯干前、后、侧三部的重要支脉，起沟通表里和渗灌气血的作用。包括较大一些的十五络脉及其分出的网络周身各部的细小络脉，名为孙络；浮现于体表的细小分支，名为浮络。

3) 十二经筋。根据十二经脉气血流注所分布的部位，将全身筋肉分成十二群，名为十二经筋。

4) 十二皮部。将全身皮肤划分为十二分区，名为十二皮部。

这样由经脉、络脉、经筋、皮部组成了人体的经络系统。

(2) 经络的命名。经络系统大都以阴阳来命名。一切事物都可分为阴和阳两方面，两者之间又是互相联系的。经络的命名就包含有这种意思。一阴一阳衍化为三阴三阳，相互之间具有对应关系（表里相合）。

　　　　太阴——阳明
　　　　少阴——太阳
　　　　厥阴——少阳
　　三阴三阳是从阴阳气的盛衰（多少）来分：阴气最盛为太阴，其次为少阴，再次为厥阴；阳气最盛为阳明，其次为太阳，再次为少阳。阳明即两阳合明，厥阴即两阴交尽。

　　三阴三阳的名称广泛应用于经络的命名，包括经脉、经别、络脉、经筋都是如此。分布于上肢内侧的为手三阴（手太阴、手少阴、手厥阴），外侧的为手三阳（手阳明、手太阳、手少阳）；下肢外侧的为足三阳（足阳明、足太阳、足少阳），内侧的为足三阴（足太阴、足少阴、足厥阴）。

　　（3）十二经脉的循行走向。循行走向是：手三阴经从胸走手，手三阳经从手走头，足三阳经从头走足，足三阴经从足走腹（胸）。

　　督脉与六阳经有联系，称为"阳脉之海"，具有调节全身阳经经气的作用。任脉与六阴经有联系，称为"阴脉之海"，具有调节全身诸阴经经气的作用，故与十二经相提并论，合称为"十四经"。十四经具有一定的循行路线、病候及所属腧穴，是经络系统的主要部分，在临床上是针灸治疗及药物归经的基础，也是美容实践的基础。

　　人体穴位如图2—3、图2—4、图2—5所示。

　　（4）经络的作用

　　1）联系脏腑，沟通内外。经络具有沟能内脏与体表作用。经络能沟通表里，联络上下，将人体各部的组织、器官联结为一个有机的整体。

　　2）运行气血，营养全身。经络有着运行气血、调节阴阳和濡养全身的作用，由于经络能输布营养到周身肌表，从而保证了肌肉、皮肤、毛发等组织维持正常的功能活动。

　　3）抗御病邪，保卫机体。经络具有抵抗外邪、保护体表的作用。营气行于脉中，卫气行于脉外。经络"行血气"而使营卫之气密布周身，在内和调于五脏，洒陈于六腑，在外抗御病邪，防止内侵。外邪侵犯人体由表及里，先从皮毛开始。卫气充实于络脉，络脉散布于全身而密布于皮部，当外邪侵犯机体时，卫气首当其冲发挥其抗御外邪、保卫机体的屏障作用。

　　4）经络反应病候。由于经络在人体各部分布的关系，如内脏有病时便可在其相应的经脉循行部位出现各种不同的症状和体征。同样，体表部位的病变也可通过经络而了解其相应的脏腑病变。经络具有反应病候的作用，这对于美容的整体调节具有十分重要的指导意义。

　　5）经络是中医美容的基础，针灸美容、气功美容、按摩推拿均以经络学说为基础。

　　（5）经络与美容护理。循着经络的走向施以按摩、推拿美容，可以使人的体表与经络、脏腑和气血运行相连接，可以激发经络气血的功能，从而达到扶正祛邪、调和脏腑、维护身体健美的目的。

　　在十二经脉中，按摩、推拿美容应用较多的有以下几条经脉：

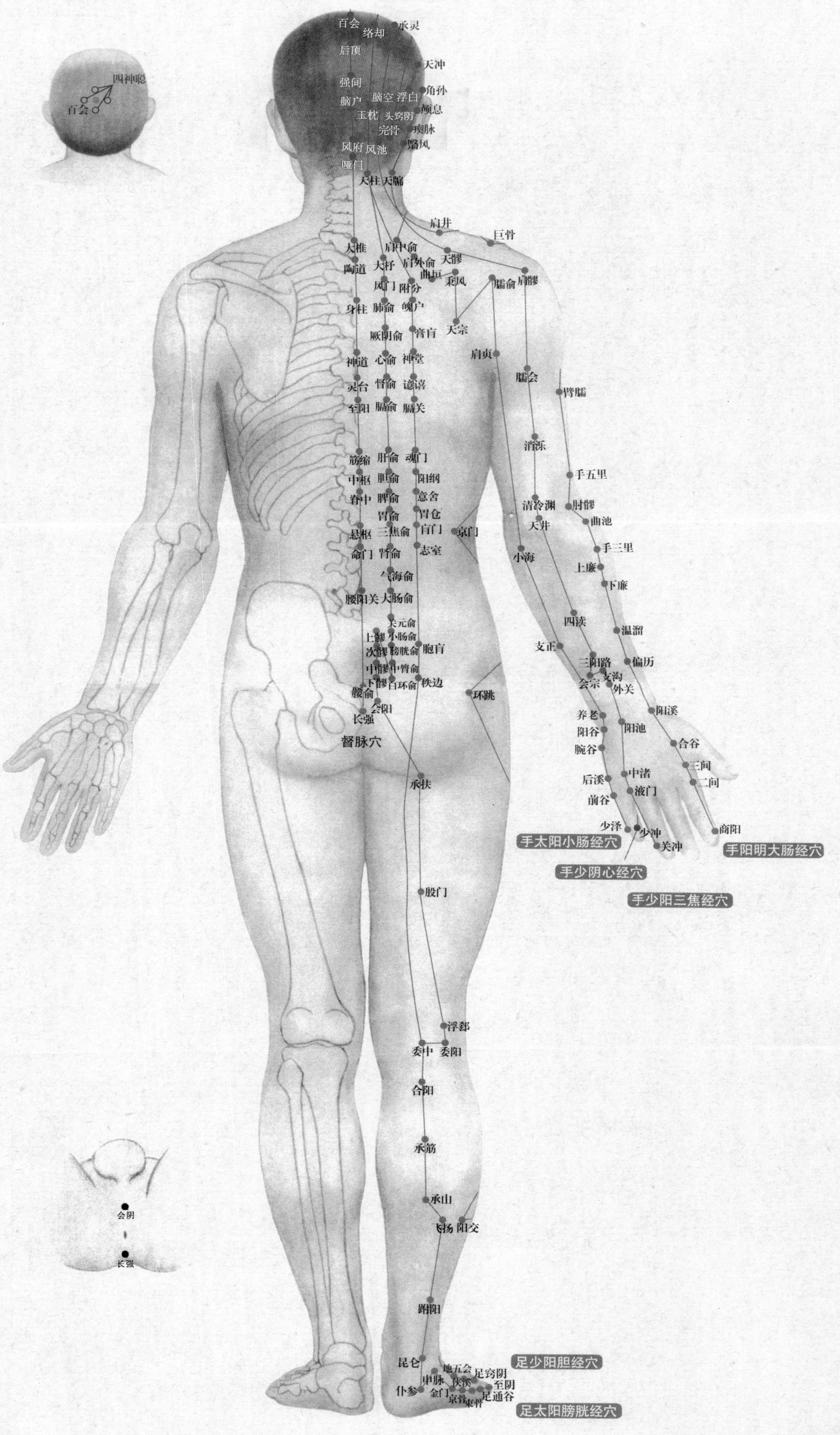

图2—5 人体穴位图（背面）

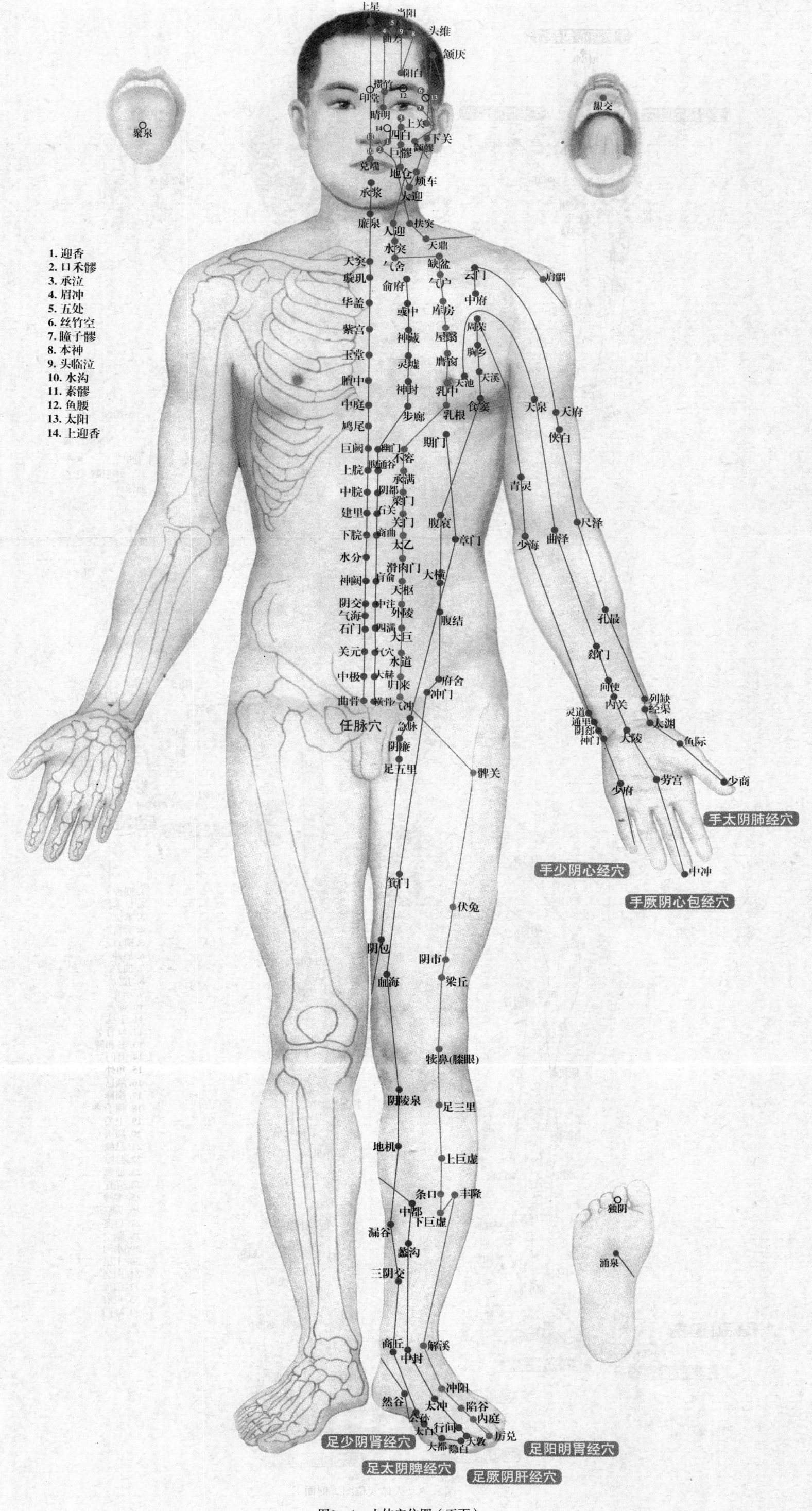

图2—4 人体穴位图（正面）

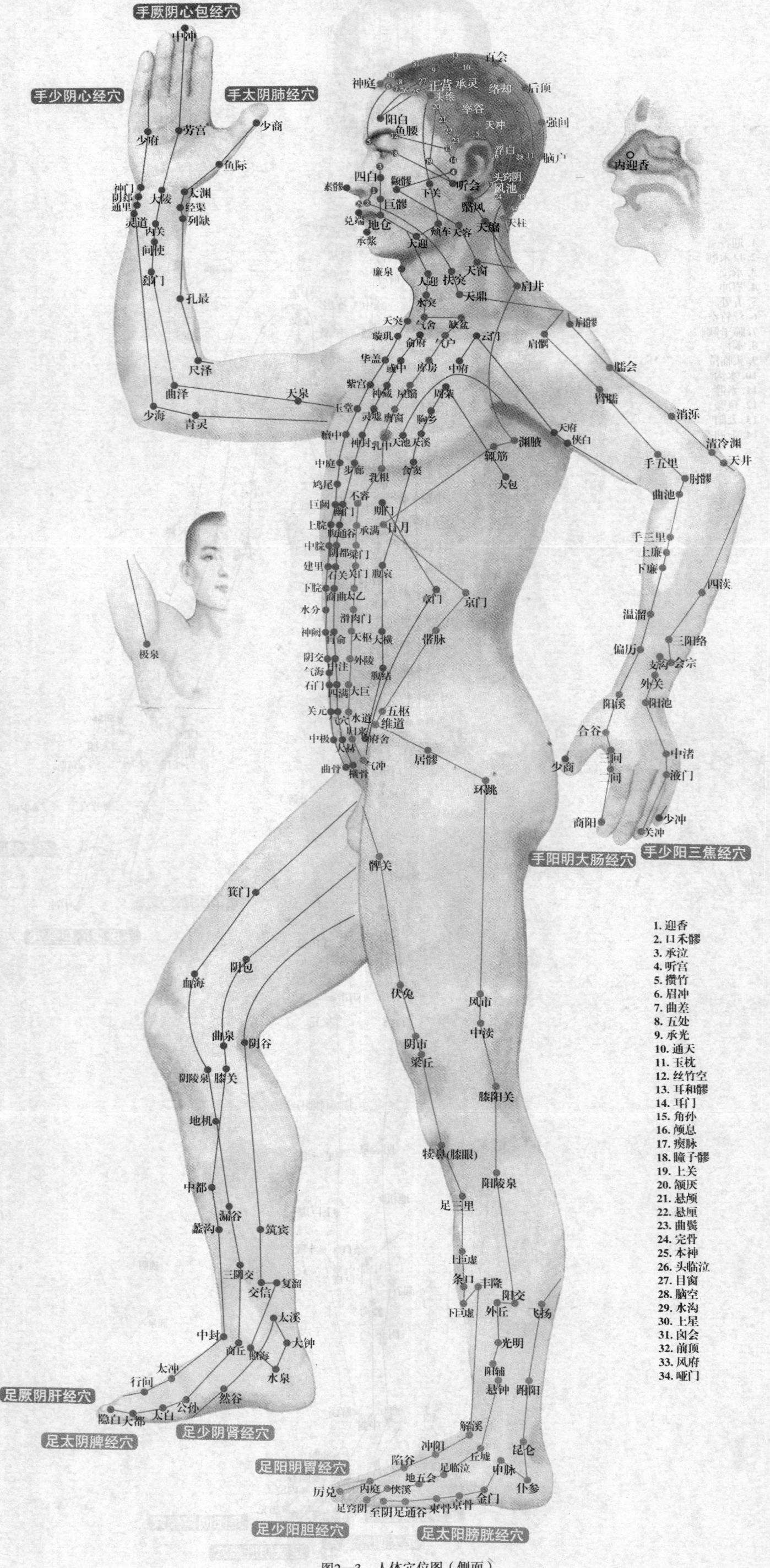

图2—3 人体穴位图（侧面）

1）足太阳膀胱经。足太阳膀胱经主要分布在腰背第一、第二侧线及下肢外侧后缘，其络脉、经别与之内外连接，经筋分布其外部。刺激足太阳膀胱经可改善肥胖体质、皮肤过敏、月经不调、经期易怒、内分泌紊乱，或因子宫发育不全引起的雀斑，以及妊娠期或产褥后因雌激素分泌紊乱而引起的蝴蝶斑，以及目痛多泪、毛发枯焦、口唇无华等病症。

2）足少阴肾经。足少阴肾经主要分布在下肢内侧后缘及胸腹第一侧线，其络脉、经别与之内外连接，经筋分布其外部。刺激足少阴肾经可改善瘦型体质、过敏体质，又可减肥，调整因情绪不舒而降低的机能活动，如性神经衰弱症、面部浮肿、面色灰暗、视物模糊、大便溏薄、久泻等病症。

3）足厥阴肝经。足厥阴肝经主要分布在下肢内侧的中间，其络脉、经别与之内外连接，经筋分布其外部。刺激足厥阴肝经可祛除胖人的雀斑，治疗因肝气不舒而引起的抑郁不欢、烦躁易怒、乳房胀痛、乳房发育不良等症状，可改善肤色的晦暗无光、肝血不足而引起的夜盲、色盲、视疲劳等病症。

4）手太阳小肠经和手阳明大肠经。手太阳小肠经主要分布在上肢外侧后缘，其络脉、经别与之内外连接，经筋分布其外部。手阳明大肠经主要分布在上肢外侧前缘，其络脉、经别与之内外连接，经筋分布其外部。刺激手太阳小肠经、手阳明大肠经可治皮肤病。

5）足阳明胃经。足阳明胃经主要分布在头面、胸腹第二侧线及下肢外侧前缘，其络脉、经别与之内外连接，经筋分布其外部。刺激足阳明胃经可改善瘦型体质，促进乳腺发育，可丰乳隆胸；治疗口唇生疮、口眼㖞斜、消瘦、消谷善饥、纳呆、失眠、消化不良，对皮疹和萎黄少华的皮肤也有一定的疗效。

6）手少阳三焦经。手少阳三焦经主要分布在上肢外侧中间，其络脉、经别与之内外连接，经筋分布其外部。刺激手少阳三焦经可预防及治疗疖疮痛、酒鼻及痤疮，消除皮肤疾患。

7）足太阴脾经。足太阴脾经主要分布在胸腹任脉旁开第二侧线及下肢内侧前缘，其络脉、经别与之内外连接，经筋分布其外部。刺激足太阴脾经，可预防消瘦，又可减肥消肿，治疗面色萎黄、皮肤粗糙。

8）手少阴心经。手少阴心经主要分布在上肢内侧后缘，其络脉、经别与之内外连接，经筋分布其外部。能治疗面色苍白。

4. 体质与美容

（1）体质的基本概念。人是形与神的统一体。人类既有脏腑经络、形体官窍、精、气、血、津液等相同的形质和功能活动，也有神、魂、魄、意、志，以及喜、怒、悲、思、恐等相同的心理活动，这是人体的生理特性。这种特性往往决定着机体对某些致病因素的易感性和病变过程的倾向性。但正常人体是有差异的，不同的个体在形态、功能、心理上又存在着各自的特殊性，这种个体在生理上的身心特性便称之为体质。

体质是指人体禀赋于先天，受后天多种因素影响，在其生长发育和衰老过程中所形成的形态上和心理、生理功能上相对稳定的特征。它与气质不同，所谓气质，是指人体在先天和后天因素影响下形成的精神面貌、性格、行为等心理功能的、即神的特征，而体质是形与神的综合反映。因此，二者有着不可分割的内在联系，但体质可以包括气质，气质不等于体质。

(2) 体质因素形成的原因

1) 先天。即禀赋，包括遗传和胎儿在母体内发育营养状况，它对体质的形成起着重要作用。

2) 年龄。人体气血及脏腑盛衰和生理活动随着年龄的增长而发生不同的变化，从而影响机体对致病因素的反应能力。

3) 性别。妇女在生理特点上有别于男子。女子多柔软，盖因女子以肝为先天而血常不足。

4) 生活条件。生活习惯、营养状况对体质的影响很大。一般来说，膏粱厚味酿积既久，多为痰湿或湿热之质；纵欲恣情，多损真阴真阳；饥饱劳役每多脾胃致虚，因而须区别对待。

5) 地理环境。地区不同，人体的体质也有差异，因此中医美容也讲究因地制宜。

(3) 体质因素的分类

1) 正常体质。理想的体质应是阴阳平和之质，阴阳平和质是功能较协调的体质。具有这种体质的人，其身体强壮，胖瘦适度；肤色润泽，唇红润，精力充沛，目光有神，性格随和、开朗，食量适中，二便调畅，对自身调节和对外适应能力强。阴阳平和质者，不易感受外邪，少生疾病，即使患病，往往自愈或易于治愈。其精力充沛，工作潜力大，夜眠安稳，休息效率高。如后天调养得宜，无暴力外伤或慢性病患，则其体质不易改变，易获长寿。但是，阴阳的平衡是阴阳消长动态平衡，所以总是存在偏阴或偏阳的状态，只要不超过机体的调节和适应能力，均属于正常生理状态。

2) 不良体质。由于先天禀赋有强弱，饮食气味有厚薄，方位地势有差异，贫富贵贱苦乐各不相同，从而导致了以下个体差异和不良体质。

①阴虚质。属虚热体质，形体多消瘦，心烦颧红，手足心热，午后尤甚，口燥咽干，目干涩，眩晕耳鸣，睡眠差，便干燥，唇红微干，冬寒易过，夏热难受，舌红苔少而干，脉细弦或数。宜养阴补虚，甘寒退热，食百合、枸杞、麦冬、海参、西洋参等。

②阴寒体质。属寒（实）体质，平素肢冷无汗，喜暖怕凉，常腹痛腹泻，关节酸痛，口淡不渴，溲清长，舌淡苔白，脉紧或沉迟。宜患风湿关节痛，宜感寒邪，怕阴冷潮湿气候，宜温阳散寒。应食温热食物，如羊肉、生姜、桂皮等。

③阳虚体质。属虚寒体质。四肢多不温，怕凉喜暖，耐夏不耐冬，神疲，喜吃热食，睡眠偏多，便溏薄，尿清长，舌体胖嫩边有齿痕，苔润，脉沉迟而弱。得病多从寒化，宜患痰饮、肿胀、泄泻、阳痿等症，易感寒邪，易被湿困。宜用温阳补虚之品。

④阳盛体质。属实热类型。神旺气粗，面色多红赤，怕热喜冷，耐冬不耐夏，烦渴多汗，喜冷食，得病易发高热，尿黄便秘，舌红苔黄，脉数有力。得病多从热化，易患疮

疮，怕热，耐冬不耐夏，故饮食方面多用滋阴、清淡之品；宜食苦味清热的食物或饮料，如苦丁茶、苦瓜、莲子心等。

⑤气虚体质。属虚的体质，面白少华，气短懒言，易出汗，食少，易疲乏，舌淡红，舌体胖大，脉虚缓。易感冒，病后迁延不愈，内脏易下垂，不耐受风邪、寒邪、暑邪。宜扶正补气，可食山药、莲子或太子参、黄芪、黄精等。

⑥血虚体质。面色萎黄或淡白，唇甲无华，头晕眼花，心悸怔忡，失眠健忘，或肢体麻木，舌淡脉弱。宜补气生血。用当归、熟地、龙眼肉。

⑦瘀血体质。面色多晦暗，口唇色暗或紫，眼眶黯黑，肌肤甲错，常有出血倾向，皮肤局部有瘀斑，或身体某部刺痛，固定不移，或有包块，推之不动，舌质有瘀斑或瘀点，脉细涩或脉率不齐。此类体质，重在气血畅通，为此，要常常加强体育锻炼，饮食上多吃些活血养血的食品；治疗上应活血化瘀，可用山楂、桃仁等，并配以补气行气。

⑧痰湿体质。平素身体肥胖，或嗜食肥甘，嗜睡恶动，口中黏腻。食量较大，多汗，既畏热，又怕冷，适应能力差。病则胸脘痞闷，咳喘痰多；或恶心呕吐，大便溏泄；或四肢浮肿，接之凹陷，小便不利或浑浊；或身、头重困，关节疼痛重着，肌肤麻木不仁，苔多腻，常见灰黑，脉濡或滑。此类人宜多参加体育运动，让疏松的皮肉变致密结实一些。药物方面，当用化湿祛痰，宜服薏苡仁、茯苓、赤小豆、冬瓜皮、荷叶、荷梗等。

⑨湿热体质。面垢油光，易生痤疮粉刺，身重困倦懈怠，大便黏滞不爽，男阴囊潮湿，女黄带臭秽，舌红苔黄腻，脉滑数。易患痤疮、黄疸、淋症、火热等病。对气温偏高，湿热交蒸气候难适应。食疗同痰湿体质，忌辛辣刺激食品。

⑩气郁质。面色萎黄或苍暗，平素性情急躁易怒，或忧郁寡欢，胸闷不舒，时欲叹息。胸胁胀满，走窜疼痛，嗳气呃逆，咽有异物感，或乳房胀痛，痛经。易患郁症、梅核气、惊恐等病症。对精神刺激适应能力差，应调节心态，宜服舒肝理气之品，如玫瑰花、佛手、萝卜等。不宜进补。此类人多听一些轻松、开朗、激动的音乐，多旅游，以使心胸愉快，从而改变多愁善感的抑郁状态。

5. 影响美容的常见病因

（1）四时六淫。首先，人的生命体是以天地之气为物质材料，按照四时的节律而形成，因此，人体的生命运动与四时规律同步。所以，人体的气血常随着四时季节的变化，运行存在的部位也不同。

风为春季之主气：特点轻扬开泄，善行数变，为百病之源。

寒为冬季之主气：特点寒冷凝滞，"阴盛则寒""阴盛则病"。

暑为夏季之主气：暑邪见于夏令，所以有"暑属外邪，并无内暑之说"。

湿为长夏之主气：长夏多湿病，湿为阴邪，阻碍气机，易伤阳气。

燥为秋季之主气：秋季天气收敛，其气清肃，气候干燥，水分亏乏，故多燥病。

六淫就是风、寒、暑、湿、燥、火六种致病因素。在正常情况下，风、寒、暑、湿、燥、火是自然界的六种气候变化，称为"六气"。六气的正常运行变化，有利于万物的生长变化，但如果六气太过或不及，如气候不应季，夏季不热，冬季不冷，气温骤变等，使人体不能适应环境，就会导致疾病的发生。因此，六气从无害到有害，导致机体发生疾病，故又称之为六淫或"六邪"。

（2）七情。七情即：喜、怒、忧、思、悲、恐、惊。它们是人体对外界环境的正常生理反应。皮肤粗糙、皱纹、脱发、色斑、面疱粉刺、各种色素斑都和情志有密切关系，就连双目无神、黯淡无光也是受情志的影响。因为情志活动影响了脏腑气血阴阳，如脏腑功能失调，而外在的器官就会受到损伤，导致血不润肤、血不荣发、气血瘀滞、肺气不利、肾精不能上注，故产生以上有碍容貌的皮肤病。人们常说："喜伤心，怒伤肝，忧伤肺，思伤脾，惊恐伤肾"，由此可见，七情变化是直接影响内脏的。

（3）虫毒。一般指由虫所致的皮肤病及由毒所致的皮肤病。

（4）饮食劳逸。正常的饮食、适度的劳动锻炼和合理的休息，对于葆春防衰，具有很重要的作用。若饮食不节、劳逸失常，则影响健康导致容貌早衰。劳累过度可致体倦力乏，消瘦无华；安逸过度可使气血运行不畅，导致体僵肢软。另外，房劳过度，肾精受耗，会加速人体衰老。

6. 中医皮肤诊断

中医主要通过望诊、闻诊、问诊、切诊来诊断皮肤。作为美容指导师能掌握四诊，尤其是望诊，有助于其对皮肤的诊断。望诊包括望神、望面色、望形态、望皮肤。

（1）望面色。以面部颜色光泽变化为主要内容，包括面部的青、赤、黄、白、黑五色变化与出现的部位，可反映脏腑气血的盛衰变化和病邪所在的部位。望其面色，可知五脏荣枯。

1）面色与脏腑。面部各部位与脏腑有相应关系，面部的各部分分属五脏六腑。

2）五色与五脏。《内经》将面色分为青、黄、赤、白、黑五色，以内应五脏，青色属肝，黄色属脾，赤色属心，白色属肺，黑色属肾，从面色的变化可推测到五脏的病变。正常人的面色是红黄相伴，有光泽。但由于个体的差异，所处地区不同，以及季节、气候、工作环境等差异，人的面色有可能偏红、黄、青，或偏黑、白色。另外，人的面色在春天偏青，夏天偏红，秋天偏白，冬天偏黑。若由正常颜色变成异常颜色，就是病态。

①青色。主寒证、痛证、瘀血、惊风。一般见于肝胆及经络病症。出现面色苍白及偏青色者，则为阴寒内盛，血气运行不畅。疼痛甚则面青而呈阵发性，由经脉瘀滞不通，血无以上荣于面所致；瘀血是血脉不通，凝滞于局部的病变，也可呈现面色青紫，而且舌质可有青紫瘀斑征象。

②赤色。主热证。血得热则行，热盛则血脉充盈，血色上荣于面，所以面呈红赤色。如外感实热或脏腑实热内盛，则面部通红、舌红、脉数，伴发热烦渴等症。如肾阴虚亏，水不济火，心火上炙，则两颧潮红、面色娇嫩，伴盗汗、心烦、手足心热等症。小儿面红发热，指尖冷，目中有泪，为麻疹将起。

③黄色。主湿证和虚证，以脾病为主。脾主运化，脾不健运则水湿内停，气血不充，

所以面色发黄。淡黄而无光泽,称为萎黄,常见于脾胃虚弱,气血两亏。面黄虚浮,称为黄胖,多由脾虚虫病失血所致。面目和全身皮肤色黄,为黄疸病主症,由湿邪引起。黄色鲜明如橘子色,属阳黄,为湿热熏蒸之故;黄色晦暗如烟熏状,属阴黄,由寒湿郁阻所致。

④白色。为肺色,主虚证、寒证,为气血亏损征象,以肺病为主。阳气虚衰,气血运行不畅,或耗气失血,气血不充;或寒凝血滞,经脉收引,都可导致面色白。面色白而虚浮多为阳虚;面色淡白,为脾肺气虚;面色淡白无华,形体肌瘦,唇、舌色淡,多为血、气虚。如肺胃虚寒,则面色淡白,舌胖淡。

⑤黑色。为肾色,主肾虚、寒证、痛证、水饮、瘀血,以肾病为主。由于肾阳虚亏,水饮不化,阴寒内盛,血不温养,经脉拘急,气血不畅,所以面色黧黑。颧与颜黑为肾病,面黑而干焦,属肾精久耗、虚火伤阴;面黑而暗淡,为肾阳不振、阴寒内盛。眼眶周围发黑,可见于肾虚、水饮,也可见妇女寒湿带下证。如面色黧黑,肌肤甲错,舌质青紫,为瘀血证。

(2) 望形体。主要是观察形体的强弱胖瘦和躯干肢体外形。形体特点一般可反映人体阴阳、气血禀赋,如瘦长者多阴虚阳盛,矮胖者多阳虚阴盛,不胖不瘦、身长适中者,则阴阳平衡。

(3) 望头面颈项。头面颈项是督脉、任脉与手足三阳经循行交会之处,足厥阴肝经也上行于头。脑居头颅内,是精神意识的中枢。脑为髓海,为肾所主。心主血脉,血脉上荣于面,故心之华在面。因而对头面颈项望诊可了解脏腑气血盛衰。实际上望神、望色也以头面部为主。

1) 望头面。头形过大或过小,多由先天发育不良或肾精不足而致,头发稀疏干枯为精血不足,青少年白发为肾虚、血虚,面部皮肤红肿热痛,多为风热火毒上攻所致;面部肌肉瘫痪,可见口眼歪斜,为风邪中络或络脉空虚,病多在阳明经。

2) 望目。目为肝之窍,五脏六腑精气皆上注于目。目部的五脏相关部位称为五轮(见图2—6),故望目不仅可以望神,而且可诊察五脏病变。眼睛黑白分明,视物清晰,神采内含是有眼神。

3) 望耳。耳为肾之窍,又为手足三阳经分布结聚的部位。望耳主要观察耳廓色泽、形态及分泌物状况。

4) 望鼻。鼻为肺之窍,属脾。望鼻主要观察鼻色泽、形态及运动状况。

5) 望口唇。脾开窍在口,其华在唇。唇色红润,说明气血调和、胃气充盛。若唇色淡白为血虚,淡红为虚寒,深红为实热,青黑主气滞血瘀等。口唇干裂为津液不足,口角流涎是脾虚或胃热。此外,望口唇对口糜、口疮、髯风、茧唇等病也有直接的临床意义。

6) 望皮肤。皮肤为一身之表,卫气循行其间,内合于肺,具有排泄汗液、调节体温、抵御外邪侵袭的作用。五脏六腑精气通过经络循行,将气血津液输布于皮肤,以维持其温煦荣润与正常功能。中医也十分重视对皮肤的望诊。正常人的皮肤常是润滑荣泽,此为津

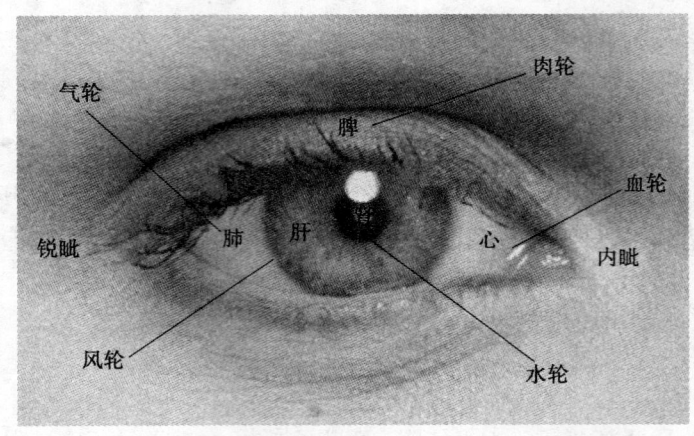

图 2—6 目部五脏图

液、精气充沛之征。若皮肤肿胀，则为水湿泛滥；皮肤枯燥，多为精气不足或精血内耗；皮肤粗糙刺手，多是肺痿（因肺主皮毛）；若兼两眼暗黑者，为内有干血，若皮肤粗糙而腹中剧痛的，多内有痈脓。

此外，还应注意较常见的几种异常情况。

①望皮肤色泽。其原理、方法与望面色相同。若肤色干枯晦暗而无光泽，则为脏腑精气虚衰。通过肤色能有效诊断的疾病有丹毒、黄疸等。皮肤变红如染脂涂丹者为丹毒。若全身皮肤呈云片状红色，游行无定或浮肿疼痛，称为赤游丹毒，因风热外袭、心火偏旺所致。若皮肤、面、目、爪甲发黄异常，为黄疸。其中，黄色鲜明如橘子色，属阳黄，为湿热内蕴所致；黄色晦暗如烟熏，为阴黄，由寒湿困脾引起；如皮肤黄中显黑，色黑晦暗，称为黑疸，因瘀血或肾虚所致。

②望皮肤形态。皮肤形态异常包括肿胀、斑疹、水疱等。头面、皮肤紧绷，按之凹陷，抬手不起，称为肿，为水湿内停、外溢肌肤所致；若皮肤虚浮，按之凹陷，抬手即起，是气行不畅的征象。斑是显现于肌肤表面的片状斑块，分为阳斑与阴斑两种。阳斑又称发斑，斑大成片，色红或紫，甚而紫黑，可见于外感温热病，热入营血之证；阴斑大小不一，色淡红或暗紫，隐而不显，发无定处，出没无常，多因内伤气血不足而致。疹是从皮肤血络发出，形似粟粒，红色而高起，摸之应手，可见于麻疹、风疹等病，其特征以点状丘疹为主。水疱为高出皮肤、大小不一、内含水液的疱疹，有水痘、蛇串疮、湿疹等不同。此外，尚有痈、疽、疖、疔等皮肤形态色泽变化征象。

2.4.3 中草药美容

中草药是祖国医学宝库中一颗璀璨的明珠，在几千年的历史长河中，历代医学家在美容方面积累了丰富的经验，驻颜中药美容已成为祖国医学的一个重要组成部分。我国现有的医学典籍《黄帝内经》和《神农本草经》中记载着不少有关中药美容的理论和方法，有

365种中草药具有美容效果。在21世纪的今天，美容在中国已成为一种时尚，而以天然草本植物精华为主的中药美容佳品更是大放异彩。

1. 特点

（1）使用安全。中草药美容使用的中药材大多为天然植物或以天然植物组合成配方，对于人体与皮肤一般没有伤害，而且这些配方多经过古人数千年不断使用的检验，因而流传下来的配方多为疗效优良且无副作用的良方。

（2）适应范围广泛，内服外敷均可。内服中药材美容以食补为前提，能够帮助补血益气，具有调理内脏与平衡身体的作用，通过调整身体内部的经络气血进行美容保养。外用的中药材大都来自天然的植物，并没有像一般的化妆品那样添加许多化学成分，适合大多数人使用。

（3）注重保养，效果持久。中草药美容的方式是从五脏六腑的调和着手，改善人体内部的气血循环。这是一般保养品所无法做到的。中草药美容保养注重先增强体质，恢复肌肤的活力，从而有效减少影响美容的各种疾病的发生。通过这种方式进行的美容保养，可使脸部散发出真正健康的美感，同时也能够持久地保持下去。中草药美容法认为，只有身体健康，才有美丽容颜；美丽来自于内在的健康，而不是依赖表面的化妆与修饰保养。因此，长期使用可以提高人体的免疫能力，是化学性化妆品不可替代的。因此，无毒副作用而又行之有效的中药美容护肤品，已成为当今护肤、养颜美容的最佳选择。

2. 中药的性能

（1）四气。四气指在长期医疗实践中观察总结出来的寒、热、温、凉四种不同的药性。

（2）五味。五味指酸、苦、甘、辛、咸五种味道。药物的味不同，作用就不同。

（3）归经。归经指药物的选择性作用，也是中药的用药规律。临床用药时，首先要审清病变所在的脏腑经络，然后再选用相应的药物进行治疗。

3. 常用的美容中药

有护肤美容作用的中草药非常多，常用的美容中草药主要有以下几种：

（1）当归。味甘、辛，性温；归肝、心、脾经，具有补血活血、祛瘀生新之功效，因此，对于因血虚所致的面色不荣有较好的疗效。长期服用当归，可使面部皮肤重现红润色泽。其护肤美容作用来自当归能扩张皮肤毛细血管，加快血液循环。当归含丰富的微量元素，能营养皮肤，防止粗糙，可用于治疗粉刺、褐斑、雀斑及脱发。

（2）川芎。味辛、性温；归肝、胆、心包经。具有活血行气、祛风止痛的功效。现代研究发现：川芎对微循环系统有很好的调节作用，其水浸液对某些致病性皮肤真菌有较强的抑制力。川芎还有抗维生素E缺乏的作用。此外，川芎还能抑制酪氨酸酶的活性，从而对黑斑、雀斑、老年斑能起到治疗作用。

（3）人参。味甘、微苦，性微温；归肺、脾经，具有大补元气、安神增智等功效，对于因气虚而面色不华、须发不生者有较好疗效。人参有使皮肤毛细血管扩张，加速血液循环,增强细胞活力,增进毛囊的营养供给,有益头发的生长作用。因此,有着较好的美容、生发效果。

(4) 珍珠。味甘、咸、性寒;归心、肝经,具有润泽肌肤、化腐生肌、解毒敛阴的功效,对于改善皮肤的衰老状态有良效。它含有多种氨基酸,对皮肤有很好的营养、滋润作用。用珍珠制成的乳剂涂抹皮肤,被吸收后,可降低细胞内脂褐质的含量,长期使用能令黄褐斑及色素沉着大为减轻。

(5) 白果仁。性味甘、苦、涩、干,敛肺定喘,止带浊,缩小便。用于医治痰多喘咳、带下白浊、遗尿尿频。白果酸在体外可抑制一些皮肤真菌,故外用可治头面手足多种碍容性皮肤病,并可延缓皮肤衰老,防止皮肤粗糙。让肌肤更娇白,给肌肤水一样的滋润。美容功效:将白果仁捣成液浆涂于脸上,可令肌肤柔嫩光滑,白皙娇美。

(6) 白芷。味辛,温。归肺、胃经。有祛风散寒,通窍止痛,消肿排脓,燥湿止带的功效。味香色白,为古老的美容中药之一,其美容效果显著:白芷水煎剂对体外多种致病菌有一定的抑制作用,并可改善微循环,促进皮肤的新陈代谢,延缓皮肤衰老。

(7) 何首乌。味苦、涩,性微温;归肝、肾经,具有补益精血、强筋健骨、黑发轻身之功效,可用于肝肾不足所致之须发早白。何首乌能促进超氧化物歧化酶(SOD)的活性,可明显扩张血管,加速血流,延缓细胞的衰老进程,对影响美容的早衰现象具有抑制、延缓的效果。

(8) 白蒺藜。性味苦辛平,入肝经。功用平肝解郁,祛风明目。用于肝阳眩晕头痛,肝郁胁痛,风热头痛,目赤肿痛,皮肤瘙痒等症。白蒺藜又名刺蒺藜,含有多种生物碱和甙类,有降血压、降血脂等作用,其中所含的过氧化物分解酶,具有明显的抗衰老作用。美容功效:久服可祛脸上瘢痕,并让肌肤柔嫩润滑。

(9) 白芨。味苦、甘、涩,性寒,归肺、胃。肝经。有收敛止血,消肿生肌之功效,多用于内外出血诸证及痈肿、烫伤、手足皲裂等。白芨外用涂擦,可消除脸上痤疮斑下的痕迹,让肌肤光滑无痕。

(10) 枸杞子。性味归经:枸杞子味甘,性平。归肝、肾、肺经。具有补肾益精、养肝明目的功效,可用于肾虚精亏所致腰膝酸软、头晕目眩、须发早白、阳痿遗精。如左归饮,能大补气血,抗衰老,从而护肤美容。美容功效:滋润肌肤,令肌肤光滑如玉。

以上只是中医较常用的一部分美容药物,另外还有三七、杏仁、黄芪、桃仁、银耳、百合等药,大都具有滋养、润滑皮肤、增强皮肤弹性等作用。

2.5　营养学基础

美丽的肌肤少不了营养的"培育",每一个皮肤润滑细腻、身材匀称、容光焕发的美丽女性,都绝非单靠化妆品和美容技巧所能达到的。对于肌肤保养,千万不能忘记健康。只有健康的女性才能算是美丽的女性。因此,营养与美容息息相关。

2.5.1 人体必需的七种营养素

人体必需的七种营养素是：蛋白质、脂类、糖类（碳水化合物）、维生素、矿物质、水和膳食纤维。

1. 蛋白质

在人体各个器官、组织和体液内，蛋白质都是必不可少的成分。成年人体重的16.3%是蛋白质。蛋白质是生命的物质基础，恩格斯曾指出，生命是蛋白质的运动形式。如果蛋白质长时间摄入不足，正常代谢和生长发育便会无法进行，轻者发生疾病，重者甚至可能导致死亡。

蛋白质能够促进生长发育、修补组织，它还是皮肤的主要原料，并可以使肌肉坚实，保持皮肤润泽而有活力。若缺乏，肌肉蛋白合成不足，而逐渐出现肌肉萎缩，容易疲劳；胶原合成发生障碍，使伤口不易愈合。

2. 脂类

脂类也称脂质，包括两类物质：一类是脂肪，又名中性脂肪，是由一分子甘油和三分子脂肪酸组成的甘油三酯；另一类是类脂，它与脂肪化学结构不同，但理化性质相似。在营养学上较重要的类脂有磷脂、糖脂、胆固醇、脂蛋白等。由于脂类中大部分是脂肪，类脂只占5%，并且常与脂肪同时存在，因而常把脂类通称为脂肪。根据脂肪酸分子结构中碳链的长度分为短链脂肪酸、中链脂肪酸和长链脂肪酸三类。一般食物所含的脂肪酸大多是长链脂肪酸。根据碳链中碳原子间双键的数目又可将脂肪酸分为不饱和脂肪酸和饱和脂肪酸。富含不饱和脂肪酸的脂肪在室温下呈液态，大多为植物油，如花生油、玉米油、豆油、菜子油等。以饱和脂肪酸为主要成分的脂肪在室温下呈固态，多为动物脂肪，如牛油、羊油、猪油等。但也有例外，如深海鱼油虽然是动物脂肪，但它富含不饱和脂肪酸。

（1）脂肪的组成。脂肪酸是中性脂肪、磷脂和糖脂的主要成分，它是由碳、氢、氧三种元素组成的一类化合物。

自然界存在的脂肪酸有40多种。有几种脂肪酸人体自身不能合成，必须由食物供给，称为必需脂肪酸。亚油酸、亚麻酸和花生四烯酸这三种多不饱和脂肪酸都是必需脂肪酸。

（2）脂肪的生理功能。概括起来，脂肪有以下几方面生理功能：

1）供给能量。1克脂肪在体内分解成二氧化碳和水并产生38千焦（9千卡）能量，比1克蛋白质或1克碳水化合物高一倍多。

2）构成一些重要生理物质。磷脂、糖脂和胆固醇构成细胞膜的类脂层，胆固醇又是合成胆汁酸、维生素D_3和类固醇激素的原料。

3）维持体温和保护内脏。皮下脂肪可防止体温过多向外散失，也可阻止外界热能传导到体内，有维持正常体温的作用。内脏器官周围的脂肪垫有缓冲外力冲击、保护内脏的作用。

4）提供必需脂肪酸。植物油中亚油酸和亚麻酸含量比较高，营养价值比动物脂肪高。

5）脂溶性维生素的重要来源。鱼肝油和奶油富含维生素A、维生素D，许多植物油富含维生素E。脂肪还能促进这些脂溶性维生素的吸收。

6）增加饱腹感。脂肪在胃肠道内停留时间长，有增加饱腹感的作用。

（3）脂肪与美容。脂肪是人类必需的营养素之一，它能维持人体的温度，可以固定组织和保护脏器。人体内适当储存脂肪，有利于保持皮肤中的水分，保持健美的体形，能使皮肤光亮润泽，富于弹性，利于消除和推迟皮肤皱纹的出现。

3. 糖类（碳水化合物）

（1）糖类的组成。糖类是由碳、氢、氧三种元素组成的一类化合物，其中氢和氧的比例与水分子中氢和氧的比例相同，因而被称为碳水化合物。根据分子结构的繁简，碳水化合物分为单糖、双糖和多糖三大类。

单糖是最简单的碳水化合物，易溶于水，可直接被人体吸收利用。最常见的单糖有葡萄糖、果糖和半乳糖。

双糖是由两个分子单糖脱去一分子水缩合而成的糖，易溶于水。它需要分解成单糖才能被身体吸收。最常见的双糖是蔗糖、麦芽糖和乳糖。

多糖是由许多单糖分子结合而成的高分子化合物，无甜味，不溶于水。多糖主要包括淀粉、糊精、糖原和膳食纤维。淀粉是谷类、薯类、豆类食物的主要成分。

（2）糖类的供给量和食物来源。膳食中由碳水化合物供给的能量以占摄入总能量的60%～70%为宜。谷类、薯类、豆类富含淀粉，是碳水化合物的主要来源。食糖（白糖、红糖、砂糖）几乎100%是碳水化合物。蔬菜、水果除含少量果糖外还含纤维素和果胶。

（3）糖类的生理功能

1）供给能量。糖类是供给人体能量最主要、最经济的来源。它在体内可迅速氧化，提供能量。1克糖氧化可产生16.7千焦（4千卡）能量。脑组织、心肌和骨骼肌的活动需要靠糖类提供能量。

2）构成一些重要生理物质。糖类是细胞膜的糖蛋白、神经组织的糖脂以及传递遗传信息的脱氧核糖核酸（DNA）的重要组成成分。

3）节约蛋白质。如果糖类摄入充足时，人体首先使用糖类作为能量来源，从而避免将宝贵的蛋白质用来提供能量。

4）抗酮作用。脂肪代谢过程中必须有碳水化合物存在才能完全氧化而不产生酮体。酮体是酸性物质，血液中酮体浓度过高会发生酸中毒。

5）糖原有保肝解毒作用。肝内糖原储备充足时，肝细胞对某些有毒的化学物质和各种致病微生物产生的毒素有较强的解毒能力。

（4）糖类与美容。糖类是人体热能的主要来源，占食物产热量的50%～70%。人体热能主要依赖糖、脂肪和蛋白质，而糖类又是热能的主要源泉，它可以帮助蛋白质构成人体组织，也能维持脂肪的正常代谢，还有护肝及解毒功能。正因为糖是能量的"仓库"，所以人体如果糖原不足时，就会将体内的蛋白质或脂肪转化利用，造成肌肉松弛，皮肤弹性下降，影响美容；同样也可能因糖类摄食过多，而将其转化为脂肪或蛋白质，从而发生肥胖或代谢失调。

4. 维生素

维生素也称维他命，是人体不可缺少的、维持人体健康所必需的一类营养素。它们不能在体内合成，或者所合成的量难以满足机体的需要，所以必须由食物供给。维生素的每日需要量很少（常以毫克或微克计），它们既不是构成机体组织的原料，也不是体内供能的物质，然而在调节物质代谢、促进生长发育和维持生理功能等方面却发挥着重要作用。如果长期缺乏某种维生素，就会导致各种疾病。维生素也与美容有着非常密切的关系。

（1）分类。维生素的种类很多，通常按其溶解性分为脂溶性维生素和水溶性维生素两大类。

1）脂溶性维生素有维生素A、维生素D、维生素E、维生素K，它们不溶于水，而溶于脂肪及脂溶剂中，在食物中与脂类共同存在，在肠道吸收时与脂类吸收密切相关。当脂类吸收不良时，如胆管梗阻或长期腹泻，人体的吸收大为减少，甚至会引起缺乏症。脂溶性维生素排泄效率低，故摄入过多时可在体内蓄积，产生有害作用，甚至发生中毒。

2）水溶性维生素包括B族维生素（维生素B_1、维生素B_2、维生素B_6、维生素B_{12}、维生素PP等）和抗坏血酸（维生素C）。水溶性维生素的特点是溶于水，不溶于脂肪及有机溶剂。它容易从尿中排到体外，且排出效率高，一般较少产生蓄积和毒害作用。

食物中维生素的含量较少，人体的需要量也不多，但却是绝不可少的物质。膳食中如缺乏维生素，就会引起人体代谢紊乱，以致发生维生素缺乏症。如缺乏维生素A会出现夜盲症、干眼病和皮肤干燥；缺乏维生素D可患佝偻病；缺乏维生素B_1可得脚气病；缺乏维生素B_2可患唇炎、口角炎、舌炎等；缺乏维生素PP可患癞皮病；缺乏维生素B_{12}可患恶性贫血；缺乏维生素C可患坏血病。

（2）维生素与美容

1）维生素A。维生素A属于脂溶性维生素，功能是维持上皮组织的健康，润泽皮肤使其细嫩光滑，还可以调节正常视觉。维生素A缺乏时，汗腺和皮脂腺萎缩，功能减退，使皮肤干燥，容易蜕皮，毛发枯槁、脱落，指甲变脆；毛囊往往角化阻塞，形成毛囊丘疹，使皮肤粗糙呈鱼鳞状，可多吃维生素A含量丰富的食物，如胡萝卜、番茄、橘子、李子、鱼肝油、各种动物肝、牛奶、鳗鱼、紫菜、蛋等。但长期、大量补充维生素A，同样可能出现头发枯干或脱落、皮肤干燥、食欲不振、贫血等中毒症状，所以维生素A对于人体而言，并不是越多越好。

2）维生素D。维生素D是一种脂溶性维生素，调节人体内钙和磷的代谢，促进吸收利用，促进骨骼成长。常用于提高骨量和骨密度，能预防骨质疏松症的过早出现。

3）维生素E。维生素E为脂溶性维生素，又叫"生育酚"，维持正常的生殖能力和肌肉正常代谢；维持中枢神经和血管系统的完整。对人体的主要功能为消除自由基、抗氧化、清除体内的过氧化物、消除体内的脂褐素，从而延缓机体的衰老过程。

4）维生素 B_1。维生素 B_1 又名硫胺素，它参与人体糖的代谢，维持神经、心脏与消化功能的正常运行，有助于人体消化而防止肥胖和滋润皮肤。在维生素 B_1 缺乏时容易发生水肿、肢体麻木等。维生素 B_1 在米、麦的糠麸和瘦肉中含量丰富。吃粗质米、麦可避免此种维生素缺乏。

5）维生素 B_2。维生素 B_2 又称核黄素。核黄素是体内许多重要辅酶类的组成成分，它还是蛋白质、糖、脂肪酸代谢和能量利用与组成所必需的物质。能促进生长发育，保护眼睛、皮肤的健康。维生素 B_2（核黄素）缺乏，可发生唇炎、舌炎、口角炎，还可使皮肤粗糙，形成小皱纹及皮脂溢出等。服用核黄素或吃含核黄素较多的食物如绿叶蔬菜、肝、牛奶、鸡蛋等，可以预防和消退上述症状。

6）维生素 B_6。维生素 B_6 是一种水溶性维生素，人体内的许多重要酶系多依赖它作为辅酶。维生素 B_6 缺乏会引起脂溢性皮炎、痤疮、酒渣鼻等损容性皮肤病。

7）维生素 B_{12}。维生素 B_{12} 属于水溶性维生素，它能促进铁红蛋白的合成，是重要的"造血原料"之一。维生素 B_{12} 常用于治疗缺铁性贫血。由于它能让皮肤得到营养，使容颜红润，所以有美容功能。

8）维生素 C。维生素 C 又称抗坏血酸，属于水溶性维生素。参与体内氧化还原过程，能增加毛细血管的致密性，降低其通透性和脆性。它能抑制皮肤内多巴胺的氧化作用，使皮肤内深层氧化的色素还原成浅色，保持皮肤白嫩，抑制色素沉着，从而防治黄褐斑、雀斑、皮肤淤斑和头发枯黄等病症。

5. 矿物质

矿物质又称无机盐，是构成人体组织和维持正常生理活动的重要物质。人体组织几乎含有自然界存在的所有元素，其中碳、氢、氧、氮 4 种元素主要组成蛋白质、脂肪和碳水化合物等有机物，其余各种元素大部分以无机化合物形式在体内起作用，统称为矿物质或无机盐。也有一些元素是体内有机化合物（如酶、激素、血红蛋白）的组成成分。

（1）分类。矿物质根据它们在人体内含量的多少可分为常量元素（又称宏量元素）和微量元素。

1）常量元素。体内含量大于体重的 0.01% 的元素称为常量元素，它们包括钙、磷、钾、钠、镁、氯、硫 7 种，它们都是人体必需的元素。

2）微量元素。含量小于体重的 0.01% 的元素称为微量元素，种类很多，目前人们认为必需的微量元素有 14 种，它们是锌、铜、铁、铬、钴、锰、钼、锡、钒、碘、硒、氟、镍、硅。微量元素在体内含量虽小，却有很重要的生理功能。

矿物质与其他营养素一样，并不是"多多益善"，每种矿物质和微量元素发挥其生理功能都有它在体内一定的适宜范围，小于这一范围可能出现缺乏症状，大于这一范围则可能引起中毒，因此，一定要很好地掌握它们的摄入量。

(2) 矿物质与美容

1）钙。钙是人体必需的常量元素。它是牙齿和骨骼的主要成分。成人体内含钙850～1 200克，相当于体重的1.5%～2.0%。人体从膳食和营养品中吸收的钙，经过成骨细胞的作用，沉积在骨骼上，以保证骨骼强壮有力。但是，骨骼并非一旦形成，就再也不会改变了。随着年龄的增加，人体的消化吸收水平下降，激素水平出现变化，骨骼中的钙会慢慢地流失，导致骨骼变得松软、脆弱，骨质疏松也接踵而至。出现牙齿松动；四肢无力、经常抽筋、麻木；腰酸背痛等。人体内钙的含量不足时，会有损于人体的健美。奶和奶制品中钙含量最为丰富且吸收率也高。小虾皮中含钙也较高，芝麻酱、大豆及其制品也是钙的良好来源，深绿色蔬菜如小萝卜缨、芹菜叶等含钙量也较多，可常食。

2）铁。铁是合成血红蛋白的主要原料之一。血红蛋白的主要功能是把新鲜氧气运送到各组织。铁缺乏时不能合成足够的血红蛋白，造成缺铁性贫血，人就会感到精力不支，面色苍白，容颜苍老。当血液中血红蛋白含量正常时，血液流向全身提供脏器、组织所需要的氧，机体呈现充沛的活力，脸色红润。动物内脏（特别是肝脏）、血液、鱼、肉类都是富含血红素的食品，是铁的主要来源。

3）锌。促进生长发育，参与核酸和蛋白质的合成，可促进细胞生长、分裂和分化，也是性器官发育不可缺少的微量元素。锌能改善味觉，增进食欲，增强对疾病的抵抗力。锌的缺乏与痤疮有一定关系，有研究表明：痤疮患者体内锌含量明显偏低。痤疮患者锌低可能会影响维生素A的利用，促使毛囊皮脂腺的角化。通常动物性食物是锌的可靠来源，其中牡蛎含锌最丰富。

6. 水

水是人体最重要的营养素。人不吃食物仅喝水仍可存活数周；水是人体数量最多的成分，约占体重的50%～60%。人体新陈代谢的一切生物化学反应都必须在水的介质中进行。

水的生理作用概括起来有以下几方面：

（1）水是体内各种生理活动和生化反应必不可少的介质，没有水一切代谢活动便无法进行，生命也就停止了。

（2）水是体内吸收、运输营养物质，排泄代谢废物的最重要的载体。这是由于水有很强的溶解能力，许多物质可以溶解在水中通过循环系统转运。

（3）维持正常体温。汗液的蒸发可散发大量热量，从而避免体温升高。

（4）润滑功能。泪液、唾液、关节液、胸腔腹腔的浆液起着润滑组织间经常发生的摩擦的作用。

我们饮水绝不仅是为了解渴，主要是用以调整体液的渗透压和恒定体温，保持充沛的水分，调节代谢，改善血液循环。人体缺水皮肤就会变得干燥、无弹性、皱纹、苍老。每天喝6～8杯水，保持体内充足的水分，才能使皮肤润滑、柔软、富有弹性和光泽。所以，适当地补充水分确实有益于女性的美容。

7. 膳食纤维

膳食纤维指的是人体不能消化的多糖类，包括纤维素、半纤维素、果胶、树胶等食物成分。膳食纤维的主要生理功能包括：

（1）促进胃肠蠕动，有健全消化的功能。由于它们有很强的吸水性，可在肠道内吸收水分，增加粪便体积并使之变软利于排出。

（2）控制体重，防止肥胖。通过纤维素的作用，能增强胃肠道排泄毒素的功能，从而使皮肤润泽，减少色素沉着，增添容颜美丽。

但过多的膳食纤维会妨碍矿物质、微量元素和维生素的吸收，这是它不利的一面。粗粮（如玉米、高粱、糙米、全麦粉），干豆类及各种蔬菜水果都富含膳食纤维。

2.5.2 日常饮食原则

全面合理的营养是人体赖以生存的基础，也是皮肤健美的基础。只有饮食多样化才能保证蛋白质、脂肪、糖类、维生素和矿物质等的比例全面合理。

1. 合理营养

由食物中摄取的各种营养素与身体对这些营养素的需要达到平衡，既不缺乏，也不过多。缺乏某些营养素会引起营养缺乏病，如缺钙引起的佝偻病，缺铁引起的贫血等。某些营养素如脂肪和碳水化合物摄入过多又会导致肥胖症、糖尿病、心血管病等"富贵病"。营养缺乏和营养过剩引起的病态统称为营养不良，都是营养不合理的后果，对健康都是十分有害的。

由于没有一种食物能供给我们身体所需的全部营养素，所以我们在安排膳食时要尽量采用多样化的食物，根据各种食物中不同的营养成分恰当地调配膳食来全面满足身体对各种营养素的需要。即各营养素之间的比例要适宜，食物的搭配要合理，膳食制度要合理。通常情况下，一日三餐的热量分配应为早餐占30%，午餐占40%，晚餐占30%，以保证一天的热量平衡。

2. 平衡膳食

只有使膳食营养供给与肌体生理需要建立起平衡关系，才有利于营养素的消化、吸收和利用。如果饮食关系失调，膳食不适应人体生理需要，就会对人体健康造成不良影响，甚至导致某些营养性疾病或慢性病。

（1）热量营养素构成平衡。蛋白质、脂肪、碳水化合物均能为肌体提供热量，被称为热量营养素。如果三种热量营养素的摄入量的比例恰当，分别给肌体提供的热量为：蛋白质占10%～15%、脂肪占20%～25%、碳水化合物占60%～70%时，各自的特殊作用能发挥并互相起到促进和保护作用，这种情况称为热量营养素构成平衡。当三者比例不平衡，就会影响健康。热量营养素供给过多，将引起高血脂、肥胖等影响美容和形体；过少，会造成营养不良，同样会诱发多种疾病，如贫血导致面色无华等。

（2）膳食的酸碱平衡。食物可分为碱性食物和酸性食物两个大类，人们进食必须酸碱食物搭配才能维持体内血液酸碱度即 pH 值的平衡。人体血液的 pH 值（酸碱度）为 7.35～7.45，酸碱平衡是保障人体健康的必要条件，pH 值高于 7.45，称为碱中毒，pH 值低于 7.35，称为酸中毒。在新陈代谢过程中，碳水化合物、脂肪和蛋白质代谢的最终产物是二氧化碳。二氧化碳进入血液与水形成碳酸，这是体内产生最多的酸性物质。因此，糖、脂肪、蛋白质都是"成酸物质"，而蔬菜、水果（高糖水果除外）、豆制品、牛奶等则是碱性食物。

在日常饮食中，经常有大量的蛋白、脂肪、碳水化合物在体内进行分解，因此酸的来源一般都超过碱的来源。因为在酸和碱这对矛盾中，酸过多往往成为矛盾的主要方面，所以，我们在日常膳食中，必须注意蔬菜和水果的摄取，以维持体内的酸碱平衡，保障身体健康。

相关链接

所谓酸性和碱性食物，并非由口感或味觉来识别，主要是看食物被机体吸收氧化后所蕴含的化学元素来作为鉴别的依据。大凡含氮、硫、磷等非金属元素较多的则为酸性食品，而含钠、钾、钙、镁等金属元素较多的乃是碱性食品。并非味道酸的就是酸性食品，比如醋是酸的，柑、梅、杏等水果也是酸的，但它们非但不是酸性食品，恰恰相反，却是典型的碱性食品。又如粮食、糖果、糕点、鱼、猪肉及其他动物肉类等，则不是碱性食品，全都属于酸性食品。

（3）平衡膳食宝塔。平衡膳食宝塔共分 5 层，包含人们每天应吃的主要食物种类。宝塔各层位置和面积不同，这在一定程度上反映出各类食物在膳食中的地位和应占的比重，如图 2—7 所示。

第一层（塔底）：谷类。包括米、面、杂粮。主要提供碳水化合物、蛋白质、膳食纤维及 B 族维生素。它们是膳食中能量的主要来源，多种谷类掺着吃比单吃一种好。每人每天要吃 250～400 克。

第二层：蔬菜和水果。主要提供膳食纤维、矿物质、维生素和胡萝卜素。蔬菜和水果各有特点，不能完全相互替代，不可只吃水果不吃蔬菜。一般来说，红、绿、黄色较深的蔬菜和深黄色水果含营养素比较丰富，所以应多选用深色蔬菜和水果。每天应吃蔬菜 300～500 克，水果 200～400 克。

第三层：鱼、虾、肉、蛋（肉类包括畜肉、禽肉及内脏）类。主要提供优质蛋白质、脂肪、矿物质、维生素 A 和 B 族维生素。它们彼此间营养素含量有所区别。每天应吃 125～225 克。

第四层：奶类和豆类食物。奶类主要包括鲜牛奶、奶粉等，除含丰富的优质蛋白质和维生素外，含钙量较高，且利用率也高，是天然钙质的极好来源。豆类含丰富的优质蛋白

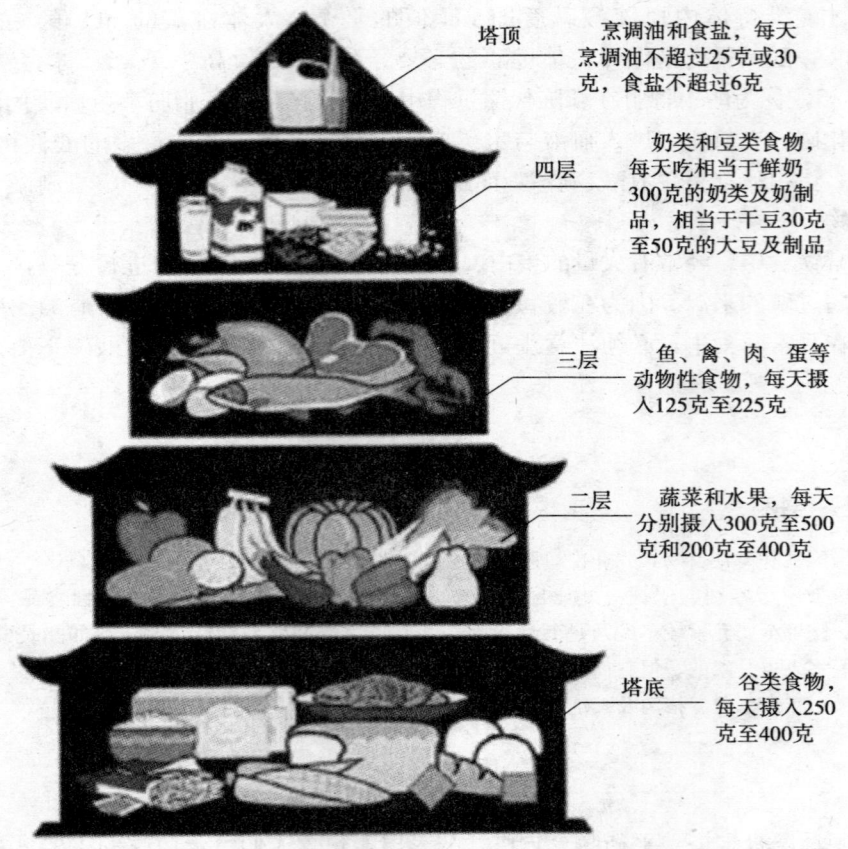

图 2—7 平衡膳食宝塔

质、不饱和脂肪酸、钙及维生素 B_1、维生素 B_2 等。每天应饮鲜奶 300 克，吃豆类及豆制品 30～50 克。

第五层（塔顶）：油脂类。包括动、植物油及食盐等，主要提供能量。植物油还可提供维生素 E 和必需脂肪酸，每天不超过 30 克，食盐不超过 6 克。

3. 多吃与美容有关的食品

美丽应该是从内而外的，人体的肥胖与消瘦，皮肤的粗糙与细嫩，毛发的亮丽与枯黄，均与科学合理的饮食密切相关，许多食物具有独特的养颜、美发、减肥之效，且无任何毒副作用。

（1）含维生素 A 的食物。主要食物来源：动物肝脏，全脂奶及其制品，绿色和黄色蔬菜，苹果，红心甘薯，胡萝卜，青椒，南瓜等。尤其是动物肝脏，含有丰富的维生素 A，可使目光明亮，具有润滑、强健肌肤、防止皮肤粗糙、呈鳞片状或患干眼症、角膜溃疡、口角炎等的发生。

（2）含维生素 B_2 的食物。维生素 B_2 也叫核黄素。它的功能是保持皮肤新陈代谢正常，使皮肤光洁柔滑，展平褶皱，减退色素，消除斑点。主要食物来源：动物肝、肾、瘦肉、奶类、蛋类、大豆及其制品、绿色蔬菜。

（3）含维生素 B_1 的食物。缺少维生素 B_1，可致黏膜过敏和发生皮肤炎症。主要食物来源：动物内脏、肉类、豆类及花生、糙米。

（4）含维生素 C 的食物。主要食物来源：柑、橘、橙、柚、鲜枣、猕猴桃、草莓、柠檬、西红柿、山楂以及各种深色蔬菜。尤其是鲜枣含有大量的维生素 C，它是一种有效的抗氧化剂，不仅能保持皮肤的弹性，还能抑制与阻断皮肤黑色素的形成，可减轻皮肤色素沉着，防止黑色素生成，对预防和减淡色斑有效。皮肤中黑色素多，肤色就黑。平时多吃一些富含维生素 C 的新鲜蔬菜、水果，少吃盐，可使沉着的色素斑减退或消失。

（5）含维生素 D 的食物。维生素 D 可预防儿童轻度佝偻病和中老年骨质疏松症的发生。主要食物来源：海鱼、动物肝脏及蛋黄、奶油、干酪、鱼肝油等。

（6）含维生素 E 的食物。主要食物来源：植物油、大豆及其制品、绿豆、赤小豆、黑芝麻、核桃、鸭蛋、大蒜、菠菜、鲫鱼及海虾。尤其是坚果，如核桃、松子、玉米、花生、芝麻等果仁中，富含维生素 E，这是一种有效的抗氧化剂，可防止体内不饱和脂肪酸的过分氧化，防止皮肤过早出现老年斑（寿斑），也可有效地阻止褐色素在皮肤中沉积，防止面部出现褐色斑纹、斑块；维生素 E 还具有促进细胞分裂、再生、延缓细胞变老、恢复皮肤弹性的作用；果仁中含有的多种氨基酸，维生素 A、维生素 D、维生素 K 及铁、磷、锌、锰等，对促进毛发、指甲生长，防止脱发、过早白发和防止皮肤干燥粗糙、过早衰老均具有很大的作用。

（7）含纤维的食物。便秘可导致机体产生各种症状而诱发多种疾病，便秘也可使面色萎黄而失去应有的光泽。富含纤维素的食物可防治便秘。主要有：各种蔬菜、水果和谷物食品。

（8）含铁、锌丰富的食物。皮肤的光泽红润，需要充足的血液。铁是构成血液中血红蛋白的主要成分。锌也是体内不可缺少的微量元素，它参与人体的各种生理活动。如动物肝、蛋黄、海带、芝麻酱、瘦肉、牡蛎及海产品，以促进皮肤的健美。

（9）含胶原蛋白和弹性蛋白食物。胶原蛋白能使皮肤细胞变得丰满，从而使肌肤充盈，皱纹减少，使皮肤细腻和富有光泽；弹性蛋白可使人的皮肤弹性增强，从而使皮肤光滑富有弹性，同时还能抑制脂肪吸收，健美体形。富含胶原蛋白和弹性蛋白的食物有猪蹄、鸡爪、猪皮等。

4. 十种美容食品

（1）猪皮、猪蹄、猪尾。这些食品含有丰富的大分子胶原蛋白和弹性蛋白，其含量可与熊掌媲美，有"美容食品"之誉。胶原蛋白能促进皮肤细胞吸收和储存水分，防止皮肤干瘪起皱，使其丰润饱满，平展光滑；弹性蛋白能使皮肤血液循环旺盛，营养供应充分，增强皮肤的弹性和韧性，使多皱的皮肤皱纹变浅或消失。猪皮的这种美容护肤作用，早在两千多年前的汉代，名医张仲景的《伤寒论》中就有记载："猪肤有和血脉、润肌肤"的作用,并记载"令少妇食之,能防衰抗老。"

(2) 地瓜。含有一种类似雌性激素的物质及维生素E,常吃对保持皮肤细嫩、延缓衰老有功效;同时含有大量的黏蛋白,有促进健康、防止疲劳、使人精力充沛的作用。地瓜中还含有大量的纤维素,能抑制糖类转化成脂肪,是较理想的减肥食品。

(3) 苹果。除含有较多的胡萝卜素、维生素B和维生素C外,还含有较多的镁,能使人皮肤健美、红润、光泽,还能清除面部的黄褐斑、蝴蝶斑等。

(4) 海带。海带富含铁元素,可以防治缺铁性贫血,使人肤色红润美丽,并能防治缺铁性秃发;含有丰富的碘,能防治"粗脖子"病,还能促进新陈代谢,使人体组织的更新速度加快,人也显得年轻而精神焕发。

(5) 无花果。无花果含有17种人体必需的氨基酸,其中以抗疲劳的天门冬氨酸含量最高,内含一种超氧化物——酸化酶,有延缓衰老、延年益寿之效。其根、茎、叶水煎外洗,有治疗皮癣、黑痣、雀斑及润滑皮肤的美容作用。

(6) 洋葱。洋葱富含维生素C和尼克酸,能促进表皮细胞对血液中氧的吸收,有利于细胞间质形成并增强细胞的再生能力,使皮肤保持洁白、丰满、光洁。

(7) 桑椹。桑椹含有多种维生素和10多种氨基酸及钙、磷、铁、铜、锌等,具有补肝益肾、滋阴养血、黑发明目、祛病延年的功效。桑椹还能提高人体内酶的活性,有延缓细胞衰老的作用。

(8) 牡蛎。牡蛎含有一种叫泛酸的物质,能使毛发致密、乌黑、亮泽,并防止早生白发;还含有铜元素与B族维生素,也可防治头发的早白与枯脱。

(9) 黄瓜。黄瓜在国外被称为"天然美容食品",常食能使皮肤细腻柔嫩,身材苗条,轻健多力。黄瓜含有丰富的丙醇二酸,可阻止体内糖类转化成脂肪,并能把体内多余脂肪消化掉。

(10) 瘦肉、鸡肉、鱼肉。这些食品能提供丰富蛋白质和铁质,并可补充脂肪,提高机体抵抗力,皮下脂肪可使皮肤光滑而不皱褶,富于弹性而不松软。若脂肪摄入不足,会使人皮肤干燥粗糙,无光泽,给人以未老先衰的感觉。

总之,要保持健康与美丽就要均匀摄取蛋白质、维生素、矿物质等。不管胖、瘦,食物的摄取可以补其所缺,截其所余,达成美容健体目的。

2.6 美容仪器

2.6.1 离子喷雾机

离子喷雾机又称奥桑蒸气仪,也称紫外光离子喷雾机,是皮肤美容护理中必用的仪器,如图2—8所示。

1. 构造原理

离子喷雾机由水杯、电加热器、紫外线灯管和机体、支架、脚架、喷头等组成。注入水杯中的蒸馏水在电热作用下产生蒸汽，蒸汽还可以受紫外线辐射和电磁场的作用，发生电离产生氧离子等游离离子。这些游离子随同蒸汽从喷口喷向脸部，加速血液循环，促进皮肤新陈代谢，达到护肤美容的目的。同时对感冒、鼻炎有一定的疗效。有的还有电子控制线路，内置感温式断电装置，自动断电保护，更安全可靠。

2. 功效作用

（1）蒸汽喷在面部，能够升高面部皮肤的温度，促进面部皮肤内的血液循环，同时游离态氧因具有较强的穿透能力，进入皮肤内可以增加血液中的含氧量，有利于营养皮肤及深层组织。改善肤色，让皮肤看起来更红润、细腻。

（2）蒸汽使皮肤表面角质层松软，死细胞容易挪动，为下一步脱屑操作创造有利条件。

（3）蒸汽促使毛孔开放，有利于对毛孔内异物的清除，利于皮肤的排泄，深层清洁皮肤。

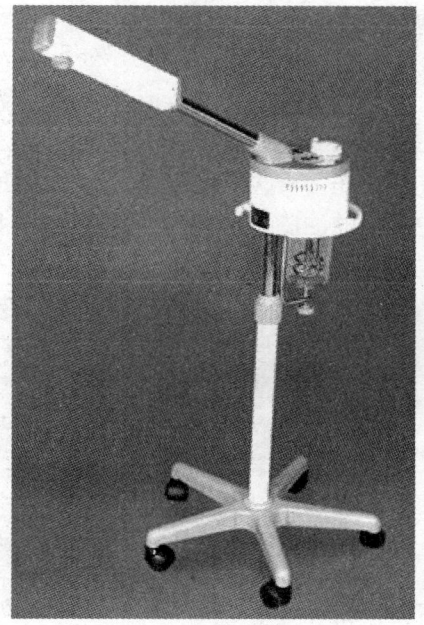

图 2—8　离子喷雾机图

（4）改变皮肤缺水状态，补充细胞中的水分，改善细胞的新陈代谢及自动修复功能。使皮肤更滋润更有弹性。

（5）负离子氧对皮肤有杀菌消毒的作用，有效杀灭皮肤中的各种细菌，可以缩短对瘢痕、暗疮的治疗过程。

（6）香薰中草药美容喷雾机配合适当的中草药使用时，对治疗暗疮、黑斑以及漂白、滋养皮肤等都有积极作用。

相关链接

奥桑是英文 ozone 的译音，它的含义是臭氧，其化学分子式为 O_3，仪器中的高压电弧或高频电场将空气中的氧气激活转化为臭氧。臭氧不稳定，分解产生氧气和负离子氧，也就是游离态氧。游离态氧活性极大，很不稳定，具有使尘埃沉淀和杀菌消毒的作用。此外，游离态氧极易复合成氧气，具有穿透能力，其进入皮肤血管可以增加血液含氧量。蒸汽是由喷雾杯内去离子水或蒸馏水经过加热汽化形成的。在喷雾口附近装有紫外线光灯，对即将喷出的水蒸气进行消毒，游离态氧在空气中的飘移距离很短，原因是它遇空气中的尘埃便沉淀下来，水蒸气作为载体载着负氧离子喷射到顾客面部而发挥杀菌消毒的护理作用。

2.6.2 阴阳离子仪

阴阳离子仪又称电离子导入仪或营养导入机，它借助直流电阴阳离子的作用，以营养导入和杂质导出两种方法进行皮肤护理。营养导入是使水溶性营养物质更有效的渗透到深层皮肤，直接供给皮肤营养。杂质导出是导入碱性溶液软化皮肤表面老化角质，分解皮肤表面的油脂，平衡皮肤分泌，同时导出皮肤深层杂质。

1. 构造原理

电离子导入仪由整流器、滤波稳压器及金属电极构成。其构造原理是将交流电整合至安全和低电压的情况下的直流电，当电流通过某些含有酸和碱的溶液时就会发生化学变化，基于电荷的同性相斥、异性相吸的原理，即将药物放入同名电极下，通电后就被吸入体内或排出皮肤。

2. 功效作用

电离子导入仪可借助直流电的作用以营养导入和杂质吸出两种方法进行皮肤护理。

（1）减少皮肤内沉积的金属离子，将金属离子导出体外。

（2）补充皮肤营养，使水溶性营养物质（植物精华素）更有效地渗透皮肤内部，直接供给皮肤营养。

（3）电离子导入仪有正极和负极两极。正电极产生酸性反应，安静神经减低血液供应，强健纤维组织，收缩毛孔减少红痕，其主要应用于：美容治疗后收紧毛孔，减轻皮肤红肿，防止发炎，将酸性物质带进皮肤。

负电极产生碱性反应，刺激神经增强血液循环，软化纤维组织，增强皮肤弹性。其主要应用于成熟、衰老性皮肤和油性皮肤，也为干性皮肤促进血液循环，将碱性物质带进皮肤。

（4）溶解皮肤中积聚过多的皮脂，将杂质导出体外。

（5）加强细胞的通透，将不易渗透的营养物质导入皮肤深层，使皮肤的深层得到护理。

3. 使用注意事项

（1）心脏病患者，体内有金属架者及孕妇禁止用阴阳电离子仪。

（2）导药钳应用棉片缠紧，电流从弱至强使客人逐渐适应。

（3）操作时请客人将金属饰物取下，导药钳在皮肤上不停移动，移动要缓慢，棉片要始终保持湿润。

（4）营养导入适用于干性皮肤（缺水）、成熟衰老皮肤（缺营养）和油性皮肤。根据皮肤种类的不同而选择适合的精华素。杂质吸出常用于油性皮肤，而对干性皮肤和暗疮严重的皮肤则不适宜。对敏感、受伤、发炎、患有严重皮肤病者和毛细血管破裂者都不适合此操作。

2.6.3 高频电疗仪

1. 构造原理

由高频振荡电路板和少量的电容电阻及半导体器件构成,利用高频率振动所产生的热效应及紫外线来治疗皮肤疾病。借着高频率的温热作用透过玻璃导管,能对皮肤产生杀菌、愈合伤口的效果。高频电流会产生热力而且会产生紫外光,但由于振动太快,不会令肌肉收缩。高频电疗仪是一种重要的美容护理工具。根据使用方法的不同,可以有刺激的效果,也可以有安抚的效果。可治疗皮肤问题也同时嫩肤美肤,修复肌肤。附有4种不同款式的玻璃电极。

2. 功效作用

(1) 促进血液循环,增强淋巴腺的活动,供给表皮营养。

(2) 增强细胞新陈代谢,帮助皮肤呼吸和排泄。

(3) 在纤维组织上产生热效应,有益皮肤细胞修复。

(4) 杀菌消炎,加快伤口愈合,增强皮肤免疫功能。

(5) 增强细胞通透性,帮助溶剂渗透皮肤。

3. 使用注意事项

(1) 进行直接电疗法操作时,面部皮肤一定要保持清洁。

(2) 进行直接电疗法操作时,在玻璃电极紧贴于皮肤以后方可打开电源。同样,关上电源以后,才能将玻璃电极撤离。在打开电源之前先告诉顾客,以免电极中的声音及紫色光使顾客感到惊恐。

(3) 进行直接电疗法的时间长短和电流强度大小,应根据皮肤感应性和耐力而定。对一般干性、成熟的皮肤以较短的时间、较低的电流强度进行操作;对油性、长有暗疮的皮肤可以较长的时间、略高的电流强度进行操作。

(4) 在间接电疗法操作过程中,美容师至少应保持一只手紧贴在顾客皮肤上,以保证护理效果。

(5) 在进行高频电疗仪的护理时,告诉顾客将堪佩戴的所有金属饰物全部摘去,镶有金牙或身体内有其他金属物质的顾客都应避免进行高频电疗法。

(6) 仪器的所有附件都应保持清洁卫生,使用前后必须用酒精消毒。

(7) 对敏感性皮肤,患有皮肤血管病、酒渣鼻或其他严重的皮肤病,以及曾受过严重刺激或整形处理的皮肤,禁止使用高频电疗法进行护理。

2.6.4 真空吸喷仪

1. 构造原理

真空吸喷仪(见图2—9)主要由真空泵和电磁阀构成。真空吸喷仪包括真空吸啜和冷喷两组功能。仪器工作时产生一串脉冲,其周期由电位器调节,脉冲经二级放大后,由

3BG2集电极接电磁阀3DF输出，正脉冲时电极有输出，使电磁阀移动，气流通过。负脉冲时电极无输出，电磁阀复位，气流截止，由此而产生真空吸喷。用于吸喷工作时，气泵工作产生负压，使软管内形成真空，从而吸出污垢，喷洒收缩水。电磁阀吸动周期由周期电位器控制。电磁阀的动作力度旋钮是调节气流大小的机械旋钮，可根据不同的需要调整吸力的大小。

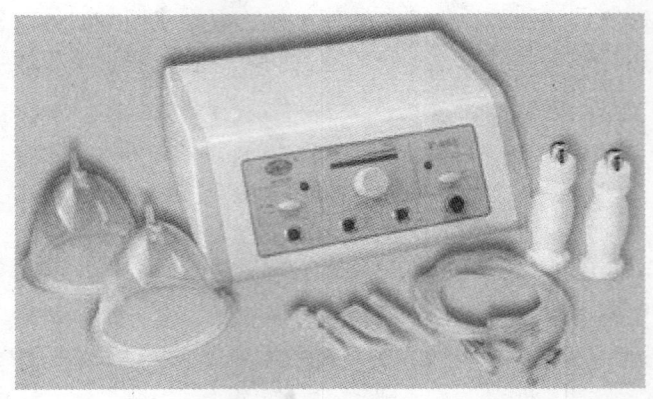

图2—9　真空吸喷仪

2. 功能

（1）清除毛孔深层污垢及皮脂，使皮肤呼吸正常，刺激纤维组织，增强皮肤弹性。

（2）促进局部血液循环，将血液引向表皮，供给表皮营养，促进淋巴液循环，排除皮肤内有害毒素。

（3）冷喷可以刺激扩张毛孔，使其得到收敛。

3. 使用注意事项

（1）吸管移动要快，不能在一个部位过长时间吸啜。

（2）根据客人的皮肤性质调整吸力的强弱，可先在手背上试吸力后再用于面部皮肤。

（3）配合蒸汽焗面做吸啜，并用湿棉片盖住客人眼部，双手要密切配合。

（4）眼周皮肤薄和毛细血管扩张者不可做真空吸啜。

（5）做冷喷时要由额头处向下颏方向喷。

2.6.5　电动转刷

电动转刷是一种清洁皮肤的美容仪器。

1. 作用

（1）深入清洁皮肤表面，除去皮肤表面不易洗去的污垢、皮脂、汗液和化妆品。

（2）除去部分皮肤表面死皮屑，使皮肤光滑、柔软。

(3) 刷子在皮肤上以不同方向和速度进行转动，可以收到一定的按摩效果，促进血液循环。

2. 使用注意事项

(1) 在清洗面部皮肤过程中，无论从颈部开始，还是从额头开始，都应按着由远及近或由近及远的顺序清洁面部各部位。在前额、鼻部、下颏多油脂处和长有黑头的部位刷洗时间可略微延长。

(2) 毛刷在使用前后要仔细清洗并消毒；不使用时，应保持干燥、清洁。

(3) 对患有各种皮肤病或受伤、发炎的皮肤以及眼部的皮肤，切忌使用电动转刷，以免引起感染和皮肤损伤。

2.6.6 健胸仪

健胸仪的构造原理与真空吸喷仪类似，作用如下：

(1) 根据人体生理原理，利用电子技术，自动吸放气来增加胸部肌肉运动，使乳房坚实而有弹性。

(2) 刺激脑下垂体分泌，平衡卵巢产生的雌性激素。

(3) 促进局部血液循环，增强乳房结缔组织，改善乳房发育不良状态。

2.6.7 微电脑拉皮除皱机

1. 原理

(1) 肌肉受大脑发出的神经冲动（生物电）而运动，因而可以用微弱的电流自体外加以控制。通过模仿人体电能而产生的外电流促进肌肉运动，加速微细血管的血液循环，使营养物质更有效地供给肌肉和皮肤，从而帮助松弛的肌肉恢复原状，使皮肤恢复弹性。

(2) 外加微电流还可产生电离子渗透作用，使缺水的干性皮肤或受伤的部分因吸收了电离产生的水分，逐渐恢复弹性和光泽，从而恢复损伤的皮肤纤维。

(3) 发出的电力刺激还可以刺激肌腱，使其对微小电能变得更为敏感，从而使肌肉恢复原有的弹性及反应。肌肉恢复后，即可将皮肤表面的皱纹拉平、拉紧，令皮肤保持弹性和活力，防止老化。

2. 作用

微电脑拉皮除皱机是根据人体各部皮肤组织的生理特点，通过模拟皮肤真皮弹性纤维细胞的生理信息而设计的，它能穿透真皮层，加速弹性纤维组织细胞的分裂，从而使皮肤皱纹缩短、变浅，加速并强化皮下组织的吸收，促使微循环加快，改善缺水状态。因此，具有拉紧肌肤，滋润营养，帮助皮肤细胞氧化以及加强呼吸作用的功能。

3. 使用注意事项

(1) 微电脑拉皮除皱机借助外力微小电能训练肌肉及皮肤以达到复原的目的，故操作者必须对人体肌肉的走向有所了解，并按指定方法运用方可取得满意的效果。

(2) 此仪器仅能协助训练表层肌肉，故对于身体健康状况不良者效果不明显，身体内脏器官存在问题，应优先考虑保健问题。

(3) 孕妇、精神病患者和化学药品服用者，应避免使用此仪器。

2.6.8 冰电波拉皮机

1. 原理

通过电波高频进入皮下组织使皮下组织的自然电阻运动产生热能，当温度达到68～72℃临界区域，胶原质产生立即性收缩的同时，刺激真皮层分泌更多的新的胶原质来填补收缩和流失的胶原质的空缺，从而再次托起皮肤的支架，恢复皮肤弹性。当源源不断产生胶原质时，就会使皮肤真皮层的厚度和密度增加，填平皱纹，消除疤痕，恢复皮肤弹性和光泽，使皮肤看起来白皙嫩滑。[RF射频既不是激光也不是IPL（彩光、光子），而是非常类似微波的电磁波，但不是微波，电磁波波谱不属于微波范围。]

2. 作用

由于人体组织的阻抗依次从高到低的排列顺序是：皮肤、脂肪、骨、神经组织、肌肉、液体组织，RF射频波直接穿透皮肤、利用皮肤形成的电阻作用来产生能量，使得皮肤底层的温度瞬间升高，利用真皮层胶原蛋白质加热时会产生即刻性的胶原蛋白质收紧及刺激胶原蛋白质再生的原理，具有即时提升紧肤及持久胶原蛋白质再生两大疗效。具体功效如下：

(1) 代替并超越手术拉皮。

(2) 收紧松弛的皮肤。

(3) 祛除真性、假性皱纹。

(4) 修复妊娠纹。

(5) 治疗青春痘。

(6) 全身抗衰老（颈、背部收紧修形，胸形调整上提，腰腹周塑形，塑造臀形、腿形）。

3. 使用注意事项

(1) 安装心脏起搏器者，怀孕或治疗区有严重皮肤疾病者，以及最近有注射皮下填充物者皆不适用。

(2) 有光敏感病史、服用特殊药物的人，需要向医师咨询。

(3) 治疗后一星期内不能用超过体温以上的热水洗脸。

(4) 治疗后要加强保湿，外出也要加强防晒，建议使用SPF50以上的防晒品，外出要2～3小时补擦一次，也可加伞、帽子等物理性防晒。

2.6.9 减肥机

1. 电子减肥机

(1) 原理。人体本身能产生一种电能——生物电。生物电非常微弱，但在人的肌体内能发生高效率的工作和调节作用。这种电能可以促进机体的新陈代谢，并且可调节身体各部分机能的平衡和运动，进而达到维持机体的健康状态。电子减肥机可模拟人体生物电的功能并将这种模拟所产生的电能作用于人体各部，刺激人体有关部位，以达到消除多余的脂肪堆积、令肌肤产生新的活力、紧实肌肉、减缓肌肤老化的目的。

（2）作用。促进局部肌体加速运动，加强血液循环。再配合减肥膏、减肥盐、精华素等治疗。利用模拟生物电能使减肥药物更有效地渗透到体内脂肪堆积部位，达到快速消除脂肪，减肥的效果。

（3）使用注意事项

1）孕妇、癫痫病患者、化学药物服用者禁用。

2）输出旋钮必须置于零位后再开机，以免骤强的电流引起客人的不适。

2. 高频推脂按摩机

（1）作用

1）解除肌肉因紧张、扭伤及疲劳所产生的痉挛。

2）为麻痹的肌肉提供被动性锻炼。

3）在超重量锻炼中协助防止肌肉疲劳及硬化。

4）协助肿胀的肢体活动，流通血液。

5）在脂肪易堆积的地方按摩，可除去赘肉，减肥瘦身。

（2）使用注意事项

1）按摩时须注意避开关节等部位。

2）使用完毕后，及时清理机器的外部及附件。

2.6.10 超声波美容仪

是通过不能引起正常人听觉反应的机械振动波作用于人体，而产生美容效果的美容仪器。声波源于超声波发射器。正常人的听觉在16～20 000赫兹，大于20 000赫兹的即称为超声波。超声波美容仪输出分为连续波、间断波和脉冲波三种波形。

1. 功效、作用

（1）超声波美容仪的声波冲击能破坏色素细胞内膜，阻止色素细胞的繁殖，并能帮助祛斑精华素渗透于皮肤，从而化解色素，使色斑变浅，面积变小。

（2）超声波具有机械按摩效果，可调节皮下细胞膜通透性，使皮肤对营养有效吸收。

（3）促进局部血液循环，加强代谢功能，使缺水、缺氧的皮肤养分得到补充。

（4）溶解皮下脂肪，加速皮下吸收，使积聚过多的水分和脂肪分解，使眼袋和黑眼圈现象得到改善。

（5）超声波可将药物渗透到螨虫感染部位，治疗螨虫感染的皮肤。

（6）超声波产生的温热效果使神经兴奋性降低，达到镇静神经和镇痛作用。

（7）可软坚去脂，去瘀散血，治疗暗疮及愈后所留疤痕。

（8）可软化血栓，改善毛细血管扩张皮肤。

2. 使用注意事项

（1）做超声波前要先清洁面部（或患部）。

（2）在皮肤的护理部位及声头涂上足够的面霜，以防烧坏声头。

（3）全部治疗最长不得超过 15 分钟。

（4）声波输出功率 1 度为宜，调得太高易灼伤面部皮肤。

（5）局部治疗可用小声头，声波输出要减至 0.5～0.75 度，时间为 8～10 分钟。如局部治疗面积较大，可用大声头，声波输出为 1 度，治疗时间也是 8～10 分钟。

（6）如患者皮肤敏感，做治疗时要将度数逐渐调整，询问客人有没有太热的感觉（正常皮肤和敏感皮肤只应有温热感）。做敏感皮肤时力度要比较轻，并有面霜涂在面上，力大的话，做过的地方会有不少红肿，但约 10 分钟后便消退。

（7）一个疗程一般为 10 次，隔日 1 次，如需继续治疗，休息 7 天后再做第二个疗程。

2.6.11 光子嫩肤仪

光子嫩肤仪利用特定宽光谱强脉冲的光解热能原理及生物激化作用，选择性作用于皮肤组织中的病变色素及血管，使之分解吸收而不损伤正常组织，并使皮肤胶原组织增厚恢复弹性，对各种局部问题皮肤有显著效果，且不影响正常工作生活。由于复合光子的振动频率与皮肤健康细胞的活动频率相同，使健康细胞发生重组排列，皮肤变得光洁，毛孔细腻。减缓各种色斑和年龄斑，去除面部红血丝（毛细管扩张）。抚平细小皱纹，收缩粗大毛孔，消除或减淡痤疮疤痕。促进胶原质和细胞活性化，使皮肤滋润保湿。改善皮肤活性和韧性，增强淋巴排毒和血液循环。

2.6.12 高频率扫斑仪

高频率扫斑仪利用高电压小电流的方式而设计的美容仪，其输出的频率极高，在皮肤表面产生瞬间高温，迅速将皮肤的斑点碳化而去。

高频率扫斑仪的适应范围包括：皮肤表面较小的斑点，如黑色素、老年斑、雀斑。

职业技能鉴定要点

行为领域	鉴定范围	鉴定点	重要程度
理论准备	皮肤基本测试及诊断	目测	★★★
		仪器测试	★★★
	常见皮肤病的诊断	皮肤病的常见症状	★★★
		常见皮肤病的临床特征及成因	★★★

续表

行为领域	鉴定范围	鉴定点	重要程度
理论准备	问题性皮肤	常见皮肤异常的原因	★★★
		粉刺、面疱皮肤	★★★
		黑斑皮肤	★★★
		衰老皮肤	★★★
		敏感与过敏皮肤	★★★
		眼部	★★★
	中医美容基础	中医美容的概述	★★★
		中医美容的基础理论	★★★
		中草药美容	★★
		人体必需的七种营养素	★★★
		日常饮食原则	★
	美容仪器	离子喷雾机	★★★
		阴阳离子仪	★★★
		高频电疗仪	★★★
		真空吸喷仪	★★★
		电动转刷	★
		健胸仪	★★
		微电脑拉皮除皱机	★
		冰电波拉皮机	★
		减肥机	★
		超声波美容仪	★
		光子嫩肤仪	★★
		高频率扫斑仪	★
技能训练	皮肤测试及诊断	常见皮肤病诊断	★★★
		美容测试仪诊断	★★★
	分析指导	能进行各种问题性皮肤及眼部常见问题的诊断并给出治疗方案	★★★
		能从中医角度进行皮肤分析	★★★
		能介绍美容仪器的作用与原理	★★★

单元测试题

一、填空题（请将正确答案填在横线空白处）

1. 脾为_____之本，肾为_____之本。
2. 肝开窍于_____。
3. 肺开窍于_____，在体合皮，其华在_____。
4. 心主_____，肝主_____，脾主_____。
5. 肝属木，心属_____，脾属土，肺属_____，肾属_____。

二、判断题（下列判断正确的请打"√"，错误的请打"×"）

1. 黄褐斑的发生与日晒有关，与内分泌失调无关。（　　）
2. 紫外线是波长为 100～400 纳米的电磁波，它可以晒黑皮肤，但不会损伤皮肤。（　　）
3. 接触性皮炎，指皮肤或黏膜接触外界某些物质后而发生的炎症反应。（　　）
4. 扁平疣是代谢障碍性皮肤病，不会传染。（　　）
5. 硫氢基的来源不足，可使皮肤中的黑色素颗粒增加，肤色加深。（　　）

三、单项选择题（下列每题的选项中，只有1个是正确的，请将其代号填在横线空白处）

1. 阴阳离子仪使用时电极棒应_____。
   A. 垫湿面片　　B. 垫干面片　　C. 撒滑石粉　　D. 蘸酒精
2. 真空吸啜器的操作方法有_____。
   A. 间断吸啜　　B. 连续吸啜　　C. 强力吸啜　　D. 以上都是
3. 干性皮肤使用奥桑喷雾仪的时间应为_____。
   A. 3～5 分钟　　B. 5～8 分钟　　C. 10 分钟
4. 下列皮损属原发损害的是_____。
   A. 疤痕　　B. 水疱　　C. 溃疡
5. 下列皮肤病常对称分布的是_____。
   A. 扁平疣　　B. 睑黄瘤　　C. 脂溢性皮炎

单元测试题答案

一、填空题
1. 后天　先天　2. 目　3. 鼻　毛　4. 脉　筋　肌肉　5. 火　金　水

二、判断题
1. ×　2. ×　3. √　4. ×　5. √

三、单项选择题
1. A　2. D　3. A　4. B　5. B

第 3 单元

推荐指导

3.1 化妆品概述与化妆品的类型　　/116
3.2 芳香精油类化妆品　　　　　　/140

在短短的 20 年内化妆品作为一个完整的产业链蓬勃发展。据不完全统计，近年来，我国大大小小的化妆品企业已超过 3 000 余家，年度化妆品销售额为 400 亿～780 亿元，且每年保持 15% 的速率增长。时至今日，化妆品已经进入到千家万户，成为人们护肤、清洁、美容的日常生活必需品。按照中华人民共和国国务院 1989 年颁布《化妆品卫生监督条例》规定，化妆品被分为普通化妆品和特殊用途化妆品进行不同管理，其中特殊用途化妆品被定义为用于美乳、健美、除臭、祛斑、防晒等的化妆品。这些类别的产品在国外大多属于非处方药品（OTC），或称之为医药部外品（日本）、功能化妆品（韩国）、疗效型或药物型化妆品（国内外文献）等。顾名思义，这些化妆品应具有一定程度的使用功效，但和药物的医疗效果又有所区别，否则就不属于化妆品而应归类到药物进行管理。

3.1 化妆品概述与化妆品的类型

3.1.1 化妆品概述

化妆品在带给人们美的同时，也带来许多令人忧虑的问题。首先，当人们涂营养霜、油脂、奶液、扑粉、抹腮红、描眼影时，虽然美化了面容，却影响了皮肤自身的呼吸、排泄。特别是有的化妆品粉末可以堵塞皮脂腺及毛孔，反而降低了皮肤的代谢和吸收功能。其次，绝大多数的化妆品都含有防腐剂、香精、色素等人工合成添加剂，这些成分是皮肤所不需要的，它们可破坏上皮细胞功能，降低皮肤免疫力，用量过多不利于皮肤的健康。再次，据报道，有相当部分的化妆品有毒、有害物质超标。香料、色素等掺用过量，直接刺激皮肤，引起炎症，而有些色素本身含有过量的铅、铬、铝等重金属，长期使用将通过皮肤吸收引起慢性中毒。也有的化妆品在生产过程中被污染（一次污染），或由于包装不严密而被二次污染，直接威胁使用者的安全。即使是一些高级化妆品，有的也是徒有其名，某有害物质超标时有发生。因此，只有正确认识化妆品的作用，合理选用化妆品，学会鉴别化妆品的方法，才能使化妆品真正有效地为使用者服务。

1. 化妆品的作用

化妆品是用于皮肤的保健品，具有保护皮肤、营养皮肤等功效。化妆品之所以有功效，是因为它是以皮肤生理的化学成分作为生产依据的。

健康皮肤的分泌物是最理想的护肤品，皮脂腺与汗腺分泌物混合形成一层薄薄的皮脂膜，具有保持皮肤湿度、保证皮肤张力的功能，形成皮肤的天然保护屏障。护肤类化妆品的生产机理就是来源于人体皮脂膜的化学成分，当化妆品的成分接近皮脂膜的化学指数时，就可达到皮肤生理要求，护肤效果就好。

在皮肤的角质细胞层中含有 30% 的天然调湿因子，简称 NMF，它具有极强的亲水性和保湿性。在环境湿度大时它会降低吸湿性，当环境湿度小时能增强吸湿性，有维持角质层含水量的作用。水是皮肤最好的柔软剂，当角质层中水分保持在 10%～20% 时，皮肤柔软，富有光泽和弹性；当角质层中含水量在 10% 以下时皮肤干燥脱屑甚至皲裂。NMF 必须与皮脂相结合或被脂质成分包围起来，才能保持皮肤水分。皮肤中的脂质成分是控制皮肤水分蒸发的防御层。当皮脂分泌减少时，皮肤就会呈现干燥状态。适当地涂擦护肤化妆品，给皮肤补充必要的水分和油分，就能使皮肤保持正常状态。

对于一些含有营养成分或药物成分的化妆品，人们总是希望其有效成分能较快地被皮肤吸收，从而改善皮肤的状态。然而，由于表皮与真皮之间的基底膜对物质的透入有阻碍作用，化妆品中的营养物质很难透过皮肤加以吸收，而皮脂腺分泌物是油溶性物质，因而有利于脂溶性物质的穿透。另外，在化妆品中加入的少量表面活性剂，有利于化学物质与毛囊的紧密接触。因此，基底膜这层防线并非固若金汤，是有隙可乘的。

化妆品中药物被人体吸收的程度，也与药物本身的性质有关。通常，药物相对分子质量越大则越难吸收。化妆品中基质原料不同，皮肤的吸收也有很大差异，如粉状物质就难以吸收，仅能起到爽滑及收敛皮肤的作用；而含有羊毛脂等动物性脂肪则容易渗入毛囊，所以在化妆品乳剂中溶于油相的药物比溶于水相的药物容易被皮肤吸收。有些所谓"营养性化妆品"，如含有胎盘和胚胎的提取物及含有胶原蛋白的珍珠粉等，尽管在化妆品说明书中介绍得非常神奇，但毕竟有一些含大分子的物质难以透过皮肤。

许多药物化妆品，尤其是天然植物类，如用中草药提炼的化妆品，药性较温和，副作用小，在消除暗疮、治疗粉刺、解除皮肤充血、加速血液循环、疏通皮脂排泄、减退色斑、除臭止汗、防晒等方面有着明显的效果。但另一方面，凡药皆有毒性，且药性越强，毒性一般越大，在治疗各种皮肤病的同时，药物化妆品不可避免地会对皮肤产生一定的刺激和副作用。另外，有些面部皮肤改变是由遗传、内分泌失调或全身其他健康原因所引起的，很难靠面部用药而治愈，这也是药物化妆品使用范围有局限性的主要原因。因此，对于药物化妆品应有一个辩证的认识，而不可轻易相信化妆品广告中的不实宣传。

总之，对于化妆品的美容保健作用，应有一个科学的认识。人的皮肤与种族、遗传等多种因素有关，随着年龄增长，生理发生变化，真皮层中的弹力纤维将逐渐老化，任何药物都无法逆转皮肤的这个衰老过程。因此，应该树立正确的美容观，学习、掌握更多的化妆美容知识，科学、正确地使用化妆品。

2. 选购化妆品的原则

（1）化妆品的合法性。消费者在选购化妆品时，不仅要看商标、生产厂家、地址、使用说明书或宣传文字，对特殊或进口化妆品，还应看有无卫生部的批准文号或进口批文等标志，以确定所购买的产品是否为合法和合格的产品。

（2）化妆品的品质。除了注意化妆品的合法性，还要对化妆品的质地加以鉴定，尤其在选购一种以前从没有用过的化妆品时更应注意。化妆品质地的鉴定要注意以下三个原则：

1）质地要细腻。用肉眼直接看装在瓶子里的化妆品质地是否细腻是不容易做到的，有时要亲自试验。试验的方法是用手指蘸上少许，均匀地涂一薄层在手腕关节活动处，然后手腕上下活动几下，几秒钟后，如果化妆品均匀而且紧密地附着在皮肤上，且手腕上有皮纹的部位没有条纹的痕迹时，便是质地细腻的化妆品；反之，如果出现或者有粗糙感或者有微粒状，这种化妆品质地就不那么细致。任何一种化妆品均是质地越细越好，因为质地细腻，其附着在皮肤上的能力也越大，涂抹在皮肤上匀贴自然，维持和发挥作用的时间也越长，感觉也舒服。

2）色泽要鲜艳。所谓鲜艳是要看化妆品的颜色是否暗淡无光泽，如果质地细腻，而色泽无光泽，其原因可能是制造时添加的色素不当、失真，没有进行配色；也可能是产品存货时间太久，超过保质期等。因此在购买时，要特别注意化妆品的颜色和光泽。检测的方法是将化妆品涂抹在手腕上，在光线充足的地方看颜色是否鲜明，同时还要看是否与自己的肤色相称。

3）气味要纯正。化妆品的气味并不是指化妆品的气味需要多香，但需要没有刺鼻的怪味。气味纯正的化妆品，其香气优雅，给人以愉悦。香味过重，常常是由于加入过量的香料所致。化妆品存放时间太久，会由于化学变化而使质地、色泽和香味发生变化。有些化妆品的气味很淡，涂抹在皮肤上几乎闻不到香味，这时可以把化妆品的盖子打开，靠近鼻子，通常化妆品闻起来有芬芳清凉的感觉。如果刺鼻或太香，这可能就不纯。当然，值得一提的是，市面上也专门为那些不喜欢香味或者对香料过敏的消费者提供的无香型化妆品，这种化妆品没有任何香味。

使用伪劣或变质的化妆品，会对皮肤产生各种不良反应，甚至严重的皮肤反应，所以，选购化妆品时应特别小心。

3. 选用化妆品的方法

如何选择化妆品，不同的人会有不同的标准。但总的来讲，选择和使用化妆品时要考虑以下几个问题。

（1）依据皮肤表面环境合理选用

1）皮肤表面酸度。正常皮肤表面呈弱酸性，其 pH 值为 4.5～6.5。皮肤表面的弱酸环境主要由皮肤的代谢产物（如乳酸、非酯化脂肪酸等）构成，皮肤表面的弱酸环境对酸、碱均有一定的缓冲能力。任何改变皮肤表面正常酸度的体内外因素均可减弱或破坏皮肤的中和能力。如果中和能力减弱，容易受到外界化学刺激的损伤而出现相应的皮肤损害。另外，皮肤表面的弱酸环境也可以抑制某些致病物生长。各类化妆品的 pH 值不同，如常用的雪花膏其 pH 值为 7，而收敛性化妆品的 pH 值为 3.4 左右。所以，费者应根据自己皮肤的特性选择适合的化妆品，一般来讲，选用弱酸性的化妆品对绝大多数人均适宜。

2）皮脂膜。人体表皮最外层是一层保护性脂膜，对皮肤有屏障、润肤和抗感染的作用力。所以，不宜使用去污力强、碱性大的产品，以免破坏这层皮脂膜。

（2）依据皮肤的类型合理选用

1）中性皮肤。中性皮肤被认为是正常人皮肤应有的最佳状态。其皮肤角质层含水最适当，约 10%～20%，皮脂分泌最协调，皮肤紧张而有弹性，皮肤表面光滑细腻，无明显脱屑或油脂分泌，呈弱酸性，对外界刺激敏感性不高。但中性皮肤也需要正确的护理，包括清洁、保湿和防晒化妆品的合理使用,一般可用弱酸性、油脂含量适当的化妆品。还要注意的是,皮肤的性质可以随着季节、气候以及个人的健康状况发生改变。

2)干性皮肤。干性皮肤的人,角质层含水量低(10%以下),皮脂分泌减少,皮肤表面干燥、粗糙,缺乏光泽和弹性等;皮肤酸度降低,对环境的适用性差。对于干性皮肤的人,宜选择油脂较多的油包水型护肤品(如霜、香脂和蛋白质),护肤品中要含有一些保湿因子和营养成分,这样既能润泽皮肤,给皮肤提供营养,又能使皮肤水分不至于很快挥发。

3)油性皮肤。皮肤油脂分泌旺盛,呈脂溢性外观,毛孔粗大,毛囊口出现小黑点。对于油性皮肤的护理,应该使用温水以及中性较缓和的洗面乳洁面,外用少量油脂的水剂或霜剂类化妆品。对于油性皮肤,过度地洗涤对皮肤并没有好处;相反,可能更刺激皮肤油脂的分泌,造成恶性循环。

4)混合性皮肤。混合性皮肤兼有干性、中性或油性皮肤的特点,通常是有些部位呈油性(如面部的T区),有些部位呈干性或中性,故护理及选用化妆品时应区别对待。如以干性为主的部位应选用含油脂较多的化妆品以增加皮肤的屏障,防止水分丢失;对油性皮肤的护理则选用适合油性皮肤的产品。

5)敏感性皮肤。敏感性皮肤最大的特点是皮肤敏感,易受刺激而产生皮炎,故对这类皮肤应该选择低敏感性的化妆品,如不含色素和香料等的产品,并在初次使用前做好皮肤敏感性试验等。

(3)依据季节合理选用化妆品。皮肤在不同的季节气候条件下,也会有所变化,因此,化妆品不但要根据自己的皮肤性质来选择,而且要考虑气候和季节的改变对皮肤的影响,适时调整化妆品。

1)春季。春天,随着天气温度的逐渐回升,皮肤的新陈代谢逐渐旺盛,皮脂腺和汗腺的分泌活动都有所增强,皮肤自然较冬季滋润些。这时,就应该根据自己的皮肤性质,适当选择一些油脂相对较少的化妆品,面部也要注意清洁护理。紫外线辐射强度也有所增强,适当注意使用防晒化妆品。

2)夏季。天气炎热,皮脂腺和汗腺分泌旺盛,皮肤油腻。在皮肤护理中,需要选择一些温和的去污力强的洗面乳或浴液,当然也不要频繁使用洗涤剂;不宜使用霜膏型化妆品或者大片涂抹粉底。否则,会阻碍汗液和皮脂的分泌,容易诱发粉刺和皮肤炎症。宜选用水包油型的蜜类化妆品等。夏季紫外线辐射强度最大,应该注意全天候防晒,防晒除用帽子等措施外,还要选择防晒化妆品。

3)秋季。天气温度开始降低,干燥多风沙,皮肤代谢逐渐减弱,皮脂腺和汗腺分泌减少,皮肤容易出现干燥和脱屑,弹性降低。此时,选择化妆品应该以增加皮肤水分和油脂为目的,故应选用柔润肌肤、营养皮肤的奶液或者霜类化妆品。除特别注意面部和手部的护理外,还应防止全身皮肤干燥,可适当使用润肤露。这时的紫外线辐射强度虽然有所减弱,但仍然较强,还需要使用防晒化妆品。

4）冬季。天气多寒冷干燥，多风少雨，皮肤血管收缩，皮肤代谢活动明显低下，皮肤油脂和含水量明显减少，此时皮肤容易出现粗糙和脱屑。此时选用化妆品则应以营养皮肤、增加皮肤含脂、含水量、柔润皮肤为首要目的，可用些含脂较多以及含有较好保湿剂的冷霜或其他类似的乳剂，甚至甘油。在应用清洁类化妆品时，注意使用具有润肤作用的奶液或香皂，注意不要过度洗浴，洗后注意使用保湿润肤露。

（4）根据性别合理选择。男性与女性皮肤状况差异很大，选择的护肤品也有所不同。男性，尤其是年轻的男性，皮脂分泌旺盛，皮肤明显属于油性，有的还长有暗疮。男性护肤可以选择去油性强的清洁护肤品、吸取油分的强力收敛液及保持皮脂平衡的各种护肤霜和面膜等。女性从青年到中老年，皮肤变化较大，因此，女性化妆品种类就比男性多，无论是洁肤类、护肤类，还是治疗类、综合类，因此要根据自己的特点正确选择，才会收到理想效果。

（5）根据年龄合理选择。依据年龄选择护肤品对女性最为重要。不同的年龄阶段，皮肤特点也不相同，因而选择护肤品应有所区别。

1）青年时期。皮肤充满青春的活力。细胞新陈代谢正常，皮脂、汗腺分泌旺盛，皮表富有光泽。护肤的重点是每日彻底洁面，选择收敛性的护肤液，清爽润肤的护肤用品。为了营养皮肤，保持皮肤湿润，宜选用柔软护肤液、营养润肤霜及多种面膜，如蜜蜡面膜或各种营养面膜。

2）中老年时期。皮肤新陈代谢缓慢，细胞再生能力减退，保湿功能下降，皮脂腺、汗腺分泌失衡，眼尾、额头出现细碎皱纹。护肤的重点是营养皮肤、补充皮肤的油脂和水分，因此，宜选用营养性的护肤液和含有维生素、蛋白质的润肤霜或植物精华素、活细胞除皱精华素及各种营养面膜、生物精华面膜。

3）老年时期。皮肤日渐衰老，新陈代谢缓慢。面部缺油失水、皱纹日益明显。护肤的重点是：刺激细胞再生，补充油脂、水分、营养和胶原素，因此，宜选用营养护肤液、油性营养霜、胎盘活细胞精华素及人参营养面膜。

4. 合理使用化妆品

了解了皮肤的结构和生理功能，并有了化妆品的基础知识，我们就不难理解化妆品为何能保护皮肤以及怎样正确使用化妆品才能起到保护皮肤的作用了。现实生活中，我们如何来合理使用化妆品呢？

（1）不能使用被微生物污染的化妆品

1）化妆品的微生物污染的定义。是指化妆品被检验出超过标准规定以上的微生物或检出致病微生物。

2）化妆品微生物污染的危害。可以增加皮肤感染的机会，变质的化妆品成分可以直接刺激皮肤，微生物及其代谢成分都可能成为新的致敏原而增加皮肤过敏的机会。

3）化妆品微生物感染的防范。分一次防范和二次防范。

①一次防范包括购买时要注意其有无卫生许可证、产品生产日期、容器和包装的完整

使用方便，清澈透明的外观显得纯净、晶莹，深受消费者喜爱。此类产品与一般的洗面奶相比，配方中不含或者含有很少的油脂，但是由于在选择表面活性剂时，多选用温和的品种，因此，虽然配方中不像普通型洗面奶那样含有较多的油脂性成分作为润肤剂，但它的性能也还是可以做到很温和的。

④营养洗面奶。在洗面奶配方中添加具有营养皮肤功效的活性成分，如各种天然动植物提取物，使洗面奶在清洁肌肤的同时为皮肤提供营养成分，具备护肤功能。

⑤磨砂洗面奶。磨砂洗面奶是在洗面奶中添加一些微小颗粒，通过这些颗粒与皮肤表面的摩擦作用，可以使洗面奶更有效地清除皮肤污垢以及皮肤表面老化的角质细胞。这种摩擦还可以对皮肤具有刺激血液循环和新陈代谢的作用，促进皮肤对营养物质的吸收的效果。另外，通过洗面奶中微小颗粒与皮肤的摩擦，可以挤压出皮肤毛孔中过剩的皮脂，使毛孔通畅，防止粉刺的产生。使用磨砂洗面奶可以在清洁皮肤的同时，达到良好的美容效果。一般来讲，适用于皮肤较为粗糙、油脂分泌较多者。根据皮肤类型的不同，使用的方法和频率也有所不同。

⑥特殊功能型洗面奶。所谓特殊功能型洗面奶实际上就是在一般洗面奶的基础上通过添加一些具有特殊功能的添加剂，使产品具有某些特殊功效的洗面奶，如具有一定祛斑作用的祛斑洗面奶，具有一定瘦脸作用的瘦脸洗面奶等。

2）清洁霜。清洁霜是固体膏状的、具有清除面部污垢和护肤功效的清洁化妆品。它不仅能够清除脸部皮肤上一般性污垢，而且可以有效清洁皮肤毛孔内聚积的油脂、皮屑以及浓厚化妆油彩油等。另外，清洁霜的刺激性很低，它在使用后可以在皮肤表面形成一个油性薄膜，特别对干燥型肌肤有很好的润护作用。清洁霜的使用多采用干洗的方式，一般先将清洁霜均匀地涂抹在面部皮肤上，轻轻按摩使清洁霜的油性成分充分渗透，溶解肌肤毛孔中的油污，然后用纸巾将溶解和乳化了污垢的清洁霜轻柔地擦掉。使用后，可以获得光洁、柔润的肌肤。在使用清洁霜的同时，辅以轻柔的按摩，可以促进面部皮肤的血液循环，而且还可以提高清洁效果。一个较为理想的清洁霜应该具备以下几个主要的性能：安全、无刺激；外观细腻、光泽感强；易于涂展，并能依赖皮肤体温迅速软化；渗透作用快，能够彻底清洁毛孔内部污垢；易于擦除和洗去，使用时肤感舒适；无油腻感，使用清爽柔软。

（4）体用清洁化妆品

1）沐浴液。沐浴液也称为沐浴露，是目前最为流行的替代香皂的体用清洁产品。沐浴液具有很好的发泡性，对皮肤有很好的洁净去污作用。与香皂相比，沐浴液通常呈弱酸性，对皮肤更加温和，无刺激。婴幼儿的沐浴液要求及其温和，对眼黏膜不能有刺激性。同时，由于沐浴液中还添加很多对皮肤具有滋润、保湿和清凉止痒功效的功效性成分，使得沐浴液在清洁身体的同时，对全身肌肤具有滋润养护作用。

2）沐浴凝胶。沐浴凝胶是一类多呈现透明外观的凝胶状沐浴产品。这类沐浴产品具有更加温和的洗净力，易于冲洗，泡沫丰富等特点。加上沐浴凝胶外观诱人，质地细腻，通常包装精美，深受消费者喜爱。

3）浴盐。浴盐是用于盆浴的粉状或颗粒状沐浴产品。它通常具有软化硬水、软化角质、促进血液循环和帮助清洁的作用。

4）浴油。浴油是一种油状的沐浴产品，洗浴后皮肤表面会残留一层类似皮脂的油性薄膜，可以保持皮肤水分，防止皮肤干燥，赋予皮肤柔软、光滑、亮泽的外观。浴油在洗浴的水中以不同的方式溶解，或者分散在水中。如浴油以液滴的形式浮在水的表面，或以成膜的油层在水面扩散，还有透明溶解于水中和发泡等。

（5）清洁类化妆品的功效评价。由于清洁类化妆品的活性成分为表面活性剂或溶剂，故其去污的效果是肯定的。如前所述，清洁类化妆品强调在清洁皮肤的同时，不能去除皮肤的极性脂质层而破坏皮肤的屏障功能，以保证皮肤有足够的水分，防止大分子物质渗入皮肤引起刺激或过敏反应。因此，对清洁类化妆品功效的评价主要是评价其温和性。主要的方法如下：

1）测量经皮水分流失（TEWL）。如果使用清洁类化妆品后皮肤的屏障功能遭到破坏，则TEWL会较正常皮肤增高，因此，测量此参数可准确反应清洁后皮肤屏障功能的状况，从而评价所用化妆品的性质。

2）测量皮肤血流情况。如果皮肤受到刺激，局部的血流量就会增加，故通过测量使用产品前后使用部位皮肤的血流情况，就可以了解产品对皮肤刺激的程度。激光多普勒血流仪可检测到极细微的皮肤血流量的增加，可以发现肉眼不易观察到的刺激反应。

3）测量皮肤颜色的变化。如果皮肤受到刺激，局部会出现红斑，故通过比色仪测量使用产品前后使用部位皮肤颜色的细微变化，尤其是可见光谱红光区的变化，可以准确地确定该清洁化妆品是否引起红斑。

4）偏光照相或录像是检测亚临床刺激早期表现的最敏感、最实用的一种方法，可以检测出肉眼观察不到的刺激反应，但不能对皮肤反应的严重程度进行定量评价。

5）其他。其他的检测清洁类化妆品对皮肤的刺激性的试验还有肥皂盒试验、累积刺激试验和重复损伤斑贴试验，但这些试验都可能损害皮肤，而且对于清洁类化妆品是否存在潜在的刺激威胁并不能提供有价值的依据，因此，目前很少使用。

2. 保湿类化妆品

（1）化妆品的保湿机制。一般认为保湿化妆品的作用机制可分为以下两种：

1）皮肤表面的封闭作用。保湿化妆品中的封包剂在皮肤表面形成一层封闭性的油膜保护层，减少或阻止水分从皮肤表面蒸发，使皮肤下层扩散至角质层的水分与角质层进一步水合。

2）吸收水分的作用。化妆品中的保湿剂具有吸水性，可从大气中吸收水分使皮肤保持润湿，也可以从皮肤深层吸收水分，使角质层由上而下形成水蒸气梯度，补充表面水分向干燥大气环境蒸发的损失。

（2）保湿类化妆品的功效评价。保湿性是护肤化妆品最基本的功能，评价化妆品对皮肤的保湿效果,实际上就是测试和评价化妆品对皮肤水分的保持作用。

目前,国内外测试保湿效果的方法很多,包括仪器测定法和经典质量法。如:直接测定皮肤角质层水分含量的方法和测定皮肤表面水分散失的方法,测定因角质层水分含量改变而变化的皮肤弹性的方法和皮肤粗糙度的方法,体外测量样品失重的方法,根据水的红外光谱测定其吸光度的方法,使用差热分析仪测试二次结合水含量的方法等。

3. 抗皱类化妆品

(1) 抗衰老或祛皱产品的作用途径

1) 作用于细胞及分子水平。遗传因素是皮肤和全身自然衰老的最主要的原因,故抗衰老(祛皱)产品在细胞、分子水平的作用机制是:促进细胞分裂、增殖,促进胶原、弹性纤维的合成,保湿和修复皮肤屏障功能等。自然衰老的实质是细胞的分裂、增殖与细胞的老化、死亡之间的平衡失调。目前,市场上的许多抗衰老药物和化妆品的作用是促进细胞分裂和增殖、加快表皮角质细胞脱落速度、刺激基底细胞分裂,在短期内改善皮肤外观。

2) 清除自由基与抗氧化。衰老的原因之一在于活性自由基的作用。抗氧化酶类有多种,其中SOD是人体防御自由基损伤的第一道防线,也是抗氧化剂中最重要的酶。它可使体内超氧化物自由基经过歧化作用而被清除,从而达到解毒作用。随着年龄的增长,体内SOD水平下降,自由基增加。自由基和紫外线照射直接损伤血管,发生炎症可释放胶原酶,进一步加重真皮结缔组织破坏,使血管失去纤维支持出现血管膨胀而扩张。由于血管炎症使小血管破坏而减少,炎症使血管壁增厚,通透性降低导致血液循环障碍,皮肤可出现苍白发黄、干燥,而血液循环差可导致代谢产物堆积,脂质过氧化物进一步伤害皮肤组织。因此,通过抗氧化剂等清除衰老过程中产生的自由基,可以在一定程度上达到抗衰老(祛皱)的目的。

3) 抵抗紫外线。在真皮内,由紫外线照射所产生的自由基会增加细胞膜中磷脂的过氧化作用。UVB照射还可以在DNA结构中形成嘧啶二聚体,自由基也能产生弹性酶,从而改变弹性纤维性质。因此,紫外线促进皮肤老化,而且也增加了皮肤癌的风险。这就是在抗老化美容制品中要加入遮光剂的理由。

4) 重塑皮肤结构。根据皮肤损伤的程度和皱纹深浅将皮肤的老化损伤分为三度:Ⅰ度为皮肤的轻度损伤,面部肌肉活动时可见浅细皱纹,活动停止后皱纹也消失。原因是真皮乳突层的弹力纤维网减少,乳突层平坦,表皮层松弛所致。Ⅱ度为皮肤的中度损伤和老化,面部活动静止时仍可以见到皱纹,但是牵拉、伸展两侧皮肤时皱纹消失。Ⅲ度损伤表现为粗、深的皮肤皱纹,牵拉时也不会消失,真皮胶原纤维、弹力纤维断裂。

对于正常皮肤和Ⅰ度皮肤老化,延缓皮肤衰老和祛皱的方法多采用药物及生物活性物质进行皮肤细胞生物活性的调控。对于Ⅱ度、Ⅲ度皮肤损伤,由于皮肤组织已经发生不可逆损伤,保守的药物疗法效果不满意,只有通过其他方法才能取得较好的效果。常用的方法有冷冻、皮肤磨削、化学剥脱、皮下胶原注射、脂肪注射和种植体植入、面部皮肤上提手术、骨筋膜系统悬吊手术等。

（2）抗皱化妆品中的活性成分。化妆品活性原料决定产品的功效作用，抗衰老化妆品的活性成分及作用方式大致如下。

1）影响组织细胞的生长代谢的活性成分

①细胞生长因子。细胞生长因子是生物活性多肽，它们都是与存在于靶细胞上的特异受体相结合而发挥作用。作为化妆品原料目前使用的细胞因子有：

a. 表皮生长因子（epidermal growth factor，EGF）。EGF作为一种有丝分裂源，能够促进细胞分裂分化、促进表皮创伤愈合。EGF可促进小分子物质的转运，增加细胞外基质的合成和分泌，促进RNA、DNA和蛋白质的合成。表皮生长因子可以有效地刺激表皮细胞的生长。

b. 成纤维细胞生长因子（fibroblast growth factor，FGF）。包括酸性（aFGF）和碱性（bFGF）两种，是作用极强的有丝分裂原。对血管内皮细胞、肌原细胞、造骨细胞等都有促进分裂作用，并通过其趋化作用和促细胞迁移作用使巨噬细胞、内皮细胞、成纤维细胞等向创伤部位聚集，启动创伤愈合过程，促进新生血管形成，促进细胞释放胶原酶、血纤溶酶激活物。

c. 角质形成细胞生长因子（keratinocytes growth factor，KGF）。是从成纤维细胞培养基中纯化得到的，是角质形成细胞生长分化和毛囊形成过程中最重要的影响因素。KGF可刺激DNA的合成，促进和维持人类表皮细胞及上皮细胞的生长。KGF在调节表皮角化细胞增殖和创伤愈合过程中起重要作用。

②动植物提取物

a. 红景天。是一种具有很强抗衰老作用的植物或中草药，红景天素是其中的主要药效成分。

b. 海洋肽。是从栉孔扇贝中提取的多肽。海洋肽对真皮中成纤维细胞有刺激作用，能促进成纤维细胞分裂及其合成和分泌胶原蛋白与弹性蛋白的能力，从而使成纤维细胞和表皮平均厚度明显增加，促进恢复皮肤弹性活力和减少细小皱纹。

③果酸类物质

a. α-羟基酸（alpha hydroxy acids，AHAs）。是一类从柠檬、甘蔗、苹果、越橘等水果中提取的羟基酸，俗称果酸。果酸是一类小分子物质，可迅速被吸收，具有较强的保湿作用；同时，作为剥离剂通过渗透至皮肤角质层，使皮肤老化角质层中细胞间的键合力减弱，加速老化细胞剥落。

b. β-羟基酸（beta hydroxy acids，BHAs）。可以从天然生长植物如柳树皮、冬青叶和桦树皮中萃取，是新一代的果酸。由于BHAs是脂溶性的，所以比传统的水溶性果酸更容易与油脂丰富的肌肤表层相结合，对皮肤可进行缓释作用，保证皮肤表层细胞的自然脱落和新细胞的再生。

④其他。其他促进细胞分裂、增殖，增进胶原蛋白分泌的活性物质还有羊胎素、脱氧

核糖核酸、胶原蛋白及弹性蛋白类、β-葡聚糖等。

a. 羊胎素。是从怀孕三个月的母羊胎盘中直接抽取并提炼的一种活性胚胎细胞精华，含有 EGF、DNA、SOD 和被命名为维生素 X 的活性因子及黏多糖、脂蛋白、维生素、荷尔蒙及矿物质等多种营养成分。这些活性物质能渗透皮肤深层组织，刺激人体组织细胞的分裂和活化，促进老化细胞的分解排出，从而延缓肌肤老化。

b. 脱氧核糖核酸（DNA）。脱氧核糖核酸具有活化细胞的生物效果。小分子 DNA 可以被皮肤吸收，作为合成新细胞的遗传构件，使细胞处于生命力旺盛状态，细胞更新速度快，从而起到抗皱和抗衰老作用。

c. 胶原蛋白及弹性蛋白。胶原蛋白及弹性蛋白均属于硬蛋白类，是小纤维状蛋白质，均为人体皮肤所固有的。胶原蛋白由成纤维细胞合成。胶原蛋白易被皮肤吸收，能促进表皮细胞的活力，增加营养，有效消除皮肤细小皱纹。弹性蛋白也是由成纤维细胞合成的，可补充老化皮肤中的弹性蛋白含量，增加皮肤的柔弹性，润滑角质层，减少皱纹。

d. β-葡聚糖。是酵母细胞壁提取物，具有激活免疫和生物调节器作用。

2）提高皮肤保湿与修复皮肤屏障功能的活性成分。皮肤干燥及由此产生的临床症状（如发痒、脱屑等）是由于角质层缺水所直接引起的，皮肤外观健康与否取决于角质层的含水量。保湿、滋润与皮肤角化代谢过程相互影响。皮肤的干燥与老化，与保湿因子 NMF 的保湿性下降有关；而皮肤干燥、老化反过来又使皮肤的代谢紊乱。大量研究证明，优质的保湿化妆品可以改善皮肤角化代谢过程，使残存于角质细胞中的细胞核消失，从而使角化过程恢复正常。具有保湿和修复皮肤屏障功能的原料主要有：

①神经酰胺。神经酰胺是皮肤角质形成细胞间隙存在的细胞间脂质的主要成分，占表皮脂质的 51.9%，对皮肤保持水分和屏障功能起重要作用。

②透明质酸（hyaluronic acid, HA）。透明质酸是细胞间基质中普遍存在的重要组分，它充填各种组织的细胞之间的空间（如皮肤、软骨、肌肉和筋等细胞）。透明角质酸最重要的生物学方面的功能是在细胞间基质中保持水分，其保持水分的能力比其他任何天然或合成聚合物都强，而且它在表皮上可以自动调节表皮的水分平衡，所以，透明质酸是一个理想的保湿剂。

③吡咯烷酮羧酸钠（pyrrolidone carboxylic acid-Na, PCA-Na）。吡咯烷酮羧酸钠是表皮的颗粒层丝质蛋白聚集体的分解产物。皮肤自然保湿因子中 PCA 的含量仅为 12%，其保湿功能远比甘油优异，而且没有甘油那样的黏腻感。角质层 PCA 的含量减少，皮肤会变得干燥和粗糙，PCA 是真正的具生理作用的角质层柔润剂。

④乳酸和乳酸钠

a. 乳酸。是人体表皮的自然保湿因子（NMF）中的主要水溶性酸类，含量为 12%。乳酸具有良好的保湿功能，有修复表皮屏障的作用。

b. 乳酸钠。是很有效的保湿剂，其保湿性比甘油强。

⑤雌激素。在化妆品中雌激素属于禁用物质。

3）抗氧化损伤。抗氧化物质包括抗氧化酶系和小分子抗氧化剂两类。抗氧化酶系是细胞膜和细胞器膜上存在的多种特异性的消除自由基的酶系。这些酶能够清除自由基，从而抑制了自由基的脂质过氧化。机体细胞内存在的小分子抗氧化剂，主要包括维生素 E、维生素 C 及 β-胡萝卜素等。抗衰老化妆品常用的活性原料有：

①超氧化物歧化酶（SOD）。超氧化物歧化酶广泛分布于从细菌、真菌到高等植物、高等动物包括人类的各种生物体中，能够使体内过氧化物自由基经过歧化作用而被清除，从而达到解毒的作用。

②谷胱甘肽过氧化酶（GTP）。谷胱甘肽过氧化酶主要存在于线粒体细胞中（如人、动物的胎盘、血红细胞）。保护皮肤的不饱和脂质膜，可治疗脂质过氧化物引起的皮炎，减轻色素沉着，有抗衰老作用。

③维生素类。主要是维生素 E 和维生素 C。

a. 维生素 E。是生物学上最重要的抗氧化剂。它是自由基的去除剂，阻止过氧化脂质的生成，又能保护 SOD，降低可溶性胶原蛋白向不可溶性胶原蛋白的转化速度，从而保持皮肤的弹性，减少皮肤皱纹。

b. 维生素 C。又名抗坏血酸，同维生素 E 一样具有抗氧化作用。此外，它还可以刺激胶原蛋白的合成，同时又具有美白作用。

④金属硫蛋白（MT）。金属硫蛋白是从动物体中提出的具有生物活性及性能独特的低分子质量蛋白质，它具有清除体内皮肤细胞致衰老的超氧自由基和羟基自由基的特异功能，可高效率降低体内自由基水平，有效地防护细胞过氧化损伤，防止皮肤细胞衰老。

⑤木瓜巯基酶。木瓜巯基酶来源于天然鲜嫩木瓜果中，它是一种具有高生物活性的活性因子，可防止肌体细胞的衰老，使肌肤的衰老过程得以延缓。

⑥辅酶 Q_{10}。辅酶 Q_{10} 是组成细胞线粒体呼吸链的成分之一。其本身是细胞自身产生的天然抗氧化剂，类似于维生素 E，能抑制线粒体的过氧化。

4）抵抗紫外线。日光中的紫外线 UVB（280～320 纳米）和 UVA（320～400 纳米）能使皮肤晒出红斑、黑斑及产生过氧化脂质，促进皮肤老化，降低自身免疫力，严重者可引发皮肤癌。减少皮肤的暴露和采用紫外线散射剂或紫外线吸收剂，可减轻因日晒引起的皮肤老化和损伤。

紫外线吸收剂重要的特性是对可见光具有极高的穿透性，而对紫外线具有较佳的阻挡作用，能吸收使皮肤产生红斑的中波紫外线 UVB 或使皮肤变黑的长波紫外线 UVA，从而可防止皮肤晒红或晒黑。

（3）抗皱类化妆品的功效评价。可以通过采用各种技术和检测仪器评价抗衰老化妆品的功效性。主要的技术和仪器如下：

1）水分经皮失散率（TEWL）的测定。

2）抗衰老化妆品中的活性成分的抗氧化能力测定。

3）皮肤黏弹性的测定。

4）真皮基质成分的测定。

5）皮肤的皱纹测定。

6）紫外线照相术。

4. 祛斑类化妆品

（1）美白祛斑类化妆品活性物质的作用机制

1）抑制黑素细胞内黑素的生成。美白祛斑类化妆品活性物质的作用机制主要是针对影响皮肤色素代谢的各个环节，直接控制、抑制黑素生成过程中所需的各种酶。

①抑制酪氨酸酶。在黑素形成过程中酪氨酸酶是一主要限速酶，该酶活性大小决定着黑素形成的数量。依据抑制机制的不同，当前化妆品市场上的美白产品几乎绝大多数以酪氨酸酶抑制剂为主。

②抑制多巴色素互变酶。是一种与酪氨酸酶有关的蛋白质，其作用机制是促使所作用的底物发生重排，生成底物的某一同分异构体，最终生成另一黑素，故抑制该酶也可影响黑色素的生成。

③抑制内皮素。内皮素也是黑素形成过程中两种不可缺少的胞外物质，对此种物质的抑制是现在美白型化妆品领域的又一研究方向。

2）影响黑素细胞的存活和生长。选择性破坏黑素细胞，抑制黑素颗粒的形成以及改变其结构是抑制黑素生成的又一途径。不同作用物质破坏黑素细胞的机制各有不同。

3）还原淡化已合成的黑素戴抑制多巴的自身氧化。还原剂可以参与黑素细胞内酪氨酸的代谢，从而减少酪氨酸转化成黑素，达到抑制黑素生成的目的。

4）干扰、控制黑素的代谢途径

①抑制黑素颗粒转移至角质形成细胞。可以抑制黑色素颗粒通过轴突向角质形成细胞转移，从而减少表皮中的黑色素，达到美白的目的。

②加速角质形成细胞中黑素向角质层转移及角质层脱落。果酸、维生素A酸等可以促进表皮形成细胞的代谢，加速角质形成细胞中黑素向角质层转移并加快角质层脱落，从而有美白的作用。一些磨砂类产品也可通过机械性的摩擦作用促进角质层脱落。

5）减少外源性因素刺激黑色素的形成

①紫外线的防护。由于黑素形成的外源性因素主要是紫外线，因此要控制外源性因素，对紫外线的防护是重点。

②减少自由基的产生。自由基可以刺激黑色素的产生，故减少或清除自由基也可起到美白的效果。

（2）美白祛斑类化妆品活性物质的分类。按不同的作用机制，将美白化妆品的美白活性物质分为：

1）酪氨酸酶活性抑制剂。如氢醌、熊果苷、曲酸、壬二酸、葡萄糖胺、衣霉素等。

2）黑素细胞毒性剂。如油溶性甘草提取物、氢醌等具有破坏或抑制黑色素细胞的作用。

3）影响黑素代谢剂（黑素运输阻断剂）。如维 A 酸、亚油酸等。

4）遮光剂（防晒剂）。如对氨基苯甲酸酯类、肉桂酸酯类等。

5）还原剂。黑色素由细胞分泌后，呈现氧化状态，具有明显的黑色。如使用还原剂，将黑色素加以还原，则变为无色的还原型黑素，但这种对黑素还原作用是可逆的。通常使用的还原剂有维生素 C、维生素 E 及衍生物等。

6）化学剥脱剂。如果酸、亚油酸、亚麻酸等。

7）内皮素拮抗剂。当内皮素的拮抗剂进入表皮并与黑素细胞的受体结合后，黑素细胞不再受内皮素的影响，从而让每个黑素细胞内黑素的合成速度，都降低到该生物体本身的遗传因子和调节因子所规定的正常水平，而不会再出现黑素不均匀和局部过度的黑素化，使皮肤的色调均匀一致。

（3）美白祛斑类化妆品的功效评价。美白化妆品的功效可以从安全性及有效性两个角度进行评估。评价的方法主要分为两大类：美白活性成分分析及美白效果评价。

1）美白活性成分分析。美白活性成分分析是指通过高效液相色谱（HPLC）等方法对美白化妆品中的美白活性物质的种类与含量进行测定，以此推测其美白效果。

2）美白效果评价

①细胞水平功效测定

a. 酪氨酸酶活性测定。从国外文献来看，评价美白化妆品的功效，主要以检测施加美白化妆品有效成分后，是否抑制酪氨酸酶活性为主要手段。酪氨酸酶活性检测方法有放射性同位素法、免疫学法和生化酶学法，其中以生化酶学法较为简单成熟，在动物皮肤中可得到。

b. 黑素含量测定。目前美白活性物质的功效评估较多采用生物化学（分光光度法）测定黑素细胞中的黑素含量。

c. 细胞水平测定的其他内容。美白活性物质在细胞水平的功效评估除了测定酪氨酸酶活性抑制情况、黑素细胞内黑素含量之外，还包括：①通过四唑盐比色法：通过光镜、电镜观察黑素细胞外部形态，研究对黑素细胞形态、结构的影响；②通过分子生物学方法：对黑素合成过程中相关酶的 mRNA、DNA 的表达水平及酪氨酸酶合成量进行测定，以评价美白活性物质对这些酶的影响。

②人体皮肤试验。近年来，国外普遍采用国际照明委员会规定的色度系统（Lab 色度系统）测量皮肤颜色的变化。

通过人体皮肤试验评价美白化妆品的美白功效主要包括以下两种方法：

a. 色素沉着的抑制效果试验。随机选择皮肤健康的成人，以前臂内侧 2 厘米×2 厘米为受试部位。一侧为试验区，另一侧为对照区，以人工紫外光源诱导色素沉着形成。区域内每周末色度计测定一次，根据皮肤色度减退程度评价美白剂的功效。

b. 人体试用试验测定色斑改善效果。人体试用试验的评价方法通过对使用产品的受试者凭视感制订，用图像解析进行污斑的定量化，确认增白剂对污斑的改善效果。

③动物试验法。该方法采用皮肤黑素细胞和黑素小体的分布近似于人类的黄棕色豚鼠(试验结果重复性好),在外涂化妆品28天后取皮肤活组织,固定、包埋、切片,进行组织学观察,基底细胞中含黑素颗粒细胞计数及多巴阳性细胞计数。欧美等国已禁止用动物做化妆品试验。

总体而言,随着美白化妆品需求量的增加,投入使用的新型美白化学物越来越多,但寻找与之相适应的美白功效检测方法仍存在许多不足,迫切需要对这些方法开辟新途径来检测这些指标,以便能够更加正确地评价原料和产品的美白功效。

5. 抗痤疮类化妆品

(1) 抗痤疮类化妆品的活性成分。由于痤疮的形成主要与皮脂分泌过多、毛囊口角化过度导致毛囊皮脂腺导管堵塞及痤疮丙酸杆菌过度繁殖等因素有关,故抗痤疮类化妆品的活性成分主要是一些能针对痤疮形成各个环节的物质。

1) 皮脂抑制剂

①维生素类。一些外用维生素有抑制皮脂腺分泌皮脂的作用,如维生素 B_3 和维生素 B_5 等能抑制以葡萄糖为底物合成脂质的反应,该作用有剂量依赖性,而且有效剂量对细胞没有毒性。连续使用2周后皮脂分泌开始减少,4周后效果比较明显。

②南瓜素。其他能减少皮脂腺分泌的物质有南瓜素和锌等。果酸是否能减少皮脂腺分泌目前还有争议。

2) 角质溶解剂

①水杨酸。又称为柳酸,能使蛋白质变性、溶解角质,并有弱的抗菌作用。

②甘醇酸。为天然动植物提取物,许多中草药中有这种成分,如甘菊、春黄菊、蛇含草、黄琴、苦参、紫草、细辛、杏仁、白僵蚕等,有清热、消炎、解毒作用。

③海洋生物提取物。褐藻等提取物有抗粉刺活性。

④磷脂GLA。是一种新型的仿生磷脂复合物,它是从纯天然的玻璃苣油中获得,其中含有大量的亚麻酸,能改善皮肤正常的屏障系统,具有抗痤疮作用。

⑤过氧化苯甲酰(BPO)。为强氧化剂,兼有溶解角质和强的抗菌作用。浓度为2%~10%,有乳剂、洗剂和凝胶制剂,凝胶适用于油脂分泌过多的人及湿热地区的患者。

⑥间苯二酚(雷琐辛)。能使蛋白变性和溶解角质,并略有抗菌作用。

3) 杀菌剂。有沉淀硫、辛酰基甘氨酸等。

(2) 抗痤疮类化妆品功效评价。根据痤疮发病机理和临床表现的特点,可以通过以下几个方面来评价抗痤疮类化妆品的功效。

1) 减少皮脂分泌。皮脂分泌过多是导致粉刺的一个非常重要的病因,减少皮脂可以在一定程度上抗粉刺。检测方法包括医生和患者对于皮肤出油的主观评价和客观评价,具体指标有皮肤表面皮脂的量。在测量皮肤表面皮脂的量时,对于指定个体来说,该数值一般不随时间变化,称之为"即刻分泌量"。在一定的条件下,先清除皮肤表面已有的皮脂,观察皮肤表面皮脂的分泌率。具体评价方法如下。

①溶解提取法。用乙醇等溶剂将皮肤表面的皮脂擦下来，收集后让乙醇充分挥发，然后用电子天平称量剩下的皮脂的重量。

②先称量吸油纸的重量，然后将吸油纸放在被测定部位3小时，再测量吸油纸的重量。

③用不透明的蓝宝石小碟压在皮肤表面，一段时间后小碟就能收集到皮脂，用分光光度计测量小碟的透光性，可计算出皮脂腺的分泌量。

④用 lipometer、sebumeter、sebutape 等仪器可以快速测量皮脂腺的即刻分泌量。

2) 保持毛囊皮脂腺导管的通畅，消除粉刺。

3) 杀灭痤疮丙酸杆菌。

4) 抗炎症的作用。

6. 防晒类化妆品

防晒化妆品的防晒机制基于产品配方中所含的防晒功效成分，即防晒剂。防晒化妆品形成和发展的历程就是防晒剂的研究开发史。

（1）防晒剂的分类。作为防晒制品的核心原料，防晒功效成分多种多样，从作用机制上来看，可大致分为紫外线吸收剂、紫外线屏蔽剂和各种抗氧化或抗自由基的活性物质。

1) 化学性紫外线吸收剂。又称有机防晒剂。这类物质可选择性吸收紫外线从而起到防晒作用。到目前为止，国际上已经研究开发的有机防晒剂有60多种，但出于安全性考虑，各国对紫外线吸收剂的使用有严格限制。化学性紫外线吸收剂主要有下列几种：

①对氨基苯甲酸（PABA）及其酯类以及同系物，UVB 吸收剂。

②邻氨基苯甲酸酯类，UVA 吸收剂。

③水杨酸酯类，UVB 吸收剂。

④甲氧基肉桂酸酯类，UVB 吸收剂。吸收性能良好，各国广泛使用。

⑤二苯酮及其衍生物，UVA、UVB 兼能吸收，但吸收率较差。

⑥甲烷衍生物，高效 UVA 吸收剂，适用于配制高 SPF 值产品。

⑦樟脑系列，UVB 吸收剂。此类防晒剂稳定性和化学惰性比较好，皮肤吸收少，因此刺激性小，无光致敏和致突变性。

2) 物理性紫外线屏蔽剂。物理性紫外线屏蔽剂也称无机防晒剂，具有安全性高、稳定性好等优点，不易发生光毒反应或光变态反应。

3) 生物性防晒剂。生物性防晒剂指能抵御紫外线辐射的生物活性物质。防晒产品配方中加入生物活性物质已经成为一种时尚。这种做法有多重效果：可加强产品的防晒效果而提高体系的 SPF 值；可通过抗氧化作用保护产品中其他活性成分（如防晒剂等）；可防止产品接触空气后的氧化变色；还可以发挥其他生物学功效，如营养皮肤、延缓衰老、美白祛斑等。

（2）防晒剂的作用机制

1) 化学性紫外线吸收剂的作用机制。有机防晒剂是通过吸收紫外线而达到防晒的目的。这些紫外线吸收剂的分子能够吸收紫外线的能量，然后再以热能或无害的可见光效应释放出来，从而保护人体皮肤免受紫外线的伤害。

2) 物理性紫外线吸收剂的作用机制。这类物质不吸收紫外线，主要是通过发射和散射作用减少紫外线与皮肤的接触，从而防止紫外线对皮肤的侵害。

3) 生物性防晒剂的作用机制。这些物质很少被当做防晒剂看待，因为它们本身不具有紫外线吸收能力。然而，这些物质在抵御紫外辐射中具有重要作用。因为紫外辐射是一种氧化应激过程，通过产生氧自由基来造成一系列组织损伤，上述物质通过清除或减少氧活性基团中间产物从而阻断或减缓组织损伤或促进晒后修复，这是一种间接防晒作用。

7. 除臭类化妆品

(1) 除臭类化妆品的定义。除臭类化妆品通常是专指用于消除人体腋臭的化妆品，而那些能消除口臭、脚臭或其他局部体臭的除臭化妆品，则属于广义的除臭化妆品的范畴。它是针对体臭人士所设计和生产的一种特殊用途化妆品。

(2) 除臭类化妆品的作用机制。除臭化妆品的作用机制是通过抑制汗液分泌，去除汗臭和抑菌灭菌来达到除臭目的。除臭的途径有3种：

1) 减少气味的产生。经常沐浴、保持个人卫生是减少和去除体臭的基础，另外，可用化学臭味吸收剂或物理臭味吸收剂来减少臭味的产生。

2) 改善不良气味。即将恶臭改变为令人愉快的气味，或将不良气味的强度降低至可以接受的水平。可以用气味愉快的香精简单地压倒恶臭，或者利用现代配香技术，设计除臭香精，使体臭和香精气味混合，结合成愉快的气味，也可以用某些物质来暂时使鼻子的嗅觉钝化。

3) 防止臭味的产生。利用各种抑菌剂或杀菌剂来抑制表皮葡萄球菌和亲脂性假白喉菌的生长，防止体臭的形成。某些具有很好的杀菌能力的香精则兼有多方面的作用。

(3) 除臭类化妆品的原料。主要有抑汗剂、抗菌剂、除臭剂和芳香剂四大类。

1) 抑汗剂。抑汗剂是指有较强的收敛作用的化学物质，这些物质有抑制汗液的作用。常用的有氧化铝、硫酸铝、尿囊素碱或氯化铝等。

2) 抗菌剂。抗菌剂是能抑制产生体臭的致病菌生长的物质，如三氯二苯脲等。

3) 化学除臭剂。化学除臭剂主要有氧化锌尼龙粉、硫酸锌等，其机制是氧化锌与低级脂肪酸臭味物质作用，产生低级脂肪酸锌，从而消除臭味。近年来植物提取物用于除臭产品，如地衣、龙胆、山金车花、茶树油和百里香提取物等。

4) 芳香剂。芳香剂是指有芳香的气味，能够直接消除或掩盖不良气味，或减低不良气味的强度，或将恶臭改变为愉快气味的物质。根据作用方式又可分为：

①掩盖型芳香剂。具有怡人的香味，能直接掩盖不良气味的芳香剂。

②添加型芳香剂。通过采用现代的配香技术，能够和体臭的气味混合，形成一种令人愉快的气味的芳香剂。

除臭类化妆品常以具有抑汗和抗菌功效的成分为基本原料，添加一些芳香剂或其他的原料，从而组合出受人们喜爱的产品。

8. 脱毛类化妆品

（1）脱毛类化妆品的定义。脱毛类化妆品是指可用于脱除皮肤上不需要的毛发，（如腋毛、过浓的体毛等）的化妆品。

（2）脱毛化妆品的种类。脱毛化妆品分为物理脱毛剂和化学脱毛剂两种类型。

1）物理脱毛剂。物理脱毛剂也称拔毛剂，通常是利用松香等树脂将需要脱除的毛粘住，而后从皮肤上拔除，其作用相当于用镊子拔除毛发。

2）化学脱毛剂

①作用机制。化学脱毛剂是利用化学作用使毛发在较短时间内软化而能被轻易擦除，其作用机制是毛发结构的稳定性是由多肽链之间各种作用力所决定，如二硫键、盐键、氢键。化学脱毛剂在碱性条件下（pH值11～13）使毛发膨松变软，毛发硬度降低，利用还原剂将其还原，从而切断体毛，达到脱毛目的。

②化学脱毛剂的分类。化学脱毛剂主要分成两大类，即硫化物脱毛剂和硫基乙酸类脱毛剂。

③化学脱毛剂的特点。理想的化学脱毛剂应该具备以下特点：

a. 对皮肤无毒性作用，不会引起皮肤刺激反应。

b. 脱毛效果显著，在10分钟内毛发变软，并呈塑性，易于擦除或冲洗。

c. 无异味或尽可能低的气味。

d. 不会损伤或沾污衣物。

e. 外观宜人，无色或呈天然色。若为膏霜或乳液，质地细腻。

f. 易于储存，有相对稳定的保存期。

9. 美乳类化妆品

（1）美乳类化妆品的活性成分。美乳化妆品通常由营养剂、美乳活性物质和基质三部分组成，营养剂能为乳房发育提供各种营养成分，增加乳房中的脂肪，通常有蛋白质、氨基酸、动植物脂肪、各种维生素、微量元素等。美乳的活性物质则包括化学物质、天然植物和生化制品（见表3—1）。以往的美乳化妆品，多添加能提供性激素的药品，以刺激乳房的发育，但性激素对人体有很多副作用，长期使用会引起卵巢功能紊乱和乳腺衰弱，影响人体内分泌平衡等，在许多国家已被禁用。我国发布的《化妆品卫生规范》也明确禁止在化妆品中加入性激素类物质。现在的美乳添加剂多为天然动植物提取物和生物活性物质，这些物质深入肌肤底层，促进胸部血液循环，刺激胸部成纤维细胞，产生胶原蛋白和弹性蛋白，增加纤维的韧性，使乳房坚挺。此外，还添加某些营养成分以增加乳房中的脂肪，适量地诱发和催动腺体内分泌，以达美乳效果。

中草药和生物性原料可间接提供类雌性激素、各种维生素、微量元素、蛋白质、氨基酸等营养成分。在中草药方面，有茶叶精华、迷迭香、红玫瑰、金缕梅、甘草、当归、赤芍、红花、青蛙卵巢、元胡、益母草、香蜂草、啤酒花、酸枣、百合萃取液、丹参、郁金、香附等作为美乳药物。在生化方面，国外还有使用胶原蛋白、弹性蛋白、脱氧核糖核酸、骨胶、原弹力素、生机素、EE12 等生化制剂。现将常用的几种活性成分介绍如下。

表 3—1　　　　　　　　　　　美乳化妆品的常用美乳成分

类别	名称	来源	主要成分	功能
化学药	维生素 E（生育酚）	米、花生、麦胚芽、蛋黄、牛乳、牛肝脏、蔬菜等	α-维生素 E（油溶）	参与体内重要的生化反应、提高性功能和用于不育症。对垂体、肾上腺、性腺功能均有一定促进作用。对于女性能增加卵巢重量并促其功能，可使成熟卵泡增加，黄体细胞增大，故可用于治疗平乳、微乳症
中草药	人参	人参宿根草本	人参皂苷、人参烯、人参酸糖类、多种维生素、多种氨基酸等	调节机体的新陈代谢，促进细胞繁殖，延缓细胞衰老，增强机体免疫功能，提高造血功能
	花粉	蜜蜂采集到的蜜源花粉	花粉蛋白质中含有 21 种氨基酸、14 种维生素、50 多种微量元素，还含有许多植物激素黄酮类、核酸抗生素等物质	促进血液循环细胞的新陈代谢，改善机体的内分泌状况，增强机体免疫功能。对人体具有独特的保健抗衰功能，能使干燥、皱裂、松弛、萎缩的皮肤变得柔润、富有活力和弹性
	海藻	海藻植物	藻阮蛋白中含有 10 种氨基酸、6 种维生素、糖类和多种微量元素	保湿、营养、除皱、减肥、丰乳、预防乳癌。还可从中提取 SOD（超氧化物歧化酶）抗衰老物质
生化药	蜂王浆	蜜蜂自身腺体的分泌物	含有极丰富的蛋白质、多种氨基酸和维生素、糖类、脂类、激素、酶类、微量元素及多种生物活性物质，具有特殊功能的生物产品	促进细胞新陈代谢，滋润、营养皮肤，除皱、祛斑、推迟和延缓皮肤衰老，所含激素和维生素 E 具有丰乳和增强皮肤弹性的作用
	胎盘	人或动物胎盘	胎盘蛋白含有 16 种氨基酸、10 种维生素和 10 多种微量元素、脂肪、糖类、激素、碱性磷酸酶及脱氧核糖核酸等	促进细胞新陈代谢。有赋活作用，防皱延衰，营养并增强皮肤弹性，促进乳房发育，有丰乳功能
	鹿茸	雄鹿未骨化未生茸毛的幼角	富含 SOD 抗衰老生化物质，含鹿茸总脂、胶原蛋白、磷脂、鹿脂蛋白、透明质酸、18 种氨基酸、26 种微量元素、激素类似物等	增强皮肤细胞活力，促进其生长，清除皮肤有害物质，促进表皮组织的再生，具有增加皮肤营养、美容、祛斑、抗皱延衰、平疤作用

1）人参皂苷。人参皂苷是最常用的皮肤外用丰乳剂。它易透过皮肤表层而为真皮吸收，能扩张末梢血管，增加血流量，促进成纤维细胞的增殖，使皮肤组织再生并增强其免疫功能。人参皂苷通过激活人体内的氧化还原酶的活性而呈抗氧化性，可防止皮肤的老化，与外加酶合用也可增加它们的效果。

2）胎盘。天然胎盘中含有多种激素，如促性腺激素 A 和 B、催乳素、促甲状腺激素、缩宫素样物质、多种甾体激素，有促进乳房发育及丰乳功能，还含有多种有价值的酶，溶菌酶、激肤酶、组胺酶、缩宫素酶等。另外，含红细胞生成素、磷脂、多种多糖等。胎盘有多种具生理活性的物质作基础，因此，也具有广泛的生物学效应。但是，由于人源性组织有传染疾病的风险，因此人胎盘的使用受到限制或禁止。在化妆品行业人们多采用牛、羊等动物胎盘制品，最近几年，鹿胎盘的开发研究受到重视，所含的 SOD 是羊胎素的数倍，生长因子丰富。

　　3) 鹿茸。本品为梅花鹿或马鹿的未骨化幼角。鹿茸中含有多种氨基酸，可促进子宫的发育，因此，许多丰乳产品中都加进了鹿茸提取成分。

　　(2) 美乳类化妆品的功效评价。美乳化妆品功效的评价，主要通过测量使用美乳化妆品前后乳房的变化来衡量其功效，常用的功效观察指标有乳房体积、高度、弹性以及乳晕色泽。

10. 健美类化妆品

　　(1) 化妆品影响脂肪代谢的原理。肥胖主要是脂肪的新陈代谢机能出现了障碍，脂肪沉积引起的，要想减肥就必须将脂肪分解，主要方法如下：

　　1) 环状腺苷—磷酸（AMP）对脂肪的分解起着重要作用，它可刺激脂肪细胞，促使脂肪酶活化，使脂肪分解，还可阻碍不饱和脂肪酸的沉积。许多天然植物（如茶叶、山金车、月见草、丹参等）的提取物都有助于环状 AMP 的生成。

　　2) 通过改善静脉和淋巴毛细微循环系统，可使淋巴系统具有良好的排泄功能，有利于脂肪的清除。许多天然植物都含有大量的黄酮类化合物，具有消炎、解毒等作用，可选为健美类化妆品的有效成分。

　　3) 过多类脂化合物对结缔组织的侵入会造成弹性纤维的毁坏，使结缔组织成为失去作用的病态，不利于脂肪的分解。水解弹性蛋白、细胞生长因子以及各种糖苷、类固醇等物质都可刺激成纤维细胞，产生弹性硬蛋白及胶原，而建立新的结缔组织。

　　(2) 健美类化妆品的活性成分

　　1) 甲基黄嘌呤。咖啡因和其他一些植物含黄嘌呤类生物碱，这类物质在处方含量范围内使用是无害的。这类黄嘌呤类生物，有助于局部地使过剩的脂质转移变成 FFAS，然后，由淋巴系统消除。茶碱已列入美国 CTFA 化妆品原料词典。

　　2) 硅烷醇及其复合物。硅烷醇已显示出使胶原和弹性纤维再生的作用，对抗弹性纤维的破坏和胶原的降解，重组蛋白葡聚糖和结构糖蛋白有作用。硅烷醇还可改善静脉和淋巴微细管的通透性，使之更容易清除脂粉。硅烷醇甘露糖醛酸还可以刺激胞内 cAMP，活化脂肪细胞内的脂解作用。

　　3) 辅酶 A 和 L-肉碱。卡尼汀（camitine）又名肉毒碱，是存在于动物肌肉中的季胺盐类生物碱。肉碱在生物体内的功能是能将脂肪酰基转运通过线粒体膜，有利于脂肪酸氧化供能，是脂肪氧化及分解的促进剂。

　　4) 草药提取物。一些草药，如大麦、常春藤、假叶树、蘑菇、地下车轴草、蓟类和柠檬等都含有一些对静脉血管有营养作用的组分。这些草药的作用可改善皮肤末梢的微循环，使不易滤过的排泄物排出，并能提供收敛、营养和局部加固的作用。

目前，能添加于减肥化妆品中的有效药物有中草药和化学物质两类，见表3—2。

表 3—2　　　　　　　　　　常用减肥添加剂

中草药	芳香精油	月见草油、百里香油、迷迭香油、薰衣草油、薄荷油、柠檬油、桉叶油、丝柏油
	茶叶、荷叶、红花、海藻、柑橘、辣椒、问荆、丹参、银杏、红杉、紫杉、木贼、女萎、昆布、芦荟、泽泻、山楂、茴香、蘑菇、草莓、大麦、大黄、柴胡、川芎、鹤虱、黄耆、连翘、积实、荨麻、七叶树、三叶草、牛至草、马鞭草、金盏草、洋苏草、车前子、迷迭香、何首乌、常春藤、绣线菊、枸杞子、绞股蓝、柠檬油、洋葱油和月见草油等	
化学物质	丙醇二酸、胆自烯酮、烟酸酯类（己醇酸酯、苯甲醇烟酸酯、α-维生素E烟酸酯等）、胆巢烯酮、肥幽醇、透明质酸酶、高浓缩血清	

减肥化妆品作用于减肥部位，利用透皮给药吸收的原理，通过按摩、热敷，使减肥药物渗入皮下，抑制脂肪细胞增大，促进多余脂肪的分解和排泄，减少局部脂肪堆积，达到消除肥胖的目的。

（3）健美类化妆品的功效评价。评判健美类减肥化妆品的功效，主要观察化妆品使用部位皮下脂肪的改善情况，同时体重、体内脂肪率两个指标可作为辅助指标。

11. 彩妆类化妆品

（1）彩妆类化妆品的定义。彩妆类化妆品也称修饰化妆品或粉饰化妆品，主要是涂敷于脸部、指甲等部位，具有遮盖性、修饰性，由此赋予色彩，改善、美化人的肤色，来遮掩皮肤上的瑕疵；并利用各种色彩效果，添加阴影以增加面部的立体感，来调整面部轮廓、五官比例。从而使容貌光彩焕发，增加美感，达到修饰目的的化妆品。

（2）彩妆类化妆品的分类。根据使用的目的和部位，彩妆类化妆品可分为粉底（霜、液、粉条、粉饼）、唇部用品、胭脂、眉目用品（睫毛油、眼线笔、眼影膏、眉笔等）、指甲用品（指甲油、底层涂剂、表面涂剂、去膜剂、指甲擦光剂、角质层去除剂等）和香粉。

（3）彩妆类化妆品的性能要求。美容化妆品一般应具备如下性能。

1）色泽宜人

①外观颜色均匀，接近涂敷色。

②涂敷色不应由于光源种类不同而发生显著变化。

2）化妆效果良好

①能达到期待的化妆效果。

②涂膜的附着性良好。

③涂抹后具有良好的色泽稳定性。

3）使用感良好

①涂布时有柔和感，涂敷后无异感。

②易于卸妆。

③备有适合于制品性能的涂敷用具。

4）稳定性良好

①放置中不发生变色、发臭、分离、变性等质量劣化。

②配备具有能维持制品质量不变的容器。

5）安全性高

①对皮肤、赫膜等无刺激或过敏等不良反应。

②不含有害物质。

③无微生物污染。

（4）彩妆类化妆品的色素。色素是粉饰型化妆品中的主要成分。色素的优劣，取决于色素的遮盖力和牢固度。

化妆品所用的色素一般可分为有机合成色素、无机颜料、动植物天然色素和珠光颜料。有机合成色素遮盖力、着色力强，广泛用于唇膏、胭脂等粉饰型化妆品；无机颜料色泽的鲜艳度和着色力较差，但耐光性强，不易引起过敏现象，使用安全系数大，用于粉底霜和眼影粉。

天然色素大部分来源于植物的花瓣、叶子和少量的昆虫，由于天然色素着色力和耐光性差及资源问题，使其在化妆品中受到限制，相对稳定和资源普遍的有胭脂虫红、红花昔苷、胡萝卜素、叶绿素、姜黄、凤仙花苷、柠檬黄、玫瑰苷等，这些也是食品、医药品和化妆品的宝贵资源。闪耀光泽的颜料称为珠光颜料，珠光颜料，主要有鱼鳞和云母，常用于指甲油、眼影粉、粉饼和唇膏。现今胭脂使用的着色剂主要是一些无机颜料和药品及化妆品允许使用的色淀。

（5）彩妆类化妆品的粉体。除了着色颜料外，美容化妆品中使用量较多的就是基质颜料粉体。对于这些粉体一般有以下要求：

1）遮盖力。遮盖力是粉体重要性质之一。良好的遮盖力可隐蔽皮肤表面各种缺陷。二氧化钛氧化锌、高岭土、氧化镁等常用来增加美容修饰品的遮盖力。二氧化钛是最常用的白色颜料，遮盖力强，生理上呈惰性，不会引起刺激。粉体经亲水、亲油表面处理后可改善其分散性。超微二氧化钛对紫外线有强散射作用，可用于防晒制品，其分散液呈透明或半透明状。氧化锌具有中等的收敛作用、抗菌作用和缓解作用。纳米级氧化锌也是一种UVA/UVB防晒剂。

2）吸收性。吸收性指对汗液和皮脂的吸收特性。具有较好的吸收汗液和皮脂功能的粉体有高岭土、淀粉和改性淀粉等。此外，同样粉体研磨得更细时，可以提高其吸水和吸油量。

3）柔滑性。柔滑性也称铺展性，是在皮肤上铺展良好和有润滑性的感觉。这类粉体有滑石粉和云母等。绢云母和各种包覆处理的绢云母具有高度的润滑性、特殊的光滑感和柔软感；PMMA有皮肤光滑感，有光泽，不易沉降，无色透明、无味，没有颗粒凝聚现象。

4) 附着性。附着性指在皮肤上均匀地铺展和附着的持续性。一般用滑石粉和金属皂。近年来用表面处理技术来提高粉体的附着性，如用金属皂（十一烯酸锌或镁）、基酸和表面活性剂等。

5) 绒膜性。绒膜性是指在皮肤表面形成像天鹅绒一样肤感的有细微粒子的外层。微细沉淀碳酸钙、玉米淀粉和其他改性淀粉、丝素粉等可赋予制品绒膜性。

(6) 香精

1) 香精分类。香精提取于香料。香料根据来源可分为两大类：天然香料和合成香料。天然香料又分为动物香料和植物香料。植物香料，是从植物的花、果、叶、茎、根、皮、子及树脂中提炼的。常用的有香叶、玫瑰、白兰花、橙叶、薰衣草、康乃馨、甜橙、柠檬、青瓜、薄荷、茉莉、乳香脂、苏合、香荚兰等。动物香料常用的有龙涎香、康香、灵猫香、海狸香等。合成香料常用的有薄荷脑、香叶醇、玫瑰醇、柠檬醇、青瓜醇等。

2) 不同美容品使用的香精

①使用无机颜料的美容修饰品，要求耐氧化的香料，多数是百花香和果香型的。

②在美容霜、粉饼、粉条、胭脂中使用对油脂和表面活性剂气味掩盖力强的香料，常使用浓厚的素馨兰，东方香型。

③在粉类制品中，是用耐空气氧化的香料，如素馨兰、百花香等。

④在眼部美容品中特别要注意刺激性，只能使用安全性高的花香型。

⑤口红多数是用果香、花香、东方香型等。必须注意经口的毒性、味感和溶解性。

(7) 油性原料

1) 油脂类。油脂是油和脂肪的简称。油脂按其油种及性质可分为：植物油（干性油、半干性油和不干性油）、动物油（陆栖动物油、水生动物油）、植物脂、动物脂。

2) 蜡类。属于酯的一种，但其熔点较高，故把此类原料称为蜡。化妆品用蜡按其来源和性质可分为：

①动物性蜡。包括液体蜡（抹香鲸油等）和固态蜡（蜂蜡、鲸蜡、羊毛脂等）。

②植物性固体蜡。包括巴西棕榈蜡、小烛树蜡等。

③矿物性固体蜡。包括褐煤蜡等。

3) 烃类。因源于石油，又称矿物性原料，其中液状烃用量最广，用量也多。此外，还有从动物油脂中提取的角鲨烷等也是化妆品用的烃类原料。

4) 脂肪酸。使用较多的有硬脂酸、十一酸等，可用于肥皂、洗面膏、香波等。

5) 高级脂肪醇。以鲸蜡醇的使用时间最长，用量最多。可抑制油腻感，降低黏性，提高溶解性。

6) 酯类。脂肪酸酯通常配入化妆品油相中，可减少油腻感，用作润肤剂，作为植物油和动物油的混合剂。

7）金属皂。用在化妆品中主要是：提高颜料分散性；赋予化妆品对皮肤的润滑性、柔软性、延展性和附着性；提高耐水性；提高水油包乳化液的稳定性；增大油脂的黏度；起到消光的效果。

（8）原料的分析方法

1）颜料的鉴别方法。一般的鉴别方法，分为有机和无机两大类。

①无机颜料。有干式法和湿式法，一般的定性分析，可用色谱、光谱分析等。

②有机颜料和染料。多数是采用分光光度法和色谱法来鉴别。

2）香料的鉴别方法。一般分为官能检查（香气、外观等）；仪器分析（气相色谱等）；物理指标（密度、折光率、旋光度、酸值、酯价、溶解度、纯度、熔点等）。

3）油性原料。可用物理指标检测（熔点、凝固点、黏度、pH、酸值、碘值等）及仪器分析法。

3.2 芳香精油类化妆品

3.2.1 芳香精油探源及演进简史

1. 芳香精油的探源

植物用于治疗疾病的历史应该和人类历史同样悠久，或许更长远。就以动物而言，当它们有病痛时，总会寻找某种药草或青草。而人类在渐渐察觉吃完某种植物后产生的效用，才开始研究发展植物的药用价值的。

据最早的植物药典记载：在公元前 2 600 年以前就有中国人使用植物了。从神农氏尝遍百草到李时珍的《本草纲目》皆有清晰的历史记录。而在《本草纲目》列出的 250 多种草药中，有许多为世人所熟悉。当时记述天然的属性，至今基本上仍和我们现在所认识的相符，例如，大黄、鸦片、石榴、芝麻油、杏仁油、橄榄油等。

芳香精油是从药草中提取出来，具有挥发性的香精，它浓缩了药草的药性，这种芳香精油就如同生命的能源门，能产生比原药草更浓郁的香味，这是因为药草的花和叶中的香精囊经研磨后被释放出来了。

将天然油、芳香油广泛应用的应该是古埃及，他们对神的祭祀奉献、尸体防腐及娱乐生活中美的方面都大量使用，在祭祀上常用没药香在白天点用，用卡斐香在晚上点用，及来自印度和阿拉伯的乳香、甘松香、香草油、肉桂皮等香料油。在尸体防腐上，大量使用没药及乳香放于尸体内，最后用浸过香胶的亚麻布将尸体裹住，才有今天看到的木乃伊。

在富有的埃及人家里请客时将莲花和蕃红花大量散布在室内和桌上，后来的埃及艳后在迎接安东尼的船上抹了大量的丁香油；在迎接安东尼到她房间时，她在床上、地上铺满了玫瑰；甚至在她身上都擦狸猫香、麝香等动物香来催情安东尼的伟大爱情故事。

16 世纪时的英国女王伊丽莎白一世，就有五中香味的客房，如玫瑰房、三色堇房、薰衣草房及香橼房的记载。

在罗马皇帝尼罗大帝（NERO）的皇宫中，有些房间内便发现有银管用来喷洒不同的香精（这可能是现代香熏疗法的先驱），尼罗大帝的皇后庞巴依亚（POPPAEA），将化妆的技术大众化，可以说那是一个大量使用香料及化妆品的朝代（这是公元前54年）。

随着基督教的出现及罗马帝王的灭亡，香料及香精油的使用跟着减少了。

2. 芳香精油演进简史

（1）埃及人的芳香。在希伯来、阿拉伯与印度文明的记载中，芳香精油在医疗上也扮演了重要角色。艾德富（EDFU）神庙中的石碑和纸草上的象形文字经翻译后显示：只有高级神职人士与炼金术士，被大众委托利用调和过的精油来制造香精及作为药物治疗。埃及法老通常会在重要的宗教仪式燃烧并涂各种象征其意义的精油。而法老自己也会在每天依不同场合用上好几种功能各异的精油，比方说，准备应战时就涂抹具兴奋作用、且能引起攻击欲望的精油；若希望和平调停一些纷争，就选一些能镇静、安抚情绪的精油。

埃及人从芳香植物中获取精油的方法很奇特，当初他们将芳香植物加在蔬菜油或动物油脂中，然后放到太阳底下晒几个星期，当成治疗药膏，这已经俨然是蒸馏技术的雏形。另外，在烹调上，埃及人运用香料令人佩服。在大麦面包中添加诸如藏茴香、芫荽与洋茴香，让面包更好消化。他们常吃洋葱与大蒜，在木乃伊的墓中都可见作为陪葬品的洋葱球。洋葱具有抗菌作用，天天食用能预防伤风感冒。大蒜的杀菌作用如今也是众所周知，从奇欧普（Cheeps）金字塔上的铭文可知建金字塔的奴隶们每天早上吃一瓣大蒜，以增强健康。

（2）希腊与罗马的发现。埃及人提升了利用植物精油以调节情绪、防腐与控制疾病的技术。希波克拉底是公认的医学之父，是第一位以实际观察来建构医学知识与治疗原则的医师。他的一个信念就是：健康之道就是每日用精油泡澡和按摩，而这也成为今日芳香疗法的中心原则。他深知某些植物的抗菌作用，因此当雅典流行瘟疫后，他力促民众在街头燃烧芳香物质，防止自己受感染，避免瘟疫扩散。

在罗马势力达到顶峰时期，尼格军队中的希腊外科医师狄欧斯科里德撰写的《论医师》，记录了诸如植物及其活性成分何时效力最强等的细节。植物生命中不容否定的事实，即成分绝非一成不变，会因时辰、季节、生长状态而异。在2 000年后的今天，这依然为精油工业所沿用。以罂粟为例，早上的产量是晚上的4倍。狄欧斯科里德也是第一位使用杨柳熬汁治疗痛风等疼痛的人。

（3）芳香精油在中国。在中国古老的传说中，早在公元前5000年，中国黄帝时期，神农氏首先收集了365种药用植物，明确记载精油、药草之用法、功效，用其安抚或刺激人体能量，以维持阴阳调和。而最完整记载精油的书籍是公元前2300年中国的《本草纲目》，详细记载精油之属性，功效调配。在针灸调理术中，也利用芳香药用植物浸泡液，让患者松懈。新约圣经上记载，耶稣诞生时，东方来的三位博士除了带来黄金与贺礼外，也送上了乳香与没药的精油。

我国很早就懂得焚烧艾叶、菖蒲等来驱疫避秽,每年端午节熏燃各种香料植物以杀灭越冬后的各种害虫,以减少夏季的疾病的习俗一直流传至今。举行各种宗教仪式和重大的宫廷活动中也要焚香以清新空气、消毒环境。富贵人家在重大活动前要沐浴更衣、焚香,这些都有益于身心健康。三国时期的名医华佗就用麝香、丁香等制成小巧玲珑的香囊,悬挂在病人的居处,可以治疗肺痨(肺结核)、吐泻等症。

(4)迈向文艺复兴。自4世纪起,阿拉伯人延续了科学的精神。有位阿拉伯人是那不勒斯附近著名沙雷诺医学院的创始人之一,这位医师阿维西纳11世纪出版的著作《医学规范》,到16世纪中叶为止都被奉为医典。阿维西纳也被认为是发明蒸馏法以提炼植物精油的人,他的许多医疗原则至今仍被沿用。阿拉伯人最大的功劳应是为欧洲人带来许多辛香料并用于烹饪与医药上。14世纪初席卷欧洲的黑死病摧毁了欧洲的1/3至1/2的人口,当时医学除建议带着药草香丸或在住宅与街角焚烧香料外,别无他法。当然,理论上这也属于芳香疗法,但仅沾上皮毛,也为时过晚。1492年哥伦布登陆了自认为是东印度群岛的地方,自此,美洲许多新植物传入欧洲,印加人咀嚼刺激的古柯叶,从南美传入;土著与北美印第安人用于医疗的其他植物也接着传入,诸如加拿大香脂与秘鲁香脂,也从此收入药典中。

(5)欧洲草药师。16世纪与17世纪堪称是欧洲药草史上最灿烂的黄金时代,1665年瘟疫再度爆发时,对付这种疾病的方法不比200年前高明多少。虽然当时渐渐以科学方法研究医药,但芳香疗法的原则依然并行,到18世纪末,医界还在广用精油。然而,随着化学的逐日蓬勃发展并成为一门科学后,植物的药效可以在实验室中合成,而且效果更强、更快。芳香疗法在药学界的地位逐渐风光不再,整个学问渐渐被视为古怪的疗法。

(6)法国的芳香精油。在法国,芳香精油被强调在医药方面的使用,并且对香精油的消毒及抗生作用从事了广泛的研究,不但在医院中设芳香疗法的课程,同时有许多医师和自然疗师实地使用它。医师最近又开发一种用芳香物法保持青春的特殊技术,即运用香精油来按摩身体。

在法国,Dr. Berger早在1897年发展出一种微氧素能够伴随植物香精油中催化燃烧的"氧化"过程中,释放氧元素,并且与空气中的氧分子迅速连接形成"双氧",以达到消毒、杀菌、除异味的效果,同时可以增加空气的氧量,更可以使植物芳香精油原本的效果得以全然地挥发,并且发明了利用燃点(60℃)酒精油催化型的芳香疗法。

(7)芳香疗法在美国。芳香疗法在20世纪80年代初期开始盛行于美国。芳香疗法的发展在美国可区分为两个完全不同的走向:研究发展的走向和如何商品化走向。

芳香方法由美商法国人马赛·拉微伯瑞于1981年引进美国,设厂于加州。在美国80年代由少数非常具有奉献精神的领导,目的在治疗及美容方面的各种运用。芳香疗法被广泛用于教学和研究中,并且希望整合各种已盛行于欧洲的芳香方法。基本上,他们研究精油的化学本质及香气的性质,并且对香精油作为一种治疗剂作用于人体上所产生的物理能量层次与精神状态层次的效果。同时他们的目标在于发展出一种实质的技术,可将各种精油协同作用的效果表现出来。这种协同作用的效果可以涵盖身体健康的维持，皮肤的保养与按摩。它是自然界的一部分，是一种结合身体、心灵与精神，并且作用于维持健康更胜于治疗疾病的"生活的艺术"。

（8）20世纪的芳香疗法。直到20世纪初，法国化学家盖特佛赛博士提出了"芳香疗法"这个名词，他也以此撰写了数本书籍，长篇大论地解释了精油的特性与应用方法，并介绍其消毒、杀菌、抗病毒与消炎功效的实例。在实验室灼伤手之后，他谈到自己如何立即将手浸在身旁刚好盛着薰衣草精油的容器中，而后很惊讶地发现疼痛立即消失，而且毫发未伤。他持续进行精油的有关实验，并应用于第一次世界大战时的军队医院伤患者身上，包括使用了诸如百里香、丁香、洋甘菊、柠檬的精油，取得了令人惊讶的效果。之后瓦涅医师承继这一研究。在第二次世界大战前，百里香、丁香、洋甘菊、柠檬的精油成为天然消毒剂及杀菌剂，用于熏病房，以及外科与牙科专用器具。

在第二次世界大战期间，医学上继续使用精油来预防瘢痕、治疗烧伤和愈合伤口。伴随着这些工作，法国生化学家玛格丽特·摩利。她扩大此研究，将芳香疗法带入化妆品，将医学、健美与美容相结合。现今，欧洲的医师将芳香疗法与草药疗法相结合，在法文中以一深具意义的名词——软性医学综括之。

在盖特佛赛撰写的第一本芳香疗法的著作之际，佛莱明爵士发现了抗生素——青霉素。它是由青霉菌培养液中提取获得的抗生素。当然，我们今天不再使用天然的青霉素，因为有许多人对青霉素过敏。使用精油的天然疗法可缓慢地发挥抗菌素的效用，而在杀死细菌或病毒时，并不会摧毁其他的功能。事实上，天然疗法可刺激体内的免疫系统，增强抵抗能力。至今，法国几乎每家药房都可开出芳香精油的处方；英国每年精油市场约1 000万英镑，已成为正统医疗外最为人接受的辅助疗法。

现在，包括法国、伊朗、澳大利亚、美国、南非、德国、瑞士等国家早已开始了医学的芳香疗法的临床试验，并具相当成效。从基础的"芳香分子导入""芳香按摩""芳香与心智、身体的互动"到"怀孕、生产妇女的呵护""压力处理"等，芳香疗法不再只是好闻的、单纯的芳香味道而已，借助着混合的纯植物精油的特性，运用香熏吸入、沐浴、按摩等方式，深入人体，激发全面的运动，提升人体的自愈力，加强镇定及重生能力，已达到预防及治疗的功效。

3.2.2 芳香精油概述

1. 芳香精油的概念

芳香精油是从药草中提取出来，具有挥发性的香精，它浓缩了药草的药性，这种精油就如同生命的"能源门"，能产生比原药草更浓郁的香味，这是因为药草的花和叶中的香精囊经研磨后被释放出来了。

所谓芳香精油，是一种萃取自植物的花、叶、种子、树皮、树根等的挥发性芳香物质及植物免疫、修护系统精华，是植物的血液，也是植物的荷尔蒙，称液体黄金。

2. 芳香精油的分类

精油按纯度可分为单方精油、复方精油、复方稀释精油及合成精油。

（1）单方精油。指从一种植物中萃取的精油，100％纯度的植物精油。单方精油通常要和基础油调和使用，一般面部用量不能超过5％，身体用量不能超过10％。也有的精油可单独使用，如薰衣草、茶树、薄荷、尤加利，但用量不可多，使用面积要控制在1厘米^{2}范围内。

（2）复方精油。指配合数种单方精油，配制而成可立即使用，通常由研究室及合格精油调配师调制复方精油可产生加倍或相乘的作用。但如果未经指导随意调配，可能使其相减、冲突，产生无作用精油，虽不会中毒，但也没有任何效果。

（3）复方稀释精油。指将几种单方精油与基础油调和在一起使用的精油，是研究人员已调制好的，有的是单方，有的是复方，可直接涂抹。

（4）合成精油。在萃取时，让花朵与人造香料、混合植物直接接触，可用液态二氧化碳萃取，也可用丁烷萃取法（又称布塔福勒斯法），而取得凝香体（合成精油）。所以，只能用于熏蒸。

3. 芳香精油储存部位

在植物生长过程中，会经由光合作用先制造出碳水化合物或脂肪，再根据生长的需要及环境的影响，而产生化学变化，把碳水化合物或脂肪转变为蕴含植物生命力的芳香精。此制造过程，大多于树叶部分进行，之后再输送到所需部位，植物制造出芳香精后，多半储存于以下五个部分：

（1）花部。如玫瑰、洋甘菊、蓝甘菊、茉莉、橙花等。

（2）叶部。如薄荷、迷迭香、尤加利、茶树、天竺葵等。

（3）根部。如姜油、岩兰草等。

（4）树干、树脂。如没药、乳香、檀香、香柏木等。

（5）果实。如柠檬、香橙、肉桂、肉豆蔻、葡萄柚等。

4. 精油提炼部位与人体关系

花——代表人体的神经系统，对头部感觉器官的刺激作用特别有效。

茎——代表人体的筋骨系统，对四肢的刺激作用特别有效。

叶——代表人体的呼吸循环系统，对心、肺的刺激作用特别有效。

果——代表人体的生殖系统，对内分泌系统的刺激作用特别有效。

根——代表人体的消化系统，对胃肠的刺激作用特别有效。

5. 精油渗透路径

精油透过鼻腔黏膜、毛细孔、毛囊、微血管，到达淋巴系统、血管、细胞液、黏膜组织，然后到达体内各器官。精油渗透速度很快，大约经涂抹后，2秒钟渗透至皮下组织，2分钟到达血管，2小时内分布全身，12小时内经尿液排出体外。

6. 芳香精油成分

（1）芬多精。高等植物中有香味的成分，调节人的神经。

(2) 能量。精油的能量能激发人体正常的能量。

(3) 氨基酸。九种人体必须的氨基酸的微量元素。

(4) 多种维生素。如 VA、VB、VC、VE、VF 等。

(5) 天然抗菌素。增强人的免疫功能，排除体内毒素。

(6) 天然防腐剂。增强人体各器官的活力。

(7) 细胞再生因子。加速细胞新陈代谢，预防机体老化。

7. 芳香精油萃取的方式

(1) 蒸馏法。利用蒸气、热度破坏细胞膜、水和精油混合后，由另一根管子引导注入收集容器凝结、冷却后，精油会浮在水面上，此时再将精油与水分离出来。高品质的精油是需要经过数次繁杂的蒸馏过滤各种有害成分、杂质，才能得到少数高纯度精油。

(2) 溶剂萃取法。这种方式一般使用于低精油的花草，利用丙酮、石油醚、酒精等化学溶剂溶解花草中的精油。但此种方式得到的精油，纯度较差，目前很少人用。

(3) 油脂分离萃取法。这种方式纯粹用来萃取花朵，所得的精油最纯、最多，因而也最贵。

(4) 冷冻压缩法。利用冷冻压缩离心机，将油水分离，但杂质过多，仍须蒸馏才能取得较纯的精油。

(5) 压榨法。像压汁机一样，将植物中水分、油脂一并榨出，再经过滤取得精油。

8. 芳香精油的特性

(1) 精油的基本特性。有色、透明、有香气、怕光、怕高温、渗透性极强，精油相对分子质量比人体细胞小 1 000 倍。

(2) 精油的物理性质

1) 亲油性。即易溶于植物油或其他油脂。这种特性不仅可以制造花油，还可以在以油为媒介的香水提炼过程中成效良好，同时在调制按摩油及脸部保养油时也非常实用。

2) 抗水性。这表明芳香精油使用于水质产品中将十分不易。

3) 挥发性。芳香精油最显著的物理性质就是它的挥发性，若将它暴露于空气中，则会很快地蒸发掉（将一滴芳香精油和一滴植物油分别滴在纸上作实验）。

4) 混合性。芳香精油可以部分溶于酒精，芳香精油能和酒精混合的量因精油的种类不同而不同，同时也必须考虑酒精的纯度。精油一加一大于二的功能，即针对某一状况，两种精油混合的作用远远大于一种精油的作用。

9. 芳香精油化学成分性质

经由化学分析指出，芳香精油和植物油或其他油脂之间有显著的差异，这些芳香精油得的分子比起脂肪酸要小得多。它们通常由含 10 个碳原子的碳键所组成，有些包含了 15 个碳原子，只有少数较大的分子会含有 20 个以上的碳原子。大部分的精油由碳、氢、氧三种原子所组成，在蒸馏等制造过程中"不挥发性"及"不溶性"成分分离出来，所得的化合物为"萜""类萜"及酚丙烷各衍生物。所以，精油按化学成分可分为：

醇类：在绿叶体中首先形成。

酯类：酸与叶绿体中的醇反应而成。

碳氢化合物：叶绿体中醇脱水而得。

萜醇：异构化而来。

酸类：蛋白质分解和碳水化合物氧化而来。

醛类、酮类：花中酒精快速氧化所形成，在花开和水果成长季节，此反应特别快。

酚类：蛋白质和芳香族酸分解而得。

10. 芳香精油挥发质

（1）高度精质。此种芳香精油有高刺激作用及提神作用，渗透性也最强，疗效最佳，但是香味持续性最差，如油加利、鼠尾草、紫苏、柑橘属植物。

（2）中度精质。此种芳香精油用于促进新陈代谢改变消化系统，调节生理、改善经痛、不规则，如薄荷、熏衣草、迷迭香、天竺葵及大部分芳香精油。

（3）低度精质。此种芳香精油用于安抚神经、镇静、使情绪平和，调节自律神经交感神经，如茉莉檀香玫瑰等。

11. 芳香精油共通性

（1）细胞再生。芳香精油不但可以促进细胞再生能力，帮助伤口愈合，且具有延长细胞生命和使细胞延迟老化的作用。

（2）杀菌。芳香精油不但对细菌有效，连一般的病毒和微生物也有良好的抵抗力，所以有人将少量芳香精油加热，使其分子挥发进入空气，借此可达到杀菌及除臭双重功效。

（3）解毒。一旦进入人体细胞，可以帮助细胞新陈代谢，促进有效呼吸作用，排除细胞代谢后的废物及毒素，使细胞保持健康状态。

12. 芳香精油的八大功能

（1）对皮肤和结缔组织。增加皮肤光泽、活力，排除毒素。

（2）对动脉静脉循环系统的作用。帮助血液和细胞间的氧气与养分的交换，帮助体内微循环系统加速排除有毒物质。

（3）对淋巴系统的作用。加速淋巴结的排毒、解毒功能，加速淋巴液流动。

（4）对肌肉组织的作用。生活中的紧张、压力、影响人体肌肉组织的活动，导致身体僵化、沉重、疲乏、疼痛萎缩。精油能促进肌肉纤维的抵抗力，放松肌肉，消除疲劳，恢复活力。

（5）对脑脊髓神经组织的作用。脑脊髓神经主要作用在调和生命功能及感官信息的集中，精油能使它平静、和顺、集中。

（6）对生长神经系统的作用。生长神经是指交感及副交感神精神经系统。

交感神经→阳→活动力→昼神经→失眠→亢进

副交感神经→阴→休息→夜神经→睡眠

（7）对脏腑的作用
1）胃肠不适或胆汁分泌不足时，用精油可获得调和。
2）痉挛时（肠胃）用精油可舒缓。
（8）内分泌及外分泌功能。促进并调整内、外分泌腺体的正常功能，包括皮脂腺、外分泌肾上腺、卵巢等内分泌。

13. 芳香精油对器官及系统的影响

大体而言，芳香疗法是以由植物不同部位（如根、茎、叶、花、果等）依不同萃取方式得来的精油，通过如按摩、熏吸、沐浴、茶饮等手段，达到预防或治疗疾病，强化人体免疫能力，消除疲劳，保持健康，舒解精神紧张及压力的一种自然疗法。精油多由皮肤吸收以及嗅觉器官吸入，而将疗效成分深入体内器官及系统。

（1）皮肤系统。皮肤上的症状，经常是人体内部官能障碍的一种表面上的显现，如血液毒素的累积、荷尔蒙不平衡、神经或精神的紧张，都会造成皮肤不同的症状。植物精油可以由外而内，提供极有价值的治疗效果。
1）消毒防腐作用：如割伤、痤疮（青春痘）、蚊虫叮咬时。
2）消炎作用：对湿疹、擦挫伤、伤口感染时。
3）抗霉菌作用：对于香港脚、念珠菌感染、金钱癣等。
4）结痂作用：烫伤、割伤、妊娠纹等。
5）除臭作用：对清洁伤口、泌汗过多、狐臭等。
6）驱虫及寄生物作用：对头虱、跳蚤、疥疮、扁虫、蚊、蚁等。

（2）呼吸系统。呼吸道有一层湿薄的内膜——黏膜，当过敏或感染时会发炎而肿胀，使得呼吸道变窄而呼吸无法顺畅；有时，更会二度感染而引起鼻窦炎或支气管炎。为防止或舒解前呼吸系统症状，必须多吸入新鲜空气，避免空气污染或烟雾的环境。

鼻、喉及肺部对芳香疗法十分敏锐，尤其以熏吸方式更佳，能刺激支气管分泌物的增加，而改善很多呼吸道的症状。有些精油具有消炎、舒缓黏膜以及防杀菌功能，均极为适用。适用芳香疗法的呼吸系统症状有喉部感染、流行性感冒、鼻窦炎、支气管炎、气喘、过敏等。
1）祛痰作用：对黏膜炎、鼻窦炎、咳嗽、支气管炎等。
2）治痉挛作用：对痉挛、心绞痛、气喘、干咳、哮喘等。
3）防腐杀菌作用：对流行性感冒、咽喉炎、扁桃腺炎、齿龈炎等。

（3）肌肉、关节及循环系统。人体的骨骼系统由随意肌所包覆，因此，可随意运动自如；但是，心脏及消化系统的不随意肌，则远在人类意识所能直接控制之外。均衡而健康的饮食，是健康的骨骼及组织所必需，至于肌肉，则氧气是首要的必备条件，因此，经常从事户外活动及深呼吸是非常重要的。有时，即使只将不良的生活方式改变为一下，就能改善慢性的风湿症及骨关节炎。

循环系统则包括血液及淋巴两种，它们对于维护健康，具有举足轻重的地位。血液运送养分及氧给细胞；淋巴则排出多余的毒素及废弃体液。两者都含有白血球以对抗外来入侵的病毒及细菌。错误的饮食习惯、缺乏运动、压力都会影响循环系统，并降低免疫能力。精油经由皮肤及黏膜、微血管壁渗入血液，而达到加速血液循环，舒解酸痛，降低血压等功效。

循环系统及肌肉系统较适用于芳香疗法的病症，包括心悸、低血压、高血压、代谢不良、积水症、蜂窝组织、静脉曲张、肌肉痉挛、扭伤、风湿症、关节炎等。

1）降压作用：对高血压、心悸、压力等症状。
2）升压作用：循环不良、冻疮、无精打采等。
3）激励作用：关节风湿、肌肉僵硬、坐骨神经痛、腰痛等。
4）排毒作用：对关节炎、痛风、水肿、药物性皮疹等。
5）淋巴激励作用：对蜂窝组织炎、肥胖症、水肿等。
6）滋补收敛作用：对水肿、发炎、静脉曲张等。

(4) 消化系统。不正常的饮食习惯，很容易破坏正常的消化功能。饮食食物以天然、含纤维质为佳，不但易于消化，也容易被排泄。某些精油，透过其激励、收敛、抗痉挛的特性，有助于恢复或维持正常的消化功能。

适用芳香疗法的消化系统疾病有心灼热、消化不良、胃气胀、口腔癌、腹泻、恶心、便秘等。

1）抗痉挛作用：有关胃痉挛、疼痛、消化不良等。
2）健胃通气作用：对胃胀气、消化不良、吞气症、恶心等。
3）强肝作用：对肝积水、黄疸症状。
4）增加食欲作用：厌食症及食欲不振。

另外，芳香疗法对消化系统还有利胆作用。

(5) 生殖泌尿及内分泌系统。荷尔蒙的分泌可以掌控器官的再生能力，而植物精油能影响荷尔蒙分泌已经医学界证实，植物精油不只激励间脑边缘系统的下视丘，也能促进甲状腺（主掌生长及新陈代谢）、肾上体髓质（压力的反应功能）、肾上腺皮质（雌性素及男性性荷尔蒙的制造）等的功能，此类精油包括玫瑰、茉莉等，故对女性经期不顺、经痛、经前症候群、停经等症状，极有疗效。另外，茴香及鼠尾草精油也被发现含有类似人类的雌性素，对改善女性第二性征、泌乳、改善肤色、强化骨骼均大有裨益。

泌尿系统的器官也会受到植物精油的强化。常见的经前症候群、经痛、经期不顺、阴道鹅口疮、更年期障碍、肾脏炎、膀胱炎、尿道结石等均适合于植物芳香疗法。

1）抗痉挛作用：经痛、产痛等。
2）调经作用：经血少、停经等。
3）滋补子宫作用：妊娠时、经血过多、经前症候群等。
4）杀菌作用：白带、阴道痒、鹅口疮等。
5）壮阳作用：针对阳痿、性冷淡症状。

6）舒压作用：对舒解压力、焦躁不安等相关症状。

7）防腐作用：膀胱炎、尿道炎等。

另外，精油还有催乳作用。

（6）免疫系统。大致而言，多数精油具有杀菌特性，而透过激励白血球的产生，帮助预防及抵抗细菌感染的疾病。中世纪时流行的鼠疫，以及至今在热带地区肆虐的疟疾、伤寒等，以精油治疗，均有历史文献记载而赢得非常好的口碑。

凡容易罹患流行性疾病者，有免疫功能较差的倾向。

对于免疫系统，精油具有抗细菌、滤过性病毒作用，如针对流行性感冒，以及退热作用和排汗作用。

（7）精神方面。早期书籍记载，人们发现精油习惯被用于宗教仪式或某些礼仪庆典上，可见，精油对情感或心境的影响，早就受到肯定与认知。原因是精油透过嗅觉系统传达到间脑边缘系统，而间脑正是主掌人类记忆及情感的中心。可以说，精油的疗效分子能够很迅速引发人类强烈的反应而忽略理性的分析。

英国华伟克（WARWICK）大学及日本东和大学曾在这一方面从事很多的科学实验，而归纳出人类对香味的两种基本分类，一是先天、本能的；另一则是因学习、经验得之。

根据1991年国际香精心理应用会议的结论，香精油对精神方面的疗效，其实是相对性的，必须视下述情况而定：一是如何使用，二是使用量的多少，三是使用时的环境状况，四是使用者的性别、年龄、个人情况，五是使用前的心理状态，六是使用之前对香味的感受或经验，七是有否嗅觉障碍。

适用芳香疗法的病症，包括精神疲劳、与压力有关的焦虑、心情沮丧、失眠、头痛、性欲低落等。

1）激励作用：神经疲乏、无力、病后及产后恢复期。

2）安抚作用：神经紧张、压力、失眠等。

3.2.3 常用芳香精油

1. 单方芳香精油

（1）罗勒

萃取部分：叶、花。

萃取方式：蒸馏。

注意事项：怀孕期避免使用，敏感皮肤使用应少量。

身体疗效：治头疼和偏头痛，敏感皮肤使用少量。消化异常也很有效，如：心、胃痉、打嗝。可刺激雌性激素分泌，对月经方面很管用。可降低血中尿酸，纾解痛风、肌肉疼痛。

皮肤疗效：对松落、阻塞的皮肤有紧肤、疏通清爽的功效。

(2) 佛手柑

萃取部位：果皮、树干。

萃取方式：榨取、蒸馏。

注意事项：使用后避免长时间暴晒在紫外线日光下，可能产生敏感现象。

身体疗效：对尿道的霉菌感染、发炎很有效，可改善膀胱炎。调节子宫机能、可治疗性传染病。可驱虫、跳蚤、蛀虫。对消化系统颇有助益，可刺激食欲。它是绝佳的肠内抗菌剂，可驱肠内寄生虫。对胆结石症状有消除功能。

皮肤疗效：油性皮肤最佳精油，对湿疹、干癣、粉刺、疥疮、静脉曲张、疱疹、皮脂漏等疗效绝佳。

(3) 桦树

萃取部位：树皮、树枝。

萃取方式：蒸馏、浸软。

注意事项：强劲芳香精油、用量不宜过多。

身体疗效：能清血，帮助淋巴排毒、消除尿蛋白、对抗水肿、抗蜂窝组织炎。是绝佳利肾精油，减肥功能佳，另外对风湿病、关节炎、肌肉酸痛也有止痛作用。

皮肤疗效：可用于慢性皮肤炎和皮肤溃伤。

(4) 黑胡椒

萃取部分：果实。

萃取方式：蒸馏。

注意事项：强劲精油，用量不宜过多，会刺激肾脏。

身体疗效：可对抗肌肉酸痛、疲累、四肢僵硬。可强化胃功能、促进食欲、止吐。可解鱼类及蘑菇类食物中毒。消除多余脂肪，并可改善贫血、退烧。

皮肤疗效：可消退淤血。

(5) 洋甘菊

萃取部分：花。

萃取方式：蒸馏。

注意事项：有通经效果，怀孕者禁止使用。

身体疗效：可减轻经痛、规律经期。可刺激白血球的制造、抵御细菌、增强免疫系统。可止痛，如头痛、神经痛、牙痛。可使胃部舒适，减少腹泻、结肠炎、胃溃疡、呕吐。

皮肤疗效：消除红肿、超敏感皮肤、平复破裂微血管。强化皮肤组织、增加弹性。改善烫伤、水泡、发炎、面疱、湿疹。

(6) 香茅

萃取部分：草、叶子。

萃取方式：蒸馏。

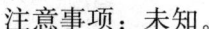

注意事项：未知。

身体疗效：平衡心脏及神经系统。可驱虫、帮助宠物除寄生虫、跳蚤。可放置沾上香茅精油的棉花球于衣橱内，如此可保持衣物清新并有驱虫作用。

皮肤疗效：软化皮肤。

(7) 丝柏

萃取部分：叶或球果。

萃取方式：蒸馏。

注意事项：怀孕期间禁止使用。

身体疗效：可帮助浮肿、大量出血、流鼻血、经血过多，对各种失禁等有收敛作用。可收缩静脉血管，改善痔疮。改善经期问题，平抚情绪。可帮助减肥。

皮肤疗效：可保湿、平衡体内水分。可促进伤口结疤。

(8) 尤加利

萃取部分：树叶。

萃取方式：蒸馏。

注意事项：高血压与癫痫患者避免使用。

身体疗效：抗病菌及各种发烧，可降体温。改善猩红热、痢疾、伤寒、白喉、水痘，口碑甚好。对生殖系统有帮助，如肾脏炎、淋病、糖尿病。可治疗咳嗽、鼻窦炎、气喘、肺结核、黏膜发炎。

皮肤疗效：对疱疹各种发炎、溃疡、脓肿疗效显著。

(9) 茴香

萃取部分：种子。

萃取方式：蒸馏。

注意事项：孕妇、癫痫患者不宜使用。

身体疗效：可解体内过多毒素及蜂窝组织炎。可通乳、通经、利尿、改善更年期不适。可改善性冷淡。可减轻胃部各种不适。

皮肤疗效：可强化胸部弹力组织。可防皱和鱼尾纹、妊娠纹。

(10) 乳香

萃取部分：树皮。

萃取方式：蒸馏。

注意事项：使用时剂量不宜太多。

身体疗效：有益于生殖泌尿系统，可减少细菌感染。对子宫出血、经血过量、经痛有改善、安抚作用。可改善黏膜发炎、支气管炎、喉炎。

皮肤疗效：赐予老化皮肤新生命、抚平皱纹。可调节油脂分泌。

(11) 天竺葵

萃取部分：花和叶。

萃取方式：蒸馏。

注意事项：能调节荷尔蒙，孕妇不宜使用。

身体疗效：可调节荷尔蒙分泌，对经前症候群、更年期问题（沮丧、阴道干涩、经血过多）有改善作用。可促进淋巴排毒。可改善水肿、肾脏炎、肾结石、利尿。

皮肤疗效：改善毛孔阻塞、面疱、冻疮，平衡皮脂分泌。可使苍白皮肤红润有活力。

(12) 姜

萃取部分：根。

萃取方式：蒸馏。

注意事项：强劲精油、脸部使用剂量不宜过多。

身体疗效：可使体内湿气或体液过多状态改善，如流身水、多痰。可使寒冷体质得到温暖。可治疗静脉曲张及肥胖。可疏解关节炎、风湿痛、抽筋、扭伤、痉挛、淤血。

皮肤疗效：消散淤血。

(13) 葡萄柚

萃取部分：果皮。

萃取方式：蒸馏。

注意事项：使用后禁止长时间暴晒，以免产生过敏。

身体疗效：帮助淋巴排毒，利尿，改善蜂窝组织炎。调节消化系统、净化血液、肾脏。帮助化除胆结石，养肝。

(14) 茉莉

萃取部分：花朵。

萃取方式：脂吸或蒸馏。

注意事项：怀孕期不可使用。

身体疗效：有助于子宫减轻痉挛，改善产后忧郁症。安抚神经、平衡荷尔蒙。改善月经诸病。改善性障碍、不孕症、阳痿、精子过少、早泄。

皮肤疗效：任何皮肤皆适用。可改善老化、敏感、干燥、疤痕、妊娠纹。

(15) 杜松莓

萃取部分：浆果。

萃取方式：蒸馏。

注意事项：怀孕期禁止使用，肾脏病者应少量使用。

身体疗效：有强效利尿、排水功能。可使水肿、蜂窝组织炎恢复正常。可帮助排毒、消除尿酸、痛风、关节炎、坐骨神经痛。能清血，规律经期，改善经痛。

皮肤疗效：油性、充血皮肤好帮手。改善毛发皮脂漏。改善毛孔阻塞、皮肤炎、流汤的湿疹、脓肿。

(16) 薰衣草

萃取部分：花、叶。

萃取方式：蒸馏。

注意事项：低血压不能使用，怀孕期禁止使用。

身体疗效：平抚镇静效果，可降低高血压、安抚心悸、改善失眠。处理支气管炎、气喘、喉炎。改善生理问题。可清肝、清脾，促进胃肠功能。可杀菌、驱虫、还可消毒犬咬伤。

皮肤疗效：促进细胞再生，平衡皮脂分泌。改善面疱粉刺、脓肿、湿疹。可帮助头发生长。

（17）柠檬

萃取部分：果皮。

萃取方式：蒸馏、榨取。

注意事项：使用过量会造成敏感。

身体疗效：可促进血液通畅，减轻静脉曲张。可降低血压、恢复红血球活力、改善贫血。可减轻头痛、痛风、关节炎。可退烧、解热。

皮肤疗效：可美白、去除老死细胞。去除鸡眼、扁平疣。改善微血管上浮。可去除油性发质之油腻。

（18）橙花

萃取部分：花瓣。

萃取方式：脂吸或蒸馏。

注意事项：需要头脑清晰、集中注意力时使用。

身体疗效：镇定副交感神经，帮助入睡、治头痛。安抚焦躁状态、沮丧的情绪（经期、更年期症候群）。镇定心悸、清血、促进微循环。

皮肤疗效：增强细胞活动力。改善静脉曲张、妊娠纹、疤痕。各种皮肤皆适用，尤其是干燥、敏感皮肤。

（19）快乐鼠尾草

萃取部分：叶、花。

萃取方式：蒸馏。

注意事项：开车前、饮酒后请勿使用。

身体疗效：子宫良药，平衡荷尔蒙。安抚神经、放松心情。改善头痛、胃痉挛。

皮肤疗效：促进细胞再生、净化皮脂、发炎、肿胀皮肤。

（20）没药

萃取部分：枝芽。

萃取方式：蒸馏。

注意事项：怀孕期禁止使用。无法与基础油相溶，水疗油除外。

身体疗效：可清肺化痰、治咽喉炎、支气管炎。对所有口腔问题和牙龈异常有绝佳功效。对妇科问题、子宫诸病有极大疗效。能增加免疫系统、刺激白血球。

皮肤疗效：防止老化、组织细胞退化。可改善皮肤溃伤、香港脚、流汤、流脓的疮疖。

(21) 橙

萃取部分：果皮。

萃取方式：压榨、蒸馏。

注意事项：长时间使用或剂量过高会引起敏感。

身体疗效：可改善便秘、肠泻、胃肠不适。可帮助体内吸收维生素C。可帮助胶原形成，重建身体组织，防止老化。

皮肤疗效：可帮助排毒。改善干燥、皱纹皮肤。

(22) 广藿香

萃取部分：叶。

萃取方式：蒸馏、压榨。

注意事项：强劲精油，使用量不宜过多。

身体疗效：收敛、愈合伤口，紧实皮肤。减重、利尿、抗蜂窝组织炎。强化中枢神经系统。

皮肤疗效：帮助皮肤细胞再生。改善粗糙龟裂的皮肤。改善头皮异常。

(23) 薄荷

萃取部分：叶、花。

萃取方式：蒸馏。

注意事项：强劲精油、小心使用、怀孕及哺乳期禁止使用。

身体疗效：可解热、治感冒、治气喘、支气管炎、肺结核。改善肾、肝失调，并可治口臭、绞痛、肠泻、便秘。止痛功能绝佳。防止昆虫、寄生虫。

皮肤疗效：可收缩微血管、改善红肿。清除粉刺、平衡油脂分泌。

(24) 松树

萃取部分：针叶和球果。

萃取方式：蒸馏。

注意事项：使用剂量不宜太多，不宜食用。

身体疗效：强效抗菌、呼吸道系统问题都能改善。净化肾脏，对膀胱炎、肝炎、摄护腺问题都能控制。改善各种疼痛、神经痛。驱跳蚤。

(25) 玫瑰

萃取部分：花瓣。

萃取方式：脂吸或蒸馏、冷冻压榨。

注意事项：怀孕期禁止使用。玫瑰精油产地甚广，最主要产地有法国、中国、土耳其、摩洛哥、保加利亚等，最贵的玫瑰花产自保加利亚，又名奥图玫瑰和大马士玫瑰。

身体疗效：优越利子宫补品，可对妇女诸症提供良好疗效。能改善男、女各种性功能障碍，可催情。可强化心脏、胃肠的功能。可治黄疸、消除毒素、加强肝功能。

皮肤疗效：各种皮肤皆适用，防老化、细胞再生。治疗静脉曲张。

（26）迷迭香

萃取部分：花、叶。

萃取方式：蒸馏。

注意事项：怀孕禁止使用、高血压、癫痫患者禁止使用。

身体疗效：提神、醒脑、恢复中枢神经活力。强心剂，可降血压、调理贫血。对胃肠、心脏、肺、肝、胆都有助益。可疏解经痛，可利尿、减肥。

皮肤疗效：可收敛、紧实皮肤。可减轻充血、浮肿、肿胀。改善头皮屑。

（27）檀香

萃取部分：木心。

萃取方式：蒸馏。

注意事项：避免在沮丧时使用。

身体疗效：改善性冷感、性无能、有催情效果、促进阴道分泌。对肾脏有帮助，可排毒清血。可帮助入眠并帮助淋巴排毒，增加免疫力。

皮肤疗效：平衡皮脂分泌，改善面疱、粉刺。改善老化缺水皮肤。

（28）百里香

萃取部分：花、叶。

萃取方式：蒸馏。

注意事项：高血压及孕妇禁用。百里香非常强劲，长期使用恐有中毒的可能性，吸入法比按摩或泡澡妥当，使用剂量不宜太多。

身体疗效：强化肺功能，对治疗感冒、咳嗽、扁桃腺炎、百日咳有作用。刺激白血球制造、增强免疫系统。可帮助风湿、痛风、关节炎、坐骨神经痛、尿酸等症状疏解。

皮肤疗效：防止头皮屑、落发。可愈合伤口。

（29）茶树

萃取部分：叶。

萃取方式：蒸馏。

注意事项：皮肤敏感部位禁止使用。

身体疗效：最佳抗生素，抗菌、抗病毒剂，可治疗性病。可增强免疫力。抗霉菌及阴道感染、搔痒。驱虫、跳蚤。

皮肤疗效：面疱皮肤最佳治疗剂。消除水痘、疱疹、脓疮、疣。改善头皮屑、香港脚。

（30）依兰

萃取部分：花。

萃取方式：蒸馏。

注意事项：使用过度会反胃和头痛，发炎、湿疹皮肤禁用。

身体疗效：平衡荷尔蒙，调理生殖系统、子宫。改善性冷淡、性无能。可保持胸部坚挺。能降低血压，平抚心跳急促、呼吸急促。

皮肤疗效：可平衡皮脂分泌。可防老化、防皱。可助长出新发。

（31）丁香

萃取部分：树、花苞。

萃取方式：蒸馏。

注意事项：非常强劲的精油，禁止直接按摩。

身体疗效：有助于消化系统、纾解胀气、抑制呕吐、腹泻、痉挛，可驱逐肠内寄生虫。可止牙痛、风湿痛、关节炎、唇部疱疹、紧张性头痛等。可净化空气、减轻呼吸道不适。

皮肤疗效：治伤口感染、狼疮、溃疡等。

（32）肉桂

萃取部分：花蕾、树板、叶子。

萃取方式：蒸馏。

注意事项：怀孕者禁用，会导致流产，平常使用时用量小，以不超过 0.2% 为原则，否则会导致反胃。

身体疗效：因为会升高体温，所以对呼吸道有帮助。可用于感冒、抗病毒感染、预防疾病传染。安抚消化系统，如消化不良、胃痛、反胃、腹泻等。减少经痛，调节月经流量，并可治阳痿。减轻肌肉、关节等疼痛。

皮肤疗效：可收敛皮肤，特别是松垮型，可清除疣。

（33）牛膝草

萃取部分：叶和花。

萃取方式：蒸馏。

注意事项：高血压患者、癫痫者禁用、孕妇不可使用。

身体疗效：调节循环系统、升高低血压、激励体虚者舒缓支气管痉挛、感冒病毒感染。可调节月经周期及白带、水分滞留。

皮肤疗效：驱散淤血、促进伤口结痂。

（34）苦橙

萃取部分：叶、嫩芽。

萃取方式：蒸馏。

身体疗效：神经系统镇静剂、帮助失眠及焦虑者安定。可增加免疫系统增强抵抗力。

皮肤疗效：可清除粉刺、青春痘等。

（35）马鞭草

萃取部位：茎、叶。

萃取方式：蒸馏。

注意事项：不得使用于按摩皮肤，否则会使皮肤呈敏感反应。

身体疗效：可消除沮丧情绪，能调节副交感神经。促进胆汁分泌，以分解脂肪、利肝。可稳定心悸，改善神经性失眠。

皮肤疗效：柔软皮肤，减轻浮肿现象。

（36）岩兰草

萃取部分：根。

萃取方式：蒸馏。

身体疗效：是抗压力、镇静安抚特效药，可平衡中枢神经。可增加全身能量。活血、行血，强化红血球、唤醒身体机能。

皮肤疗效：可治疗粉刺。

（37）金盏花

萃取部分：花。

萃取方式：蒸馏。

身体疗效：抗菌、治胃痛、消化系统障碍。可帮助淋巴排毒、缓解酒精中毒、强化肝脏。

皮肤疗效：治皮肤病，净化皮肤。

2. 常用基础油

（1）甜杏仁油。性质温和，适合各类肤质，对干性、敏感性皮肤特别具有疗效。

（2）酪梨油。富含维生素A、维生素C、维生素E及其他多种营养素，非常适合老化、干性缺水肤质。

（3）小麦胚芽油。富含维生素E和矿物质、蛋白质等，是天然抗氧化剂，可巩固微血管、促进循环。适合防皱、抗老、防晒、健胸、妊娠纹等。

（4）芦荟油。非常适合油性皮肤，能平衡抑制皮脂分泌，防止皮脂漏。

（5）胡萝卜油。黄红色油，产量很少，含有丰富维生素群，对颈部、健胸特别有益。

（6）葡萄子油。任何皮肤都适用，特别适合敏感皮肤，可食用。

（7）橄榄油。可防晒，并可预防血管疾痛，特别是冠状动脉血症，可食用，适合各类肤质。

（8）玫瑰果油。产量极少，价格昂贵，可用于黑斑、妊娠纹、鱼尾纹和干性、老化皮肤。

（9）金盏花油。产量极少，特别用于干燥、干裂、妊娠纹，效果极佳。

（10）月见草油。产量极少，具医疗价值，可做成胶囊口服，可防老化、助年轻、降血压，对精神分裂、关节炎、肌肉多重硬化症等有改善。

（11）荷荷芭油。油质稳定，可用于保湿、增加皮肤弹性、预防老化等，也可用于青春痘、湿疹。

（12）胡桃油。可治疗气喘、背痛、腿痛及便秘，任何皮肤都适用。

3.2.4 使用芳香精油注意事项

1. 芳香精油一般不要内服，除非有注明可以口服或获得芳香治疗师或医师的指示。
2. 怀孕初期几个月内最好避免使用芳香精油来按摩或泡澡，因为某些香精油可能会导致月经来潮。
3. 柑橘类芳香精油（佛手柑、柠檬）会导致皮肤对紫外线过敏。因此，使用过后8小时内请勿暴晒肌肤于阳光下。
4. 患有高血压、癫痫症、神经及肾脏方面疾病的病人小心使用。某些芳香精油如丝柏、迷迭香，使用前最好先请教医师或芳香治疗师。
5. 芳香精油不能取代药物。因此，使用后如症状未改善，请一定要看病就医。绝不可因使用芳香精油而放弃原先已在使用的药物。
6. 请按建议量使用。使用过量会导致相反效果，甚至对身体造成过大负担。尤其是依兰、鼠尾草过量会引起睡意，在酒后或开车时应避免使用。
7. 芳香精油必须稀释后才能使用，除非有其他特别的建议。
8. 请避免小孩直接碰触，以免误用而发生危险。
9. 芳香精油必须储存于密封完好且为深色的玻璃瓶内，放置于阴凉的场所，避免阳光直射，以延长香精油寿命，确保香精油的疗效。
10. 避免使用芳香精油于塑料、易溶解或油彩表面的容器，当稀释芳香精油时，请使用玻璃、不锈钢或陶瓷器。
11. 新生儿（2个星期内）不可使用芳香精油。2个星期后可用熏衣草一滴于浴盆内。12岁以下儿童所用芳香精油必须被稀释为成人使用量的1/4。12～18岁则为成人用量的1/2。
12. 皮肤或体质敏感者，在使用前先进行敏感测试。
13. 按指示用量，不可盲目多用。

职业技能鉴定要点

行为领域	鉴定范围	鉴定点	重要程度
理论准备	化妆品概述	化妆品的作用	★★
		化妆品的选择	★★
		化妆品的使用	★★
		化妆品的鉴别	★★★
	化妆品的类型	清洁类化妆品	★★
		保湿类化妆品	★★
		抗皱类化妆品	★★
		祛斑类化妆品	★★★

续表

行为领域	鉴定范围	鉴定点	重要程度
理论准备	化妆品的类型	抗痤疮类化妆品	★★
		防晒类化妆品	★★★
		除臭类化妆品	★★
		脱毛类化妆品	★★★
		美乳类化妆品	★★
		健美类化妆品	★★
		彩妆类化妆品	★
	芳香精油	芳香精油的探源及演进简史	★★
		芳香精油概述	★★★
		常用芳香精油介绍	★★★
		使用芳香精油注意事项	★★★
技能训练		化妆品的推荐	★★★
		芳香精油产品的推荐	★★★

单元测试题

一、填空题（请将正确答案填在横线空白处）

1. _____化妆品就是指那些能够去除污垢、洁净皮肤而又不会刺激皮肤的化妆品。
2. 沐浴液也称为_____，是目前最为流行的替代香皂的体用清洁产品。
3. 浴油是一种_____状的沐浴产品，用它洗浴后皮肤表面会残留一层类似皮脂的油性薄膜。
4. 根据紫外线照射后红斑出现的时间可分为_____和延迟性红斑。
5. 体臭是指汗腺分泌液有特殊的臭味或汗液被细菌分解而放出臭味，也称为_____。

二、判断题（下列判断正确的请打"√"，错误的请打"×"）

1. 人体皮肤是肌体的天然屏障，更是人体外在美观的主要体现载体。（　　）
2. 精油必须稀释后才能使用。（　　）
3. 精油渗透速度很快，大约经涂抹后，2秒钟到达血管。（　　）
4. 从生理学和心理学的角度看，阳光中的紫外线对人体的健康是有害的。（　　）
5. 自然老化首先表现为皮肤干燥。（　　）

三、单项选择题（下列每题的选项中，只有1个是正确的，请将其代号填在横线空白处）

1. 洗面奶为弱酸性或中性白色乳液，多采用_____包装，是一种专门用来洗脸或卸妆用的皮肤护养品。
   A. 玻璃瓶　　　B. 软管　　　C. 塑料瓶　　　D. 有机玻璃

2. _____是一种具有良好去污力，可以代替香皂用于日常面部清洁肌肤的乳液产品。
   A. 泡沫洗面奶　　B. 营养洗面奶　　C. 普通洗面奶　　D. 磨砂洗面奶

3. 乳房的腺体组织从胚胎_____就开始出现，出生前已形成单独的小叶腺体组织。
   A. 6周　　　B. 7周　　　C. 8周　　　D. 9周

4. 美乳化妆品通常由营养剂、美乳活性物质和_____三部分组成。
   A. 蛋白质　　B. 氨基酸　　C. 动植物脂肪　　D. 基质

5. _____代表人体的神经系统，对头部感觉器官的刺激作用特别有效。
   A. 叶　　　B. 根　　　C. 花　　　D. 茎

四、多项选择题（下列每题的选项中，至少有2个是正确的，请将其代号填在横线空白处）

1. 面膜的种类很多，从其产品形态与使用方式来分主要有_____几种类型。
   A. 剥离型面膜　　　B. 海藻型面膜　　　C. 石膏型面膜
   D. 热膜　　　　　　E. 黏土型面膜　　　F. 面贴膜

2. 浴盐是用于盆浴的粉状或颗粒状沐浴产品。它通常具有_____作用。
   A. 软化硬水　　　B. 软化角质　　　C. 促进血液循环
   D. 疏通经络　　　E. 帮助清洁　　　F. 美肤

3. 与保持水分关系最为密切的是_____。
   A. 表皮层　　　B. 有棘层　　　C. 角质层
   D. 透明层　　　E. 颗粒层　　　F. 基底层

4. 根据痤疮发病机理和临床表现的特点，可以通过以下_____几个方面来评价粉刺类化妆品的功效。
   A．抑制痤疮不发
   B. 减少皮脂分泌
   C. 保持毛囊皮脂腺导管的通畅，消除粉刺
   D. 抗炎症的作用
   E. 杀灭痤疮丙酸杆菌
   F. 补充水分

5. 除臭类化妆品的原料主要有_____。
   A. 抑汗剂　　　B. 消炎剂　　　C. 植物提取剂
   D. 抗菌剂　　　E. 除臭剂　　　F. 芳香剂

单元测试题答案

一、填空题

1. 清洁类 2. 沐浴露 3. 油 4. 即时性红斑 5. 臭汗症

二、判断题

1. √ 2. × 3. × 4. × 5. √

三、单项选择题

1. B 2. C 3. A 4. D 5. C

四、多项选择题

1. ACEF 2. ABCE 3. CDE 4. BCED 5. ADEF

第 4 单元

美容造型

4.1　色彩理论及应用　　/163
4.2　妆面塑造　　　　　/171

在这一单元将更进一步地深入学习色彩知识,包括对色彩的心理感知以及色彩对人们产生的心理影响;造型艺术的两大基本要素——形与色;色彩的质感构成、色彩的多维变化以及在化妆造型上如何灵活运用色彩,如何搭配和设计色彩等。了解和掌握这些知识会使美容指导师更好地为顾客设计造型。

在妆面造型上,这里列举了八个典型的基础妆型,包括新娘妆、晚宴妆、中老年妆、舞台妆、模特妆等实用妆型。了解和掌握这些基础妆型的特点和技巧,并能通过实践举一反三,设计出更多更新颖的妆型,才是学习本章课程的根本目的。化妆造型技艺极为丰富,是一门博大精深的艺术,希望通过学习以下内容能够培养出具有专业设计造型的能力、创新意识较强的美容指导师。

4.1 色彩理论及应用

4.1.1 色彩心理

不同波长的光作用于人的眼睛而产生色感时,必然导致人产生某种带有情感的心理活动。事实上,色彩生理和色彩心理过程是同时交叉进行的,它们之间既相互联系,又相互制约。色彩在使人有一定生理变化时,就会产生一定心理活动;在有一定心理活动时,也会产生一定生理变化。比如,红色能使人脉搏加快,血压升高,心理上具有温暖的感觉;长时间红光的刺激,会使人烦躁不安,在生理上欲求相应的绿色来补充平衡。因此,色彩的美感与生理上的满足和心理上的快感有关。

1. 影响色彩的心理因素

(1) 色彩心理与年龄有关。根据实验心理学的研究,人随着年龄的变化,色彩感知也发生变化。色彩所产生的心理影响也随之变化。有人做过统计,儿童大多喜爱极鲜艳的颜色;婴儿喜爱红色和黄色,4~9岁儿童最喜爱红色,9岁的儿童又喜爱绿色;7~15岁的小学生中男生的色彩爱好次序是绿、红、青、黄、白、黑,女生的爱好次序是绿、红、白、青、黄、黑。随着年龄的增长,人们的色彩喜好逐渐向复色过渡,向黑色靠近。也就是说,年龄越近成熟,所喜爱色彩越倾向成熟。这是因为儿童刚走入这个大千世界,脑子思维一片空白,什么都是新鲜的,需要简单的、新鲜的、强烈刺激的色彩,他们神经细胞产生得快,补充得快,对一切都有新鲜感。随着年龄的增长,阅历也增长,脑神经记忆库已经被其他刺激占去了许多,色彩感觉相应就成熟和柔和些。

(2) 色彩心理与职业有关。体力劳动者喜爱鲜艳色彩,脑力劳动者喜爱调和色彩;农牧区喜爱极鲜艳的、成补色关系的色彩;高级知识分子则喜爱复色、淡雅色、黑色等较成熟的色彩。

(3) 色彩心理与社会心理有关。由于不同时代在社会制度、意识形态、生活方式等方面的不同,人们的审美意识和审美感受也不同。古典时代认为不和谐的配色在现代却被认为是新颖的、美的配色。所谓反传统的配色在装饰色彩史上的例子是举不胜举的。一个时期的色彩审美心理受社会心理的影响很大,所谓"流行色"就是社会心理的一种产物。时代的潮流,现代科技的新成果,新的艺术流派的产生,甚至自然界某种异常现象所引起的社会心理都可能对色彩心理发生作用。当一些色彩被赋予了时代精神和象征意义,符合了人们的认识、理想、兴趣、爱好、欲望时,这些具有特殊感染力的色彩就会流行开来。比如,20世纪60年代初,宇宙飞船的上天,开拓了进入新宇宙空间的新纪元,这个标志着新科学时代的重大事件曾轰动过世界,各国人民都期待着宇航员从太空中带回新的趣闻。色彩研究家抓住了人们的心理,发布了所谓"流行宇宙色",结果在一个时期内流行于全世界。这种"宇宙色"的特点是浅淡明快的高短调、抽象、无复色。不到一年,又开始流行低长调、成熟色、暗中透亮、几何形的格子花布。但一年后,又开始流行低短调,复色抽象,形象模糊,似是而非的时代色。这就是动态平衡的审美欣赏的循环。现代世界上,由于工业的高速发展,产生了空气环境的污染等问题,生态平衡遭到破坏,科学研究上的生态学理论兴起。以此为背景,许多国家利用人们要保持生态平衡的心理,提出将流行自然色调的理论。后来由于霸权主义的威胁,经济萧条,局势不定,社会上又产生恐惧战争心理,国际流行色协会又发布了卡其色(即军装绿)的流行色。这段时间中国正处在"文化大革命"时代,毛主席号召"全国学习解放军",使得人人都想得到一件军装上衣、蓝裤子和一顶军帽,这成了当时的流行色。1983年法国春季女装流行"巴洛克"或"罗可可"风格色等。

2. 色彩的心理感觉

(1) 色彩的冷暖感。红、橙、黄色常常使人联想到旭日东升和燃烧的火焰,因此有温暖的感觉;蓝青色常常使人联想到大海、晴空、阴影,因此有寒冷的感觉;凡是带红、橙、黄的色调都带暖感;凡是带蓝、青的色调都带冷感;色彩的冷暖与明度、纯度也有关。高明度的色一般有冷感,低明度的色一般有暖感;高、纯度的色一般有暖感,低纯度的色一般有冷感。无彩色系中白色有冷感,黑色有暖感,灰色属中。

(2) 色彩的轻重感。色彩的轻重感一般由明度决定。高明度具有轻感,低明度具有重感;白色最轻,黑色最重;低明度基调的配色具有重量感,高明度基调的配色具有轻松感。

(3) 色彩的软硬感。色彩软硬感与明度、纯度有关。凡明度较高的含灰色系具有软感,凡明度较低的含灰色系具有硬感;纯度越高越具有硬感,纯度越低越具有软感;强对比色调具有硬感,弱对比色调具有软感。

(4) 色彩的强弱感。高纯度色有强感,低纯度色有弱感;有彩色系比无彩色系有强感,有彩色系以红色为最强;对比度大的具有强感,对比度低的有弱感。

(5) 色彩的明快感与忧郁感。色彩的明快感与忧郁感与纯度有关,纯度高而鲜艳的色具有明快感,深暗而混浊的色具有忧郁感;低明基调的配色易产生忧郁感,高明基调的配色易产生明快感;强对比色调有明快感,弱对比色调具有忧郁感。

(6) 色彩的兴奋感与沉静感。这与色相、明度、纯度都有关,其中纯度的作用最为明显。在色相方面，凡是偏红、橙的暖色系具有兴奋感，凡属蓝、青的冷色系具有沉静感；在明度方面，明度高的色具有兴奋感，明度低的色具有沉静感；在纯度方面，纯度高的色具有兴奋感，纯度低的色具有沉静感。因此，暖色系中明度最高、纯度也最高的色兴奋感强，冷色系中明度低而纯度低的色最有沉静感。强对比的色调具有兴奋感，弱对比的色调具有沉静感。

(7) 色彩的华丽感与朴素感。这与纯度关系最大，其次是与明度有关。凡是鲜艳而明亮的色具有华丽感，凡是混浊而深暗的色具有朴素感。有彩色系具有华丽感，无彩色系具有朴素感；运用色相对比的配色具有华丽感，其中补色最为华丽；强对比色调具有华丽感，弱对比色调具有朴素感。

研究由色彩引起的共同感情，对于装饰色彩的设计和应用具有十分重要的意义。恰当地使用色彩装饰在工作上能减轻疲劳，提高工作效率，减少事故；在生活上能够创造舒适的环境，增加生活的乐趣；甚至在医学上也能用于治病（如眼科医生总用绿色配合治疗眼病）。工厂车间、机关办公室冬天的朝北房间，使用暖色能增加温暖感；锅炉房、炼钢车间采用冷色能加强凉爽感。红与绿，黄与蓝，黑与白等强烈的配色容易引起注目，用于交通信号（如红绿灯）、安全标志（如斑马线），可以避免发生事故。用于商品广告可以引人注意，达到宣传效果。货物箱子用浅色粉刷，可以减轻搬运工人的心理上的重量负担。住宅采用明快的配色，能给人以宽敞、舒适的感觉。娱乐场所采用华丽、兴奋的色彩能增强欢乐、愉快、热烈的气氛。学校、医院采用明洁的配色能为学生、病员创造安静、清洁、卫生、幽静的环境。夏天服色采用冷色，冬天服色采用暖色，可以调节冷暖感觉。儿童服色采用强烈、跳跃、闪烁、明快的配色更能表现儿童的活泼感，以逗人喜爱。美丽娇艳的妆面色调可使妇女显得年轻、奔放、活泼、富有朝气。朴素、大方、沉静的服饰色调可以衬托青年男子稳重、自信、成熟的性格。在医学上，淡蓝色能够使人退烧，血压降低；赭石色能使病人血压升高，增强新陈代谢；蓝色有利于外伤病人克制冲动和烦躁；利用蓝色荧光灯照射患有黄疸病的婴儿有一定治疗效果，绿色有利于病人休息，红、橙色可以增强食欲，紫色可以使孕妇安定，减轻分娩的痛苦等。

4.1.2 形与色彩

形与色是造型艺术的两大基本要素。物体视觉形象的形成，主要取决于物体的形状与色彩。形与色彩是传达设计前景的载体（在化妆设计里，形也可理解为型）。举例说明，一个新闻联播主持人的妆面是青春时尚、色彩跳跃的，用了鲜艳的红、黄色，和蓬乱的时尚发型，她播报的新闻会让人感觉到可信性不强，观众就不会产生信任感。这就是设计与定位相驳。同样是新闻联播主持人，造型设计如果采用冷色调、低纯度色彩的淡妆和简洁利落的发型又会使人的心理有不同的感受。可以看出实现设计前景是通过形与色彩传达完成的，并要求造型与色彩在设计概念上要有一致性。只通过形或只通过色，或形和色在传达概念上不一致，都不能很完美地使设计效果达到完美。

形与色的结合在设计整体中是不可分割的,其意义的传达指向一个方向。例如,一组传达和平与战争的妆面设计,设计中运用了大量的红色和纱布,表现和传达了一种忧伤的信息,呼唤和平。如果在一个小家碧玉式的江南女子脸上运用大面积的红色,就会给人感觉很不舒服。南辕北辙的表达会产生歧义,所以妆型、图形的语言与色彩的含义应该一致。

1. 形与色的创造

形色的关系并非是有其形必有其色,我们说造型与色彩在设计概念上应有一致性,造型与色彩的传达意义不应该相反,但它们不是一加一等于二的格式化。因为设计的本质离不开创造,创造就不能墨守成规,如果所有的设计都套用一种模式,不去改变,不去发现,不去做实验性的创作,设计将越做越窄,逐渐失去使人眼前一亮的美感和本质意义。在形与色的关系上也是如此。一个统一的概念的表达并非意味着一种形只能配一种色,一个形没有被定义前的概念是多元的,长方形可以是桌子,也可以是书、房屋、画框,甚至是一切长方形的物体。形的多元概念可以被多方理解。如心形,在医院代表心脏或内科,男女之间表达爱情,放在社会里代表爱心,慈善事业中表示需要捐助等。而再现一个具象事物,也并非用它的原色来表达,并非是有其形必有其色。而在于利用有意义的形色关系创造生动而有活力的设计。

有意义的形色关系跨越抽象与具象的界定。我们表现美好的事物,可以用写实的手法画,这是一种再现,也可以用抽象的形色来表现。再现也好,表现也好,都是传达一个概念或是一种感受,而创造的形色关系也是超越抽象与具象的界限之上的。

2. 形与色的张力

形与色的结合会形成各种风格的妆面效果。而形与色的张力则会使其更为明显,或张扬,或内敛,或让人兴奋,或使人沉静,这些风格也正是与设计最终所要表现的主题相一致的。在设计中,形的面积、大小,色的纯度、明度,色相的变化,形与色的搭配以及形成的空间关系等都会对形色的张力产生影响。如红色与黑色的搭配就极具张力,它响亮的色调总能抓住人们的视线。如彩图13所示,大面积的红色和黑色以及加入了红色的补色——绿色,都使这种张力得以外扬和扩张。

4.1.3　色彩的质感构成

人性化的色彩认识里不能缺少质感传达,这里所说的质感不仅是质地,还有本质、品质的意思。即在色彩真实存在的状态里,识别色彩以外的色彩品质需求,一种至纯的色彩境界——这就是质感。如三宅一生充满褶皱的服装质感;金属妆的金属质感等。

色彩的视觉质感影响着时尚的发展。服饰、化妆设计中将更多的关注材质与色彩的组合关系。利用不同色彩的材质,形成相互和谐统一的色彩视觉质感变化。由于构成物质的材质不同,物体表面的结构特征能够影响色彩的视觉感受,即眼睛看到的色彩与物象表面形成一个整体,有时难以分割。仔细观察物形表面的颗粒会发现,表面粗糙的物形反映为光的漫反射，从而看到的色彩相对沉着朴实；表面光滑的物形反射光较强，色彩相对鲜艳。不同的角度有不同的色彩变化，充满色彩的动感，同一种色彩用在不同的材料上，或是用不同的方法涂抹都会产生不同的效果。雕塑中常用大理石或青铜的材质来表达创作主体，从中看到的色彩质感差异显而易见。直接影响光色在空间的穿透性与色彩的互动，也能使人对色彩的质感变化产生微妙的感受。这些研究和设计与以往简单的在皮肤上涂色的办法截然不同。

设计色彩并非全是色彩理论下的科学产物，而是与设计师对事物的个人见解有很大关系。体会色彩的视觉质感之美，首先要多观察，要有对美好事物的敏感性，有好奇心，用不同视角看待事物，平常人们认为没有价值的事物，在设计师眼里可能就是创作灵感的源泉，充满无限想象空间和美感。罗丹说："美在于发现。"自然与人为色彩的流动变化，启发了色彩视觉质感的发现。

设计色彩是极端感性的设计思维活动，人对色彩的视觉质感是非常细致微妙的。色彩的基础知识对于色彩设计来说无疑太浅，质感认识是从色彩视觉质感的直观感受过渡到色彩品质的联想。没有难看的色彩，只有难看的色彩组合。色彩的视觉质感也是如此。创造性认识与创造性技巧相结合才能提高色彩视觉质感的表现力，才能使色彩设计熠熠生辉。

4.1.4 色彩的多维变化

1. 空间的色彩

色彩与光会产生对空间深度的推进。没有光就没有视觉感知，我们也就无法通过视觉感受空间的存在。在深度表达方面起作用的除了空间透视外就是色彩与光。在自然风景中，近处色彩鲜艳而真实，远处则模糊而偏灰暗。色彩的空间深度通过明暗、冷暖、色相或面积、位置的对比表现出来。

背景色彩直接影响视觉的深度。将黄、橙、蓝、紫、绿置于黑色背景上，用比较的方法来看，黄色因明度的差别显得特别靠前，而与黑色明度相近的蓝色与紫色则被淹没。在白色背景上，效果则相反，明亮色调固守在背景的平面上，而接近黑色的暗色则向前突进。在相同明度的冷、暖色调中，暖色向前而冷色退后。面积位置是深度效果的另一个因素。虽然实际上处于一个平面上的色彩，由于明度与纯度以及冷暖的不同，看上去也会有前后变化。色彩的深度效果随着与底色明度、纯度的视觉差别而改变。在妆面设计中，也常常利用色彩的相对深度感来处理色彩变化。如果想让五官中某部位有凸出凹进的感觉，可以通过明度的差别、冷暖色彩的偏差、位置面积的因素来调节。

色彩与光丰富了空间的层次，使空间产生联系和分化，并且表达了空间质感。天光或人造光线通过不同的材料会变成反射光、浸射光、扩散光、直射光等，伴着时间的流逝，一齐涌入空间中，为设计带来更多的遐想空间，给人们留下深刻的空间印象。如彩图14所示。

2. 时间的色彩

没有人能够两次踏进同一条河流——伟大的哲学家赫拉克里特如是说。时间的流动能改变一切，没有事物能在时间的流逝中保持永恒，色彩也是如此。在人们所处的环境中，时尚会匆匆过时，崭新会变得陈旧，刚刚还在窗前看到的一抹金色斜阳也会转瞬落山，天空呈现一片蓝紫色，渐渐又变得模糊黑暗下来，时间带动视觉色彩的变迁，使色彩充满灵性。时间本身就是色彩大师，当我们看到泛黄的老照片、斑驳的青铜器、一片没有年月的瓷片，我们无法考证历史的全部经过，但我们能清楚地看到时间流失的色彩。

设计中常用时间概念来规划色彩。有些色彩属于现在的流行色，有些色彩却属于过去的岁月，还有些色彩属于未来。经时间雕琢的色彩会让人怀旧，一块斑驳的老墙与现代家具的时间的对比，在同一空间出现更有设计思考的意义。陈旧的色彩焕发着迷人的气息，古铜色、土沁色、玉沁色等古朴的颜色运用在造型设计中，似乎拥有华丽的怀旧气息，给人以穿越时空的联想。

3. 流行的时尚色彩

彩妆品牌每年的流行颜色几乎都不相同，因此彩妆品牌换季发布的色彩与造型多会带来疯狂的追逐，色彩成为流行的必要元素。但无论怎样流行，黑白似乎永远不会过时，黑白颜色在造型设计领域（包括服装、饰品、彩妆等）已经成为经典的颜色，既可以说它是流行时尚色，也可以说它为经典怀旧色。而有的颜色在经历了一段时间的流行后便会过时，然后也许再过去一段时间，这种颜色又可能流行起来。永恒的黑色、简单的白色、耀眼的红色……还有交错混合的复色组合以及高级灰色系列共同组成了缤纷的色彩世界。流行的色彩是动态的，具有时尚敏感性，流行的色彩是超越国界的世界语。美容指导师应同步了解国际流行的彩妆流行色。

4.1.5 妆面色彩

在化妆中，把已掌握的色彩知识巧妙地运用到妆面设计中去。既要考虑妆面色彩是否协调，又要考虑是否能和妆面效果达成一致。妆面色彩效果包含两大要素：

1. 妆色搭配

妆色包含眼影色、胭脂色、口红色三种，既要协调统一富于变化，又要灵活运用色彩搭配技巧，使妆面脱颖而出光彩照人。

（1）眼影色。淡妆眼影色柔和自然，搭配简洁，在选择时要根据个人喜好、服装、气质、年龄与眼睛的实际条件来选择搭配颜色。如淡蓝色与白色相搭配，把白眼球衬托的发蓝，使眼睛看起来清澈纯洁；米色与浅棕色搭配，妆面显得自然高雅；淡灰色与白色搭配，妆面给人以高贵、严肃的印象；淡绿色与鹅黄色搭配，则充满了青春活力。

浓妆眼影色对比强烈、夸张、色饱和度高，妆面效果醒目，突出面部立体感。要根据不同的妆面风格来选择眼影，如经典的黑白色搭配，妆色冷艳醒目，时尚感强；紫色与蓝紫色搭配，妆色具有神秘感；金色与金棕色搭配，妆色充满金属质感、时尚感，妆面效果立体，使眼神深邃。

（2）胭脂色。日妆、生活妆等淡妆胭脂色宜选用淡粉红色、橙色、浅豆沙色、浅肉红色等比较浅淡的颜色。选色时要考虑与眼影色、口红色相协调。还要根据肤色选择胭脂色，冷色调肤色宜选用粉红色系胭脂，暖色调肤色，如小麦色、象牙色皮肤宜选用橙色系胭脂，不易区分冷暖的肤色可选用肉色系等中性色胭脂。

晚宴妆、舞台妆等浓妆宜选用棕红色、玫瑰红等较浓重的胭脂色，这些颜色能够更好的修饰脸型，强调面部立体感。胭脂色与眼影色、唇色相比，其纯度和明度都应适当地进行调整减弱，使妆面色彩协调柔和，富有层次感。

（3）口红色。在口红色的选择上，首先要考虑是否符合妆面主色调，如暖色调妆面宜选用金色、橘色、橙红色等暖色口红。然后根据不同场合环境、风格、妆面主题选择颜色的明度，如晚宴妆可选鲜艳的玫瑰红、大红、非常亮的唇彩等。主要突出眼妆的妆面可选用肉色系、淡粉色等浅淡的自然色口红。口红色的冷暖都是在唇色基础上相对而言的。

1）冷色系。如粉红色、玫瑰红、酒红色、金属色、紫色、蓝紫色等，适合肤色青白、不易出现红晕的夏、冬季型冷色调皮肤。

2）暖色系。橙色系、棕红色、铁锈红、大红色等，适合瓷器般象牙色皮肤、深橘色皮肤、驼色皮肤等春、秋季型暖色调皮肤。

3）中性色。桃红色、肉色系、豆沙红等适合不易分辨冷暖的肤色，像豆沙红色、棕红色、酒红色等色彩纯度较低，适合中老年女性。

2. 光色影响

没有光就不存在任何颜色，妆面色彩在不同光色影响下会产生不同效果，光色与妆色有着密不可分的联系。在化妆中，要考虑在什么样的光色下，妆面会出现怎样的效果，妆色在不同色温的灯光下产生如下变化。

（1）暖色光照在暖色调妆面上，妆面色彩会变浅、变亮，效果比较柔和。如黄色光照在橙色调的妆面上，妆面显得亮丽自然。

（2）冷色光照在冷色调妆面上，妆面色彩则显得鲜艳亮丽。如蓝色光照在紫色调的妆面上，妆面效果更加冷艳。

（3）冷色光照在暖色调妆面上或暖色光照在冷色调妆面上，都会产生模糊不明朗的感觉。如黄色光照在蓝色调的妆面上或蓝色光照在橙色调的妆面上都会使妆面显得混浊。

4.1.6 色彩搭配

在化妆中，色彩搭配是否协调巧妙，对于一个妆面的效果起着决定性作用，色与色之间的色差形成了一定的对比关系，有的强，有的弱。了解这些对比关系，色彩的运用搭配就变得简单了。

1. 色彩明度的对比搭配

明度对比是色彩的明暗程度的对比，也称色彩的黑白度对比。明度对比是色彩构成的最重要的因素，色彩的层次与空间关系主要依靠色彩的明度对比来表现。明度对比有强弱之分。强对比颜色间的反差大，对比强烈，产生明显的凹凸效果，如黑色与白色对比。弱对比则淡雅含蓄，比较自然柔和，如淡粉色与淡绿色对比，米色和黄色对比等。如果只有色相的对比而无明度对比，图案的轮廓形状难以辨认；如果只有纯度的对比而无明度的对比，图案的轮廓形状更难辨认。据日本色彩大师大智浩的估计，色彩明度对比的力量要比纯度大三倍，可见色彩的明度对比是十分重要的。色彩明度对比如彩图15、彩图16所示。

化妆中色彩运用明度对比进行搭配，能使平淡的五官显得醒目，具有立体感。

2. 色彩纯度的对比搭配

纯度对比是指由于色彩纯度的区别而形成的色彩对比效果。纯度越高，色彩越鲜明，对比越强烈，妆面效果明艳、跳跃。纯度低，色彩对比弱，妆面效果含蓄、柔和。低纯度基调，易产生脏灰、含混、无力等弊病；中纯度基调具有温和、柔软、沉静的特点；高纯度基调具有强烈、鲜明、色相感强的特点。纯色相组成的基调为全纯度基调，是极强烈的配色；如果是对比色相的全纯度基调，则易产生眩目、杂乱和生硬的弊病。为了加强色彩的感染力，不一定依赖色相对比，有时一堆鲜艳的纯色堆在一起倒显得杂乱，相互排斥，有时相互削弱，只有跳跃、拥挤的效果，而无突出某一主色的效果。若想突出某一主色，自然要用降低辅色的纯度去衬托主色，这样才能主次分明，主题突出。色彩纯度对比如彩图17、彩图18所示。

纯度较低色彩相对也较柔和，适合于生活妆；纯度很高的色彩应慎重。化妆中色彩运用纯度对比进行搭配，要分清色彩的主次关系，避免产生凌乱的妆面效果。

3. 同类色、邻近色的对比搭配

同类色对比是指在同一色相中，色彩的不同纯度与明度的对比，如化妆中使用深草绿与浅绿色的晕染属于同类色对比。

邻近色对比则是指色相环中距离15°左右的色彩对比，如黄与橙，橙与红的对比等。运用这两种色彩进行搭配，妆面柔和、淡雅，容易产生平淡、模糊的妆面效果。因此在化妆时，要适当调整色彩的明度，使妆面效果和谐。如彩图19所示。

4. 互补色、对比色的对比搭配

互补色是在色相环上距离180°左右的色组对比，是最强的色相对比，如红与蓝绿、黄与蓝紫、绿与红紫、蓝与橙黄。互补色相配，能使色彩对比达到最大的鲜艳程度，强烈刺激感官，从而引起人们视觉上的足够重视。对比色是在色相环上距离100°左右的色组对比，如三原色中两个原色之间的对比。这两种对比都属于强对比。因此，中国传统配色中有"红间绿，花簇簇。红配绿，一块玉"的说法。现代色彩学家伊登说："互补色的规则是色彩和谐布局的基础，因为遵守这种规则会在视觉中建立起一种精神的平衡。"在运用同类色、邻接色或类似色配色时，如果色调平淡无味，缺乏生气，那么恰当地使用补色将会得到改善。互补色相对比的特点是强烈、鲜明、充实、有运动感，但是也容易产生不协调、杂乱、过分刺激、动荡不安、粗俗、生硬等缺点。在搭配时，要注意强烈效果下的和演性新娘妆有所不同，在塑造与众不同形象的同时，还要有高超的化妆水平，妆面必须细腻柔和，造型要有新意；表演性新娘妆所展示的是它的整体造型构思，化妆可相对简化些。一个好的比赛作品，其成功之处就是化妆师要准确地抓住模特的神韵并且进行正确定位，在化妆用色上要与塑造的形象气质吻合。表演性新娘妆在晕染方法的选用上必须符合模特的眼睛条件，发型与服饰可衬托妆面效果，尤其是发型的设计将直接影响到化妆造型的整体效果。

4.2.2 晚宴妆

晚宴化妆适用于气氛较隆重的晚会、宴会等高雅的社交场合。在妆型上可依据服装的不同颜色和款式进行设计，显示女性的高雅、妩媚与个性魅力。色彩对比强烈，搭配丰富，由于环境灯光，妆面色彩比一般日妆、生活妆浓一些。并根据应用目的和场合的不同分为社交晚宴化妆和演示性晚宴化妆。演示性晚宴妆主要用于参赛、考试或技术交流，具有很强的创造性，这里主要讲社交晚宴妆。

社交晚宴妆指应用于生活中正式社交场合的晚宴妆。正式的社交场合在许多方面沿袭了传统的礼仪，要求出席这种场合的女性形象端庄、高雅，言行举止符合礼仪习惯。一般在室内，灯光华丽朦胧，因此妆面色彩可适当浓艳一点，充分表现女性高雅、华贵、妩媚的特点。

1. 肤色修饰

这种晚宴妆的整体用色高雅、妆面色彩不宜过于浓艳，浓艳的妆色不能较好地表现女性的端庄与高雅。可使用质地细腻且遮盖力较强的基础底色、高光色、暗影色修饰面部轮廓，强调立体感，突出细腻光滑的肤质。由于正式的社交晚宴女性通常穿晚礼服，所以裸露在礼服外的皮肤都要用粉底修饰，使整体肤色一致。用蜜粉定妆，并扫去多余的蜜粉，使肤色自然。也可用具有感光效果的粉底液，在面部涂抹出透亮的肌肤。为避免因热烈的气氛、拥挤的人群使皮肤表面温度升高、妆容融化脱落，在上粉底之前，先在面部易出油的T字部位轻涂一层抑油凝露，来控制肌肤油分和汗液的分泌，调节肌肤表面干湿度，令底妆保持时间更长。当然，微微泛着光泽的皮肤才是最动人的。

2. 眉眼的修饰

眼部化妆的眼影用色简单，且修饰性强。可选用带珠光效果的眼影，以强调眼部的华丽端庄、含蓄，颜色过渡柔和，用带珠光色的米白色提亮眉骨、颧骨等处，表现眼部的立体结构。粉色与紫色是2007年彩妆的流行重点，同样适合隆重的场合。使用粉色眼影在上眼睑处打上淡淡的色彩，然后使用紫红色珠光眼影在眼睛四周的部位晕染，直至扩展到眉弓与眼角，甚至可大胆地延伸到颧骨处，再利用不同色调的闪粉为眼妆营造出闪亮夺目的层次感。眼线的浓度一定要与整个妆容的色彩浓度相呼应，才能在灯光折射下，制造出夸张而协调的亮丽晚宴妆容。眼线可略微上挑。为了增加高雅华贵的女性魅力，可以粘贴假睫毛。假睫毛要提前修整好，使其长度适中，过长的假睫毛会使妆面效果失真。在粘贴时要贴紧睫毛根部，再反复涂抹睫毛膏，使真假睫毛融为一体。眉毛形状略高挑且有流畅的弧度，眉色自然，不宜过黑。

3. 腮红和口红

颧骨及双唇都是展现华美妆妆容的焦点。先用腮红刷顺着面颊扫上适量闪粉，再轻轻向颧骨上刷上腮红，腮红色可选择玫红、粉红、珊瑚红，色彩过渡柔和，涂抹面积不宜过大，与肤色自然衔接。唇形可勾勒整齐，轮廓清晰，唇膏色与整体妆色协调；为了适应晚宴的环境及社交的礼仪，涂唇膏后用纸巾吸去多余的油分，然后施一层薄粉，再涂一遍唇膏，这样既可保持妆面牢固持久，还可以免使唇膏遗留在餐具上，影响形象。

4. 发型与服饰

发型与服饰要庄重高雅，要与妆面整体效果一致，使女性在正式的社交晚宴中展现端庄高雅的个性魅力。要注重一些细节，如指甲与唇膏用同色系的颜色等，礼服和华丽的首饰是最好的选择。整体感觉要和谐而精致。

4.2.3 主持人妆

随着现代社会的兴盛发展，娱乐业空前发达。看电视已成为人们茶余饭后必不可少的一项休闲活动，家事、国事、天下事只需看看新闻便可知晓。而这些都是通过各类节目的主持人传播的，所以主持人的形象等各种外观和内在表现会给人们留下深刻的印象，而一些国际频道的节目主持人更是要代表中国人的形象展现在世界人民的面前，其形象更是尤为重要。主持人包括传统新闻主持人、娱乐主持人、外景主持人等。在拍摄过程中，摄影机根据情况需要和编导构思，有时远离人物，有时则把镜头推得很近，任何外加的略微夸张的痕迹都会暴露在观众的眼前。因而，对化妆的要求（包括用色和粘贴技术）是细致、真实、自然。

1. 传统新闻主持人妆

传统新闻主持人妆要求妆面端庄、淡雅、真实、自然、严谨，妆色与服装、发型的风格统一。

（1）肤色修饰。选用与肤色接近的基础底色，用高光色和暗影色略加修饰面部立体感，重点遮盖瑕疵，使皮肤看起来干净、细腻、无暇。用透明蜜粉或粉饼定妆。注意耳部、颈部的底色衔接使肤色统一。不宜用带有感光粒子的化妆品，摄影机镜头感光性强，会使妆面在镜头前显得油光闪闪。

（2）眉眼的修饰。眉型自然流畅，无明显棱角。多采用填补法，就是用眉笔一根一根填补缺失部位。眉色多采用冷棕色、棕灰色、浅黑色等自然眉色。眼影可选用亚光的自然色系，纯度、明度较低的颜色，如土黄、浅棕、深肉色、茶色、灰色等。晕染面积不宜过大，一般采用平涂法或结构画法。眼妆要显得淡雅、自然。眼线要画在紧贴在睫毛根处，比较纤细，线条流畅，不宜上挑或拉长。睫毛可加强处理，反复多刷几次睫毛膏，待干后，用睫毛梳梳理整齐，使之根根分明。

（3）腮红和口红。腮红和口红颜色的选择要与眼妆色彩协调，腮红轻、淡，一般刷在颧弓下陷处，强调面部轮廓感。口红淡雅自然，忌色彩浓艳，多选用肉红色系等自然色。唇线线条丰润、流畅，涂口红时注意要完全把唇线盖住，不露痕迹，不宜用很亮的唇彩。

（4）发型与服饰。发型利落、整洁，线条流畅简单，如短发、直发、盘发等。露出额头、耳朵给人以端庄、干练、高雅、可信性强的印象。服饰与妆面、发型风格一致，一般为职业装，如西装、衬衫、职业套装（一般只拍摄上半身，下装可忽略）等。颜色多选让人感觉冷静柔和的冷色系或无彩色等。

2. 娱乐主持人妆

娱乐主持人妆要求时尚、活泼、亲和力强。造型可适当夸张、跳跃。

（1）肤色修饰。根据主持人自身肤色选择基础色，底色清澈、自然，表现主持人青春、靓丽、健康的肤质特点。用高光色、暗影色略微修饰脸型，底色不可过于厚重。

（2）眉眼的修饰。着重表现主持人的时尚感。眼影可选择一些带感光材质的颜色，如金棕色、淡蓝色、绿色等鲜亮、跳跃的色彩，但要与服装色协调搭配。眉毛的修饰不可过挑，要柔和自然。眼线的描画可适当夸张。在睫毛的处理上可粘贴假睫毛，先使真睫毛卷曲，弯曲的弧度与假睫毛一致，再涂睫毛膏。

（3）腮红和口红。腮红和口红颜色的选择上，色调要与整体色调协调。如绿色裙子可搭配黄绿色眼影，腮红可选择淡橘色，口红可选橙色系加透明的闪亮唇彩。时尚妆容可忽略唇型的勾画，用亮丽、模糊的唇型表达时尚感。

（4）发型与服饰。根据服装的整体风格搭配发型。如儿童节目主持人，青春、可爱的服饰，可选择扎辫子或小卷发或可爱的齐刘海等。亮丽典雅的服饰可采用卷发等时尚发型。

3. 外景主持人妆

外景主持人妆要求妆面以日妆、生活妆、裸妆等淡妆为主，以适应外景自然光线。

由于在室外主持节目，化妆师应细心的考虑各种外部因素。如酷暑、下雨等，妆面上可用一些有防水功效的化妆品，以免脱妆；如刮风天气，在发型的选择上，应选择一些比较利落的盘发或束发，以免风把头发吹到脸上影响拍摄效果等。

4.2.4　模特妆

模特有很多种，分为服装模特、广告模特、彩妆模特等等。根据所要表现的内容进行分类和化妆设计。如彩妆模特主要表现妆容，那就要求面容姣好；服装模特要求身材符合标准，女模身高在178厘米以上，男模在185厘米以上等。这里我们主要讲解走T台的模特妆。

T台模特主要表现服装，要根据服装风格的主题设计妆容，属舞台妆范畴。妆面简洁时尚，因灯光较强，妆色偏重，多用装饰性大色块使台下观众看得更清楚。

1. 肤色修饰

根据模特肤色选择基础底色，用高光色和暗影色修饰面部轮廓，使面部富有立体感。

定妆后，可再用有感光材质亮粉修饰高光部分，用暗色修容粉修饰两颊。

2. 眉眼修饰

眼部修饰是模特妆的修饰重点，根据服装主色调选择眼影颜色，如主色调是黑、白、灰，那么眼影的颜色也要选择其中一种或两种进行搭配。迷蒙似雾的烟熏妆，是许多服装品牌和模特的至爱，其细节的重点，在于眼线与眼影、睫毛之间的巧妙融合。从眼头至眼尾，睫毛里层至睫毛外，甚至可将整个眼睑四周涂满，来突显眼神的深邃。面积可适当夸张。黑、紫、棕等安全色系不易出错，但也可根据服装风格放手采用其他色彩的同类色，慢慢晕染延展，来表现同类色渐层的深邃度，并与眼线自然地融为一体。可粘贴假睫毛，来增加睫毛的厚度与浓度，使台下观众能更清楚地看到模特的眼睛。使用单色系的眼影，可再加强眼线的描绘，进行全眼线加粗、上挑勾画等，加强眼妆的效果。如彩图 23 所示。

3. 腮红和口红的修饰

由于灯光较强烈，有吸妆性，腮红可选择深一点的颜色，如砖红色、玫瑰红色等，还可以起到修饰脸型的作用。腮红的涂抹面积可以大一些。可省略唇膏，或者只用透明的唇彩轻轻涂即可。使妆面富有层次感，更具时尚性。

4. 发型与饰品

发型与饰品应符合服装风格与主题，要与服装协调搭配，是衬托服装的，不能过于夸张、跳跃，盖过服装的风采，是属从属地位。

4.2.5 舞台妆

舞台妆顾名思义是针对在舞台上表演的人物化妆，包括话剧、戏曲、歌舞等不同剧种。舞台化妆要求与剧本中人物性格形象为依据，结合戏剧的历史背景和环境，运用化妆技巧来帮助演员表现剧中人物的外部形象，包括改形化妆。在这些化妆中，由于展现条件与观赏条件不同（如剧场大小等），因而对化妆师的要求也各不相同。

1. 舞台化妆特点

舞台化妆是通过在舞台上人造的环境中来展现的（布景、灯光、服化等）。观众是在一定距离的位置上直接观赏的。这就决定了舞台化妆应加强人物形象的展现力度，要想办法夸大演员特征，否则远距离观看的观众就容易辨认不清演员。这就是为什么舞台化妆、服饰要比较夸张、闪亮的原因。舞台化妆必须在演员本身的基础上加以夸张、扩大，使观众牢记人物特点，看清人物的眼睛，以便于台上台下互动交流，戏才能以情动人、深入人心。在舞台化妆中以传统的戏剧化妆最为夸张。如我国国粹——京剧的化妆，不仅妆面色彩鲜艳、夸张，对比强烈，而且妆面的用色和图案也采用了寓意与象形的手法来勾画。从色彩上说，现在的京剧脸谱有红、紫、黑、白、蓝、绿、黄、老红、瓦灰、金、银等色，这是从人物自然肤色的夸张描写，发展为性格象征的寓意用色。一般说来，红色描绘人物的赤胆忠心，义勇无俦；紫色象征智勇刚义；黑色体现人物富有忠耿正直的高贵品格；水白色暗喻人物生性奸诈、手段狠毒的可憎面目；蓝色寓意刚强勇猛；绿色勾画出人物的侠骨义肠；瓦灰色寓示老年枭雄；金、银二色，多用于神、佛、鬼怪，以示其金面金身，象征虚幻之感。之所以如此完全是为了使更多的观众能通过夸张的脸部造型特征辨认了解人物，另外也为了与戏曲的舞台美术相协调。其他像杂技、歌舞、歌舞剧、曲艺、话剧等艺术形式的演员化妆较为真实。

2. 舞台化妆的分类

（1）话剧。通过化妆技巧，赋予剧中人物性格、年龄、身份、职业以及人物的命运、遭遇等各种特征。

（2）戏曲。保留传统戏曲化妆形式，并适应现代艺术发展。戏曲作为我国独有艺术种类，在化妆上也独具特色。如《京剧脸谱图解》中收集的 640 幅脸谱、髯口（胡子）、发型等已发行海内外，作为中国特色流芳千古。为了适应现代人艺术欣赏需求，在戏剧化妆上也相应作了一些改良，有的戏去了髯口，把大粉改成小粉等。

（3）歌舞。歌舞因节目的内容不同而定，化妆形式各异。

1）芭蕾等舞剧。妆面较夸张，有传统芭蕾妆，是在内眼角点一个红点。装饰性色彩多。

2）歌唱表演。男妆生活化，女妆装饰性强。

根据服装不同，舞台化妆方法也略有不同。戏剧妆浓，生活妆淡。

4.2.6 中老年人妆

时间的流逝是女人最大的敌人，人们在不知不觉中出现了许多变化，走入了中老年。首先是皮肤，变得肤色暗淡，出现皱纹，肌肉松弛；其次是骨骼变得凸凹明显。毛发开始脱落，局部变白，眉毛下垂，颜色减淡等。但由于生活环境和境遇的差异，衰老的程度也有所不同，如 50 岁农妇和 50 岁贵妇存在的差异。针对这些问题，中老年女性最重要的是保养好皮肤，多用滋润剂来补充皮肤中日渐减少的水分，以保持皮肤弹性和丰润。

妆面要点：要给人以柔和、端庄、高贵、雅致、慈祥等感觉。

1. **肤色的修饰**

基础底色的选择要自然，不宜过白。切忌粉底过浓过厚，否则会出现更多的褶皱，显出皮肤的衰老。化妆时，粉底要薄，如皮肤上有斑，可用遮瑕膏进行遮盖，作局部处理。另外，由于皮肤松弛，在颌部涂少许阴影，起到提拉收缩作用。半透明蜜粉定妆，要用大粉刷均匀地将蜜粉遍及整个脸、颈、耳朵等部位。

2. **眉眼的修饰**

由于中老年女性眼睑较厚，眼部化妆要特别谨慎。不要使用亮丽的眼影，眼影选用深色亚光的、低纯度、低明度的颜色。小面积涂抹在上眼睑褶皱痕处。头发灰白及白色的女性，宜选用蓝灰色系的眼影更为合适。上眼睑的眼线一般由于上眼睑下垂而看不到，可酌情粘贴双眼皮胶带，提拉松弛的上眼睑。上眼线宜用灰色、深棕色、黑色等深色，在贴近睫毛根处勾画，不宜过粗或上挑，尽量自然为主。下眼睑的眼线最好不画，这样能使眼睛看起来柔和自然、富有神采。睫毛膏可选用深棕色、黑色。年龄较大的女性不要戴假睫毛。眉毛的形状要自然，不宜过重、过挑、过粗。若有眉毛脱落，可用灰色眉笔一根一根填补，再用眉粉刷出眉型。因年龄关系眉毛都会有些下垂，在修眉和刷眉型时注意要把下垂的眉尾略上提一点。不愿意剪去眉尾者，可以用透明睫毛胶将散乱的眉尾粘贴整齐。

3. 腮红和口红

腮红的选择上，可选用一些柔和的中性色，如豆沙红、浅棕红、肉粉色等，既可修饰轮廓，又可使面色看起来红润、自然、健康。在口红的选择上应避免色彩鲜艳的唇膏，会使人看起来轻佻而不庄重。可选用纯度低一些的颜色，如自然的肉红色系、棕红色、紫红色、低明度的橘色系等。中老年人的嘴唇没有年轻时饱满，涂口红时容易溢出，所以要先用唇线笔画出有丰润感的轮廓，然后再涂口红。

4. 发型与服饰

由于面部肌肉下垂，在发型上就要慎重选择。向下走向的烫发会使面部的下垂感更强，显得衰老而憔悴。宜选择向上走向的盘发（有向上提拉面部肌肉的作用）或利落的短发，会使人显得有精神且高雅年轻。还应定时给头发控油，如经常洗头。中老年人头发干枯，可将四分之一杯橄榄油放在热水中片刻，然后擦在头发上，用保鲜纸包起来，过30分钟后再按常规方法洗头，应使用有滋润作用的洗头水和护发素，以保持头发滋润光泽。在服饰的选择上，正装以柔和的高雅色调为主，如银灰色、蓝色系、淡青色、低纯度彩色来表现高贵、庄重雅致。休闲装、运动装可大胆采用鲜艳的颜色表现活力和年轻的心态。

总之，中老年女性的日妆以淡雅为佳，要注意色彩浓度，多选择中性、柔和的色调，并尽量减少敷于脸上的化妆品的数量，这样化出的妆更显淡雅适宜。

4.2.7 时尚创意妆

时尚是引领潮流的一种文化。时尚创意妆是化妆师根据化妆主题，结合模特气质特点、五官特征、服装、发型等造型因素而定位的一种时尚化妆风格。时尚创意妆要求化妆师不但要具有时尚敏感度，还要有深厚的文化底蕴和表现技巧。如现代和宋代复古风的结合、贴花黄、运用桃花妆色等。时尚创意妆妆型特点是：不拘泥于形式，用色巧妙，可大胆采用不同质感的材料进行个性化设计。适用于平面、影视时尚T台秀等表现人物独特个性的艺术创作。

1. 肤色修饰

时尚创意妆肤色的修饰要根据妆面主题需要来定，如王菲的晒伤妆，妆面底色就要偏暗；如娃娃妆，底色就要用娇嫩偏白的浅色粉底衬托。化妆师要根据主题要表达的意图选择适当的底色。

2. 眉眼的修饰

眼部的方寸之地给化妆师的创意留下了无限创作空间，是创作设计的关键部位，时尚创意妆的眼部设计一般有以下几种形式：

（1）化妆品。利用化妆品的特殊质感来强调眼妆。如以大颗粒质感的眼影、金属光泽眼影、亮泽的油膏状眼影等作为创作手段。如彩图24所示。

（2）彩绘。利用眼部生理特点，画一些图案作为装饰。如火焰、花卉、蝴蝶、鱼、宫廷面具等。

（3）材料。可根据创作主题寻找一些独特质感的材料粘贴在眼部。如羽毛、水钻、亮片、蕾丝、花瓣等。

（4）描画。以写实手法夸张变形眼线或眼影，在眼部施以重彩突出眼部神采。最典型的妆面是2006年Dior女装发布的妆容，高挑纤细的眉、夸张的眼部色彩和线条、高耸的发髻、华丽的服饰，不愧是大师的杰作，像一场视觉盛宴。

3. 腮红与口红

一般情况下腮红和口红不会作为妆面的重点进行设计，所以不宜夸张。腮红要自然柔和，与肤色自然衔接，口红也要与妆面色调协调，并要根据妆面质感进行选择。如画金属妆，腮红和口红的选择都要贴近主色调带有金属质感。两者都可根据妆面需要减淡或省略。如果主题是腮红或口红，那么在设计中要减淡或忽略其他部位以突出腮红和口红的设计为主。如口红广告的妆面，要以唇部妆容为主，表现唇部的色泽艳丽、娇嫩、性感、完美唇型等，脸上其他部位妆容忽略或减淡，使唇妆效果突出，主次分明。

4. 发型与服饰

虽然时尚创意妆是以妆面为主，但发型与服饰可以起到更好的衬托妆容的目的，有非常重要的作用。利用服饰、多变的时尚发型，营造符合主题的氛围，能更好的表达主题思想。

4.2.8 摄影妆

随着摄影设备的不断完善和进步，对于化妆师的要求也越来越高，高科技的数码摄影已经普及，不仅在后期上有随意修改的优势，还可以在拍摄过程中把妆面中的某个细节放大很多倍进行仔细推敲，摄影妆不再像从前一样浓艳、厚重，而是更加注重细节的精致完美。妆面还要与光影、环境、服饰紧密配合，使画面和谐统一。一个好的妆面可以激发摄影师的创作灵感，拍摄出夺人眼球令人震撼的作品。

1. 沟通

化妆师进行造型设计之前要与摄影师进行良好的沟通。了解拍摄主题、拍摄背景，以及摄影师所要表达的意图和要求。然后结合服饰和模特的个性特征进行造型设计。

2. 肤色的修饰

根据模特自身皮肤条件进行适当调整，稍加修饰面部立体感，底色以轻薄、滋润、自然为主（特殊妆型除外），体现皮肤质感。可适当用一些带感光材质的粉底或散粉，使皮肤看起来滋润光泽又没有油光感。

3. 眉眼的修饰

一般摄影妆以淡雅柔和为主，用平涂法晕染眼影，多用棕色、米色等自然色。眉毛的描画真实、根根分明，并符合脸型。

表现妆面或造型设计时尚夸张的摄影妆，要求眼部化妆品颗粒细腻，晕染层次丰富，注意小细节的描画，如眼线的描画、睫毛、眉毛是否根根分明，以及色彩的协调搭配。因为妆面照片会被无限放大，供大众观赏点评，所以要更加细心晕染勾画。如彩图25所示。

4. 腮红与口红

扫好腮红后，需再按压一层薄而透明的散粉，使红润像是由皮肤内透出来的一样自然清透。涂口红前先用润唇膏滋润唇部皮肤，去除死皮。再用粉底遮盖原有唇色，最后涂唇膏和唇彩。使唇部看起来饱满细腻，唇色诱人。

5. 发型与服饰

发型与服饰要符合模特自身条件，并与摄影主题风格一致。如主要拍摄妆面，就要弱化发型与服饰，突出妆面；如主要拍摄时尚人物，发型与服饰就要紧密配合，要具有时尚感，添加时尚元素，风格整体而又统一。

职业技能鉴定要点

行为领域	鉴定范围	鉴定点	重要程度
理论准备	色彩理论及应用	色彩心理	★★
		形与色彩	★★★
		色彩的质感构成	★★★
		色彩的多维变化	★★
		妆面色彩	★★★
		色彩搭配	★★★
	妆面塑造	新娘妆	★★★
		晚宴妆	★★★
		主持人妆	★★★
		模特妆	★★★
		舞台妆	★★★
		中老年人妆	★★
		综合晚会妆	★★★
		新闻主持人妆	★★★
		时尚创意妆	★★★
		摄影妆	★★★
技能训练	色彩搭配与化妆	能灵活为顾客进行彩妆产品与服饰的色彩搭配	★★★
		能根据顾客特点及需求进行修饰美化	★★★

单元测试题

一、填空题（请将正确答案填在横线空白处）

1. 化妆造型分为三大类，即_____、_____、_____，是美容指导师必须掌握和了解的妆型。
2. 色彩心理是客观世界的_____。不同波长的光作用于人的视觉器官而产生色感时，必然导致人产生某种带有情感的_____。
3. 舞台化妆的分类：_____、_____、_____。
4. 时尚创意妆是化妆师根据化妆主题，结合模特_____、_____、_____等造型因素而定位的一种时尚化妆风格。
5. 晚宴妆根据应用目的和场合的不同分为_____和_____。

二、判断题（下列判断正确的请打"√"，错误的打"×"）

1. 京剧脸谱中，红色描绘人物的智勇刚义；紫色象征赤胆忠心，义勇无俦；黑色体现人物富有忠耿正直的高贵品格。（   ）
2. 杂技、歌舞、歌舞剧、曲艺、话剧等艺术形式的演员化妆比京剧化妆更为浓重。（   ）
3. 外景主持人的妆面以日妆、生活妆、裸妆等淡妆为主，以适应外景自然光线。（   ）
4. 舞台妆根据服装不同化妆方法也略有不同。戏剧妆浓，生活妆淡。（   ）
5. 传统新闻主持人妆要求妆面浓艳、厚重、严谨，妆色与服装、发型的风格统一。（   ）

三、单项选择题（下列每题的选项中，只有1个是正确的，请将其代号填在横线空白处）

1. 一般摄影妆以_____为主，用平涂法晕染眼影，多用棕色、米色等自然色。
   A. 淡雅柔和　　　　B. 浓艳夸张　　　　C. 烟熏眼
2. 社交晚宴妆一般在室内，灯光华丽朦胧，因此妆面色彩可适当_____一点，充分表现女性高雅、华贵、妩媚的特点。
   A. 浓艳　　　　B. 淡雅　　　　C. 厚重　　　　D. 轻薄透明
3. 人性化的色彩认识里不能缺少质感传达，这里所说的质感不仅是质地，还有_____的意思
   A. 感觉、感受　　　　B. 本质、品质　　　　C. 颗粒、品质
4. 色彩与光会产生对空间深度的推进。没有光就没有视觉感知，我们也就无法通过视觉感受_____的存在
   A. 空间　　　　B. 时间　　　　C. 色彩

5. _____色常常使人联想到旭日东升和燃烧的火焰,因此有温暖的感觉。
  A. 蓝、绿、紫   B. 红、橙、黄   C. 金、银、铜

● 四、多项选择题(下列每题的选项中,至少有2个是正确的,请将其代号填在横线空白处)

1. 时尚创意妆的眼部设计一般有以下几种形式:_____。
  A. 化妆品   B. 彩绘   C. 描画
  D. 粘贴   E. 拷贝   F. 材料

2. 摄影妆妆面还要与_____紧密配合,使画面和谐统一。
  A. 色彩   B. 光影   C. 色温
  D. 环境   E. 服饰   F. 道具

3. 主持人包括_____等。
  A. 传统新闻主持人 B. 娱乐主持人 C. 外景主持人
  D. 少儿节目主持人 E. 晚会主持人 F. 运动类主持人

4. 中老年妆在腮红的选择上,可选用一些柔和的中性色,如_____等,既可修饰轮廓,又可使面色看起来红润、自然、健康。
  A. 豆沙红   B. 浅棕红   C. 肉粉色
  D. 玫瑰红   E. 淡粉红色 F. 金色

5. 天光或是人造光线通过不同的材料会变成_____等。
  A. 反射光   B. 折射光   C. 浸射光
  D. 扩散光   E. 直射光

● 五、简答题

1. 为了确保新娘婚礼当天形象完美,除了化妆造型工作外,还应提前做哪些准备工作?
2. 色彩搭配中主要有哪几种对比搭配关系?
3. 色彩的心理感觉一般有哪些?

单元测试题答案

一、填空题

1. 实用型化妆 比赛化妆 影视舞台化妆
2. 主观反映 心理活动
3. 话剧 戏曲 歌舞
4. 气质特点 五官特征 服装 发型
5. 社交晚宴化妆 演示性晚宴化妆

二、判断题

1. ✗ 2. ✗ 3. √ 4. √ 5. ✗

三、单项选择题

1. A 2. A 3. B 4. A 5. B

四、多项选择题

1. ABCF 2. BDE 3. ABC 4. ABC 5. ACDE

五、简答题

1. 答：（1）提前一个月做皮肤护理。

（2）提前一天把头发卷成熟发，以便造型之需。

（3）提前清除体毛，如面部、腋窝等。

2. 答：（1）色彩明度的对比搭配。

（2）色彩纯度的对比搭配。

（3）同类色、邻近色的对比搭配。

（4）互补色、对比色的对比搭配。

（5）冷、暖色的对比搭配。

3. 答：色彩的心理感觉一般分为：

（1）色彩的冷暖感。

（2）色彩的轻重感。

（3）色彩的软硬感。

（4）色彩的强弱感。

（5）色彩的明快感与忧郁感。

（6）色彩的兴奋感与沉静感。

（7）色彩的华丽感与朴素感。

第 5 单元

常用接待英语

5.1　美容专业术语　/185
5.2　美容常用词汇　/186
5.3　美容常用语句　/187
5.4　美容常用会话　/188

美容行业的服务是面向社会大众的，随着对外开放政策的逐步深入，许多国际友人纷纷来到中国。美容人员在从业过程中掌握与美容有关的英语，能更好地为客人服务。

5.1 美容专业术语

1. beautician   美容师，美容用品制造者
2. cosmetologist   美容从业者，美容师
3. cosmetology   美容学
4. dermatology   皮肤学
5. esthetics   美学，审美学
6. facial treatment   脸部护理
7. dermatologist   皮肤病专家
8. electrologist   电蚀医师（用电针给人去除多余毛发或痣、疣等的专业人士）
9. cuticle   表皮
10. cutis   真皮
11. beauty bed   美容中心
12. beauty parlor   美容院
13. beauty apparatus   美容仪器
14. course of treatment   疗程
15. microwave   微波
16. ultrasonic wave   超声波
17. protein   蛋白质
18. germ   细菌
19. eyebrow tattooing apparatus   文眉机
20. skin analysis apparatus   皮肤测试仪
21. moisture   水蒸气
22. dry   干性
23. oily   油性
24. normal   中性
25. sensitive   敏感的
26. deep lifting   深层拉皮
27. massage cream   按摩霜
28. massage oil   按摩油
29. toning lotion   收缩水
30. cleansing milk   洗面奶
31. day cream   日霜

32. eye cream 眼霜
33. bridge of the nose 鼻梁
34. cheek bone 颧骨
35. forehead 前额
36. circumference 胸围
37. waist-line kummerbund 腰围
38. buttocks 臀部
39. leg 腿
40. name brand 名牌

5.2 美容常用词汇

1. massage 按摩
2. come in 进来
3. moment 一会儿
4. unfit 不适合
5. symmetry 对称
6. painful 疼
7. day make up 日妆
8. evening make up 晚妆
9. bridal make up 新娘妆
10. tattoo eyebrow 文眉
11. upper eye line 上眼线
12. lower eye line 下眼线
13. mascara 睫毛膏（染）
14. eyelid cream 眼霜
15. clothes 衣服
16. sleep 睡眠
17. manicure 修指甲
18. nail polish 指甲油
19. nail file 指甲锉
20. rouge 胭脂
21. towel 毛巾
22. bowl 碗
23. basin 盆
24. comb 梳子

25. eye shadow   眼影
26. powder   粉
27. nature   自然
28. cover   遮盖
29. lip stick   口红
30. red   红色
31. blue   蓝色
32. purple   紫色
33. coffee   咖啡色
34. violet   紫罗兰

5.3 美容常用语句

1. 我能为您做些什么？
Anything else I can do for you?

2. 对不起，先生，我们今天预约很多，真的很忙。
I am sorry, Sir. We have many appointments already. The beautician is busy now.

3. 如果预订客人10分钟以内不能来，我们为您做。
The customer does not arrive in ten minutes, then we can take you.

4. 对不起，小姐，您晚了15分钟，预订已取消，您愿意再做一个新的预订吗？
I am sorry, Miss, since you are fifteen minutes late, there is no one available at the moment. Would you like to make another appointment?

5. 我明白您的意思。
I see.

6. 请您脱下大衣，取下项链和耳环，然后穿上这件衣服。
Please take off your coat, necklace and earrings, then put on this dress.

7. 对不起，我现在为您改一下。
Sorry, I will change it for you now.

8. 您用粉底霜吗？
Would you like foundation?

9. 这次化妆不用粉底霜了。
Do not use foundation this time.

10. 您看这样行吗？
How do you like this?

11. 先生，您是油性皮肤。
Your skin is oily, Sir.

12. 给您做个海藻面膜吗？
Would you like a seaweed mask?

13. 您太客气了，我们希望我们的服务使您满意，欢迎您再来。
You are welcome, we hope you have found our service satisfactory and come here again.

5.4 美容常用会话

1. 早上好，小姐，这里是美容院。我能帮您做些什么吗？
Good morning, Miss. This is beauty salon, May I help you?
我想做脸部美容。
I want to do a facial.

2. 您是做皮肤护理吗？
Do you want skin care?
不，我想化妆。
No, I want to do make up.
您想化淡妆还是浓妆？
Would you like heavy or light make up?
今天化淡妆。
I want a light make up.

3. 请问，可以让王小姐给我做吗？
Could Miss Wang work for me?
对不起，今天她休息。
I am sorry. She is off today.

4. 化妆需要多少时间？
How long will it take to make me up?
半小时足够了。
Half an hour is OK.

5. 多少钱？
How much will this be?
一共150元，小姐。
That will be 150 yuan, Miss.

6. 小姐，您的皮肤太干了，需要补充水分。
Miss, Your skin is very dry. The water replenishment is needed.
给您加一个补充水分的精华好吗？
How about moisturizing ampoule?

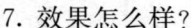

7. 效果怎么样?

   How is the effect?

   很好,效果很明显。

   Nice, the effect is visible.

8. 小姐,您的感觉如何?

   How are you feeling now, Miss?

   很好,谢谢您。

   Very well, thank you.

9. 先生,您想做减肥护理吗?

   Would you like to have diet care, Sir?

   我想做腹部减肥。

   I want to reduce my abdomen.

10. 您想做仪器减肥还是人工按摩减肥?

    Would you like mechanical reduction or manual massage reduction?

    我喜欢仪器减肥。

    I like mechanical.

11. 请在减肥期间注意饮食结构和胃口。

    Please pay attention to dietaries composition and appetite during the diet period.

    我明白了。

    I see.

知识考核模拟试卷

(考核时间:90分钟,总分:100分)

一、判断题(下列判断正确的请打"√",错误的请打"×";每题1分,共40分)

1. 痤疮的病因之一是雌激素浓度太高。 （   ）
2. 五脏的共同生理特点是:化生和储藏精气,故"实而不能满"。 （   ）
3. 对于色斑皮肤进行奥桑喷雾,时间可略长。 （   ）
4. 肾藏精,为脏腑阴阳之本,生命之源,故称肾为"后天之本"。 （   ）
5. 六腑的共同生理特点是:受盛和传化水谷,故"满而不能实"。 （   ）
6. 必需脂肪酸的摄入量一般应不少于总热能的3%。 （   ）
7. 膳食脂肪具备增加饱腹感、改善食物的感官性质、提供能量及提供水溶性维生素等生理功能。 （   ）
8. 必需氨基酸指的是人体自身能合成的重要氨基酸。 （   ）
9. 因为膳食纤维不能被人体吸收和利用,因此,对人体而言并无益处。 （   ）
10. 用高频电疗仪做火花电疗时,应先用湿棉片盖住客人眼部,再点击炎症部位。 （   ）
11. 用超声波美容仪护理时,药物精华素可在皮肤上停留5～8分钟。 （   ）
12. 超声波美容仪的操作时间不应超过15分钟。 （   ）
13. 真空吸喷仪的冷喷功能可以刺激毛孔,使其得到收敛。 （   ）
14. 高频电疗仪的火花电疗手法具有较强的杀菌效果。 （   ）
15. 阴阳电离子仪的正极产生酸性反应,可以刺激神经。 （   ）
16. 电离子导入仪的负电极产生碱性反应,刺激神经、增强血液循环。 （   ）
17. 吸啜适用于油脂较多、皮肤较厚的部位。 （   ）
18. 高温会使皮肤血液循环加快,毛孔扩张,淋巴液分泌增多。 （   ）
19. 痤疮发病部位以颜面为多,也可见于胸背部及肩胛、颈后等处。 （   ）
20. 暖色光照在冷色调妆面上,妆面色彩会变浅、变亮,效果比较柔和。如黄色光照在紫色调的妆面上,妆面显得亮丽自然。 （   ）
21. 色彩软硬感与明度、色相有关。 （   ）
22. 形与色是造型艺术的两大基本要素。 （   ）
23. 明度对比是色彩的明暗程度的对比,也称色彩的黑白度对比。 （   ）
24. 对比色是在色相环上距离180度左右的色组对比,如三原色中两个间色之间的对比。 （   ）

25. 购买行为完成后,消费者的心理活动已经结束。   (   )
26. 从色彩上说,现在的京剧脸谱有红、紫、黑、白、蓝、绿、黄、老红、瓦灰、金、银等色,这是从人物自然肤色的夸张描写,发展为性格象征的寓意用色。   (   )
27. 舞台化妆要求与剧本中人物性格形象为依据,结合戏剧的历史背景和环境,运用化妆技巧来帮助演员表现剧中人物的外部形象。   (   )
28. 在人际交往中,把年长的介绍给年轻的,身份高的介绍给身份低的,女性介绍给男性,家庭成员介绍给顾客,迟到的介绍给早到的,介绍顺序自左至右。   (   )
29. 关于色彩的冷暖,我国早在南北朝时就已经有了研究与探索,南朝梁元帝萧绎在他的《山小松石格》中谈到"炎绯寒碧,暖日凉星",这是中国人对色彩冷暖认识的最早论述。   (   )
30. 紧张胆怯的顾客没有购买的任何障碍,她们大部分较容易接受你,同时希望能将资料带回阅读,如有机会,会耐心听取介绍,并会很认真提一些恰当的问题。(   )
31. 顾客让渡价值是顾客总价值与顾客总成本之间的差额。   (   )
32. 价格只能招徕顾客,而服务却能使顾客成为忠诚顾客。   (   )
33. 眼部皮肤问题包括眼袋、黑眼圈。   (   )
34. 人参具有补血活血、祛淤生新之功效。   (   )
35. 老年斑是指在老年人皮肤上出现的一种脂褐质色素斑块。   (   )
36. 衰老皮肤的特征只有:皱纹增加,皮下组织减少,色素增加。   (   )
37. 六淫就是风、寒、湿、火、暑、燥。   (   )
38. 晒斑是由日光或其他光线照射形成,是皮肤对强光照射引起的一种急性损伤性反应。   (   )
39. 色斑是一种人面部的色素障碍性皮肤病。   (   )
40. 长期过度的紫外线照射,使黑色素大量产生不易排除,是形成黑斑的外在原因。
                                                                 (   )

二、单选题（下列每题选项中,只有1个正确,请将其代号填在横线空白处;每题1分,共30分）

1. 禀受于父母的原始生命物质,称为_____。
    A. 生殖之精   B. 先天之精   C. 脏腑之精
2. 一身之气的生成,关系最为密切的脏腑为_____。
    A. 心、脾、肾   B. 心、肺、肾   C. 心、肝、肾
    D. 脾、肺、肾   E. 肝、脾、肾
3. _____皮肤问题与日晒有直接关系。
    A. 过敏   B. 接触性皮炎   C. 光毒性皮炎
4. 最易导致肾气不固的情志因素是_____。
    A. 喜   B. 怒   C. 忧

D. 恐　　　　　　　　E. 悲

5. 中国居民平衡膳食宝塔居于塔尖的食物种类是_____。
　　A. 油脂类　　　　B. 蔬菜水果类　　　C. 动物类　　　　D. 奶豆类
6. _____与脾相表里。
　　A. 胃　　　　　　B. 肾　　　　　　　C. 肝　　　　　　D. 三焦
7. 脾其华在_____。
　　A. 口　　　　　　B. 唇　　　　　　　C. 发　　　　　　D. 面
8. 对肝主疏泄影响最大的情志活动是_____。
　　A. 喜　　　　　　B. 怒　　　　　　　C. 思
　　D. 恐　　　　　　E. 惊
9. 下列不属于表里关系的脏腑是_____。
　　A. 心与心包络　　B. 脾与胃　　　　　C. 肝与胆　　　　D. 肺与大肠
10. 精血同源是指_____两脏的关系。
　　A. 心与肾　　　　B. 脾与肾　　　　　C. 肺与肾　　　　D. 肝与肾
11. 一般要求动物性蛋白质和大豆蛋白质应占膳食蛋白质总量的_____。
　　A. 10％～30％　　B. 30％～50％　　　C. 50％～70％　　D. 70％～90％
12. 浮肿型蛋白质热能营养不良主要是由于缺乏_____。
　　A. 蛋白质　　　　B. 热能　　　　　　C. 维生素　　　　D. 矿物质
13. _____与内分泌有关。
　　A. 雀斑　　　　　B. 黄褐斑　　　　　C. 晒斑
14. 不溶性膳食纤维不包括_____。
　　A. 纤维素　　　　B. 果胶　　　　　　C. 半纤维素　　　D. 木质素
15. 长期过量摄入脂溶性维生素时，_____。
　　A. 以原形从尿中排出　　　　　　　　B. 经代谢分解后全部排到体外
　　C. 在体内储存备用　　　　　　　　　D. 导致体内储存过多引起中毒
16. 以下各组维生素均属于水溶性的是_____。
　　A. 维生素 A、维生素 D、维生素 E、维生素 K
　　B. 维生素 B_1、维生素 B_2、维生素 B_6、维生素 C
　　C. 维生素 A、维生素 C、维生素 B_1、维生素 B_2
　　D. 维生素 A、维生素 E、维生素 C、维生素 B
17. 不提供能量，但参与构成机体组织的营养素是_____。
　　A. 矿物质　　　　B. 蛋白质　　　　　C. 碳水化合物　　D. 维生素
18. 既不供给能量，又不构成机体组织，但是人体不可缺少的营养素是_____。
　　A. 脂肪　　　　　B. 碳水化合物　　　C. 无机盐　　　　D. 维生素
19. 我国成年人膳食中，蛋白质提供能量占全日摄入总能量的适宜百分比为_____。

A. 10％以下　　　　B. 10％～15％　　　C. 15％～25％　　D. 25％以上
20. 在人体内代谢后最终产物含氮元素的营养素为_____。
   A. 脂肪　　　　　B. 碳水化合物　　　C. 蛋白质　　　　D. 水
21. 痤疮是一种发生于_____的慢性炎症。
   A. 毛囊皮脂腺　　 B. 表皮　　　　　　C. 真皮　　　　　D. 皮下组织
22. 色彩的轻重感一般由_____决定。高明度具有轻感，低明度具有重感。
   A. 色相　　　　　B. 纯度　　　　　　C. 明度　　　　　D. 亮度
23. 无彩色系中白色有_____，黑色有_____，灰色_____。
   A. 冷感　暖感　属中　　　　　　　　B. 暖感　冷感　属中
   C. 冷感　属中　暖感　　　　　　　　D. 暖感　冷感　暖感
24. 色彩心理与_____有关。体力劳动者喜爱鲜艳色彩，脑力劳动者喜爱调和色彩；农牧区喜爱极鲜艳的，成补色关系的色彩；高级知识分子则喜爱复色、淡雅色、黑色等较成熟的色彩。
   A. 职业　　　　　B. 社会心理　　　　C. 年龄　　　　　D. 个人喜好
25. 设计色彩并非全是色彩理论下的科学产物，而是与设计师对事物的_____有很大关系。
   A. 色彩感觉　　　B. 个人见解　　　　C. 感知能力　　　D. 逻辑思维
26. 色彩明快感与忧郁感与_____有关，纯度高而鲜艳的色具有明快感，深暗而混浊的色具有忧郁感。
   A. 明度　　　　　B. 纯度　　　　　　C. 色相　　　　　D. 亮度
27. 如果混合性皮肤表现为油性和干性皮肤的混合（即前额和鼻部为油性，而面颊和下颏为干性），这时应该选择_____的乳液类清洁产品以有效地去除"T"形区过多的油脂，同时又为面颊和下颏等干燥区域补充一定的脂质。
   A. 油型　　　　　B. 水型　　　　　　C. 油包水型　　　D. 水包油型
28. 清洁霜的刺激性很低，它在使用后可以在皮肤表面形成一个油性薄膜，特别对_____肌肤有很好的润护作用。
   A. 油性　　　　　B. 干燥型　　　　　C. 中性　　　　　D. 缺水性
29. 真皮中含水量的下降可影响_____的弹性，并使胶原纤维易于断裂。
   A. 弹力纤维　　　B. 胶原纤维　　　　C. 网状纤维　　　D. 黏多糖纤维
30. 人体皮肤的含水量为体重的18％～20％，皮肤内75％的水在细胞外，主要储存在_____内。
   A. 表皮　　　　　B. 皮肤附属器　　　C. 真皮　　　　　D. 皮下组织

三、多选题（下列每题选项中，至少有2个正确，请将其代号填在横线空白处；每题2分，共10分）

1. 妆色中包含_____三种妆色，既要协调统一、富于变化，又要灵活运用色彩搭配技巧，使妆面脱颖而出光彩照人。
    A. 眼影色　　　　　　B. 眉毛色　　　　　　C. 胭脂色
    D. 粉底　　　　　　　E. 睫毛色　　　　　　F. 口红色
2. 根据结婚典礼流程安排，婚礼主要有_____两大环节。典礼仪式上一般以婚纱造型为主。
    A. 节目表演　　　　　B. 仪式　　　　　　　C. 婚宴
    D. 敬酒　　　　　　　E. 夫妻喝交杯酒　　　F. 父母致词
3. 消费者按介入程度和所购产品的品牌差异程度可划分为_____。
    A. 简单型　　　　　　B. 多变型　　　　　　C. 和谐型
    D. 复杂型　　　　　　E. 反抗型　　　　　　F. 活泼型
4. 招呼语一般有_____等。
    A. 询问性招呼语　　　B. 沟通性招呼语　　　C. 安慰性招呼语
    D. 正式性招呼语　　　E. 赞美性招呼语　　　F. 应答性招呼语
5. 赞美语要求：_____。
    A. 避免夸夸其谈　　　B. 避免吹捧　　　　　C. 避免阴阳怪气
    D. 避免盲目　　　　　E. 避免意图形的赞美　F. 避免笼统

四、填空题（请在横线空白处填写正确答案；每空格1分，共20分）
1. 心，其华在面；肝，其华在_____；脾，其华在_____。
2. 元气，禀受于父母，由_____化生而成。
3. 气有温煦、_____、_____等作用。
4. 气血生化之源是_____、_____。
5. _____是机体一切正常水液的总称，有滋润和濡养的生理功能。
6. 先天之精禀受于_____，藏于_____，是人类生殖繁衍的基本物质。
7. 肝在体合_____，开窍于_____。
8. 自觉症状系指患者自己主观感觉到的症状，主要有瘙痒、_____、_____。
9. 皮肤或黏膜接触外界某些物质后而发生的炎症反应称为_____。
10. 心在体合_____，开窍于_____。
11. 荨麻疹俗称"风疹块""发风丹"，是一种常见的_____皮肤病。
12. 空气的干湿程度叫做_____，一般人在_____的相对湿度下感觉最舒适，如果过低，会影响皮肤功能。

知识考核模拟试卷答案

一、判断题
1. ×　2. √　3. ×　4. ×　5. √　6. ×　7. √　8. ×　9. ×　10. √　11. √　12. √　13. √　14. √　15. ×　16. √　17. √　18. ×　19. √　20. ×　21. √　22. √　23. √　24. ×　25. ×　26. √　27. √　28. ×　29. √　30. √　31. √　32. √　33. ×　34. ×　35. √　36. ×　37. ×　38. √　39. √　40. √

二、单项选择题
1. B　2. D　3. C　4. D　5. A　6. A　7. B　8. B　9. A　10. D　11. A　12. A　13. B　14. B　15. D　16. B　17. A　18. D　19. A　20. C　21. A　22. C　23. D　24. C　25. D　26. C　27. D　28. B　29. A　30. C

三、多项选择题
1. ACF　2. BC　3. ABCD　4. ACEF　5. BDF

四、填空题
1. 爪　唇　2. 先天之精　3. 防御　固摄　4. 脾　胃　5. 津液　6. 父　母　肾　7. 筋　目　8. 疼痛　麻木/灼热　9. 接触性皮炎　10. 脉　舌　11. 过敏性　12. 湿度 45%～55%

技能考核模拟试卷

第一题

试题名称：新娘妆。

规定用时：60分钟。

1. 操作条件

（1）模特一名。

（2）化妆用具一套。

（3）标准化妆间。

2. 操作要求

（1）所选模特不可有过三纹。

（2）模特不得先前做过任何修饰。

（3）化妆色彩与服饰色彩协调。

（4）妆色浓淡与季节、服饰质地款式协调。

（5）妆面洁净，牢固性强，有整体感。

（6）妆色要协调。新娘妆妆型圆润柔和，充分展现女性婀娜的阴柔美。

试题评分表：

试题名称			新娘妆	鉴定时限	60分钟
	评价要素	配分	评分标准		得分
操作过程	妆型	7	1. 两侧不对称，不适合脸形扣1分 2. 侧影晕染位置不适当，面积大小不合理，过渡不柔和，亮色晕染不适度，扣1分 3. 影晕染的位置不和眼形两侧对称，面积大小不适当，两侧不对称，扣1分 4. 线左右不对称，粗细不适当，与眼形不自然协调，扣1分 5. 红晕染位置不适于脸形，两侧不对称，面积大小不适当，扣1分 6. 形轮廓不清晰，薄厚不适当，唇形不饱满，唇形与脸形、五官配合不合理，扣1分 7. 廓红晕染的位置不适当，面积大小不适于脸形，扣1分		

续表

试题名称			新娘妆	鉴定时限	60分钟
	评价要素	配分	评分标准		得分
操作过程	妆色	6	1. 底色与肤色协调不自然，皮肤质感不细腻，没有遮盖瑕疵，涂敷不均匀周到，扣1分 2. 色调不柔和，虚实不相应，没有立体效果，扣1分 3. 影色运用不简洁，对比不柔和，重点没有突出，扣1分 4. 影色与肤色不协调，过渡不自然，扣1分 5. 红与轮廓红，浅淡不自然，过渡不柔和，扣1分 6. 色彩显得不饱满，扣1分		
	操作技术娴熟	2	1. 运用方法不正确，扣1分 2. 晕染手法不稳、不利索，扣1分		
	矫正效果	3	凹凸层次及五官轮廓没有适当调整，效果不明显，扣3分		
	妆面洁净	3	妆面不洁净，扣3分		
	化妆程序	2	化妆程序不合理，扣2分		
	化妆姿态	2	化妆姿态不优雅大方，扣2分		
总分		25	合计得分		

第二题

试题名称：影响消费者情绪情感的因素。

评分形式：结果评分。

试题评分表：

评价要素	配分	得分
内容要点	18	
结合实践或实例	5	
创新性	2	
合计	25	

参考答案（笔试）：

1. 内容要点（18分）

消费者的情绪和情感产生于认识产品、购买产品的活动中。消费者情感的变化受以下因素的影响。

（1）购物环境。购物环境是购物现场的整体情况和气氛。消费者的情感变化首先是受购物环境的影响。当消费者步入宽敞明亮、色彩柔和、环境幽雅的商场；营业人员服务周到、彬彬有礼；顾客之间礼貌相让，会使人感觉愉快、舒畅。如果再配有自动扶梯等现代化设施，轻松愉悦的背景音乐，更能产生一种轻松美好的情绪体验，取得意想不到的购物效果。反之，昏暗、狭窄、脏乱的环境以及美容指导师冷淡、粗暴的服务，则会给消费者带来压抑、厌烦、失望和厌恶的消极情绪，不利于消费者的消费行为。（6分）

（2）产品本身的影响。情绪情感是基于人的需要，指向具体的客观事物的。消费需要的满足大多是借助产品实现的。产品的外观和内涵等方面的特征，能够引起消费者的不同情绪情感。

当产品本身各方面属性，如质量、功能、实用性以及造型、规格、色彩、风格、包装等，如果符合消费者的实际需要，则会引起消费者的满意和喜欢，产生积极的情感；反之，则产生不满意的消极情感。

因此，化妆品企业应高度重视产品的质量，在竞争激烈的市场上以质取胜，来吸引消费者，促进产品的销售。同时，在产品命名、包装等方面精心设计，以诱发消费者的积极情感，促进购买行为的完成。（6分）

（3）消费者心理准备状态的影响。消费者的心理准备状态对于情绪与情感有直接的激发作用，并且被激发起来的情绪情感又具有反作用，影响原来的心理准备，两者共同推动消费者的购买活动。一般而言，消费者的需要水平越高，购买的动机越强烈，情绪的兴奋程度就越高，而且，购买动机转化为购买行为的可能性也就越大。化妆品企业在新产品上市前，应做好广告宣传，使消费者在购物前做好充分的心理准备，调动他们的购物情绪。（6分）

2．结合实践或实例（5分）

结合实际情况作出简要分析。

3．创新性（2分）

答案中体现创新性。

第三题

试题名称：介绍一台离子喷雾机（从构成、原理、功效、注意事项这四个方面）。

评分形式：结果评分。

评分表：

评价要素	配分	得分
构成	4	
原理	10	
功效	6	
注意事项	5	
合计	25	

参考答案（笔试）：

1. 构成（4分）

离子喷雾机由水杯、电加热器、紫外线灯管和机体、支架、脚架、喷头等组成。

2. 原理（10分）

注入水杯中的蒸馏水在电热作用下产生蒸汽，蒸汽还可以受紫外线辐射和电磁场的作用，发生电离产生氧离子等游离离子。（3分）这些游离子随同蒸汽从喷口喷向人的脸部，加速血液循环，促进皮肤新陈代谢，达到护肤美容的目的。（3分）同时对感冒、鼻炎有一定的疗效。有的离子喷雾机还有电子控制线路，内置感温式断电装置，自动断电保护，更加安全可靠。（3分）另有香熏中草药美容喷雾机。（1分）

3. 功效（6分）

（1）蒸汽喷在面部，能够升高面部皮肤的温度，促进面部皮肤内的血液循环，同时游离态氧因具有较强的穿透能力，进入皮肤内可以增加血液中的含氧量，有利于营养皮肤及深层组织，改善肤色，让皮肤看起来更红润、细腻。（2分）

（2）蒸汽使皮肤表面角质层松软，死细胞容易挪动，为下一步脱屑操作创造有利条件。（1分）

（3）蒸汽促使毛孔开放，有利于清除毛孔内异物，利于皮肤的排泄，深层清洁皮肤。（1分）

（4）改变皮肤缺水状态，补充细胞中的水分，改善细胞的新陈代谢及自动修复功能，使皮肤更滋润、更有弹性。（1分）

（5）负离子氧对皮肤有杀菌消毒的作用，可有效杀灭皮肤中的各种细菌，缩短对瘢痕、暗疮的治疗过程。（1分）

4. 注意事项（5分）

（1）操作时，必须使用蒸馏水或去离子水，切忌使用自来水，以避免钙、镁或其他矿物质沉淀附着在电热器上，降低电热器的导热性。（1分）

（2）喷雾杯内的水量要适中，不能低于电热器，也不能超过红色标线。（1分）

（3）在使用时，如果周围有空调、风扇等抽气系统运转时，必须及时调整仪器，以免蒸汽不能喷在顾客面部而影响操作效果。（1分）

（4）停止使用仪器时，必须切断电源，要定期对仪器进行检查，如喷雾口是否尘埃堆积，喷雾杯的橡皮圈是否老化等。至少一个星期对喷雾杯清洗一次，电热器上如发现有附着石灰质时，用软金属线刷子刷落，或用4∶1的白醋与蒸馏水混合溶液浸泡一夜后即可清除。（1分）

（5）对敏感性皮肤、微血管破裂皮肤和色斑皮肤均不宜使用奥桑蒸汽，以免加重过敏和色斑；对受过伤或受过严重刺激的皮肤及患有皮肤血管瘤等其他皮肤病的皮肤，不宜使用奥桑蒸汽仪。（1分）

第四题

试题名称：芳香精油的使用方法与注意事项。

规定用时：20分钟。

试题评分表

试题名称	芳香精油的使用方法与注意事项		鉴定时限	20分钟
	评价要素	配分	评分标准	得分
操作过程	定义	6.5	错误扣6.5分	
	作用	8	每个错误扣1分	
	物理性质	4	每个错误扣1分	
	使用注意事项	6.5	每个错误扣0.5分	
	总分	25	合计得分	

说明：各评价要素扣分不超过其配分。

参考答案（笔试）：

1. 芳香精油的定义（6.5分）

所谓芳香精油，是一种萃取自植物的花、叶、种子、树皮、树根等的挥发性芳香物质及植物免役、修护系统精华，是植物的血液，也是植物的荷尔蒙，称液体黄金。

2. 芳香精油的作用（8分）

（1）对皮肤和结缔组织：增加皮肤光泽、活力，排除毒素。（1分）

（2）对动脉、静脉循环系统的作用：帮助血液和细胞间的氧气与氧分的交换，帮助体内微循环系统加速排除有毒物质。（1分）

（3）对淋巴系统的作用：加速淋巴结的排毒、解毒功能，加速淋巴液流动。（1分）

（4）对肌肉组织的作用：对生活中的紧张、压力、影响人体肌肉组织的活动，导致身体僵化、沉重、疲乏、疼痛萎缩，精油能促进肌肉纤维的抵抗力，放松肌肉、消除疲劳、恢复活力。（1分）

（5）对脑脊髓神经组织的作用：脑脊髓神经主要作用在调和生命功能及感官信息的集中，芳香精油能使它平静、和顺、集中。（1分）

（6）对生长神经系统的作用：生长神经是指交感及副交感神精神经系统。（1分）

交感神经→阳→活动力→昼神经→失眠→亢进

副交感神经→阴→休息→夜神经→睡眠

（7）对脏腑的作用：胃肠不适或胆汁分泌不足时，用精油可获得调和。肠胃痉挛时，用精油可舒缓。（1分）

（8）分泌及外分泌功能。促进并调整内、外分泌腺体的正常功能，包括皮脂腺、外分泌肾上腺、卵巢等内分泌。（1分）

3. 芳香精油的物理性质（4分）

（1）亲油性。即易溶于植物油或其他油脂。这种特性不仅可以制造花油，在以油为媒介的香水提炼过程中也成效良好，同时在调制按摩油及脸部保养油时也非常实用。(1分)

（2）抗水性。这表明芳香精油使用于水质产品中将十分不易。(1分)

（3）挥发性。芳香精油最显著的物理性质就是它的挥发性，若将它暴露于空气中，则会很快地蒸发掉（将一滴芳香精油和一滴植物油分别滴在纸上作实验）。(1分)

（4）混合性。芳香精油可以部分溶于酒精，芳香精油能和酒精混合的量因精油的种类不同而异，同时也必须考虑酒精的纯度。芳香精油一加一大于二的功能，即针对某一状况，两种芳香精油混合的作用远远大于一种芳香精油的作用。(1分)

4. 芳香精油的使用注意事项（6.5分）

（1）芳香精油一般不要内服，除非有注明可以口服或获得芳香治疗师或医师的指示。(0.5分)

（2）怀孕初期几个月内最好避免使用芳香精油来按摩或泡澡，因为某些芳香精油可能会导致月经来潮。(0.5分)

（3）柑橘类精油（佛手柑、柠檬）会导致皮肤对紫外线过敏，因此，使用过后8小时内请勿暴晒肌肤。(0.5分)

（4）患有高血压、瘫病症、神经及肾脏方面疾病的病人请小心使用。某些芳香精油如丝柏、迷迭香，使用前最好先请教医师或芳香治疗师。(0.5分)

（5）芳香精油不能取代药物。因此，使用后如症状未改善，请一定要看病就医。绝不可因使用芳香精油而放弃原先已在使用的药物。(0.5分)

（6）请按建议量使用。使用过量会导致相反效果，甚至对身体造成过大负担。尤其是依兰、鼠尾草使用过量会引起睡意，在酒后或开车时应避免使用。(0.5分)

（7）芳香精油必须稀释后才能使用，除非有其他特别的建议。(0.5分)

（8）请避免小孩直接碰触，以免误用而发生危险。(0.5分)

（9）芳香精油必须储存于密封完好且为深色的玻璃瓶内，并且放置于阴凉的场所，避免阳光直射，以延长芳香精油寿命，确保芳香精油的疗效。(0.5分)

（10）芳香精油不应存入塑料、易溶解或油彩表面的容器，当稀释芳香精油时，请使用玻璃、不锈钢或陶瓷器。(0.5分)

（11）新生儿（2个星期内）不可使用芳香精油。2个星期后可用熏衣草一滴于浴盆内。12岁以下儿童所有芳香精油必须被稀释为成人使用量的1/4（大人1，小孩1/4）。12~18岁则为成人用量的1/2。(0.5分)

（12）皮肤或体质敏感者，请在使用前先进行敏感测试。(0.5分)

（13）请按指示用量，不可盲目多用。(0.5分)

参 考 文 献

1　陆嵘，刘健芳，杨洁. 美容. 北京：中国纺织出版社，1999
2　邓创. 塑造一流美容师. 沈阳：辽宁科学技术出版社，2004
3　赖维，刘玮. 美容化妆品学. 北京：科学出版社，2006
4　刘玮，张怀亮. 皮肤科学与化妆品功效评价. 北京：化学工业出版社，2004
5　张晓梅，刘晓琴，梁春燕等. 美容师. 北京：中国劳动社会保障出版社，2005
6　张志礼. 中西医结合皮肤性病学. 北京：人民卫生出版社，2000
7　方言. 说话的艺术. 北京：中国致公出版社，2003
8　朱红穗. 现代护肤美容学. 上海：东华大学出版社，2002
9　邓创等. 美容院顾客服务方法与技巧. 沈阳：辽宁科学技术出版社，2004
10　邓创，邓冲. 专业美容导师读本. 沈阳：辽宁科学技术出版社，2004
11　王官诚. 消费心理学. 北京：电子工业出版社，2006
12　张志礼. 中西医结合皮肤性病学. 北京：人民卫生出版社，2000

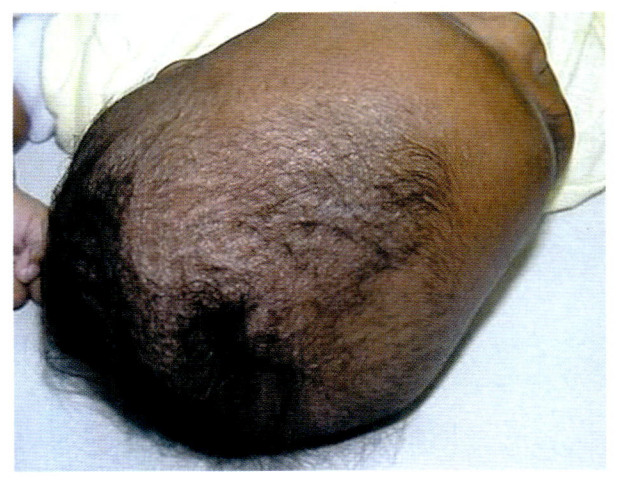

彩图1 脂溢性皮炎

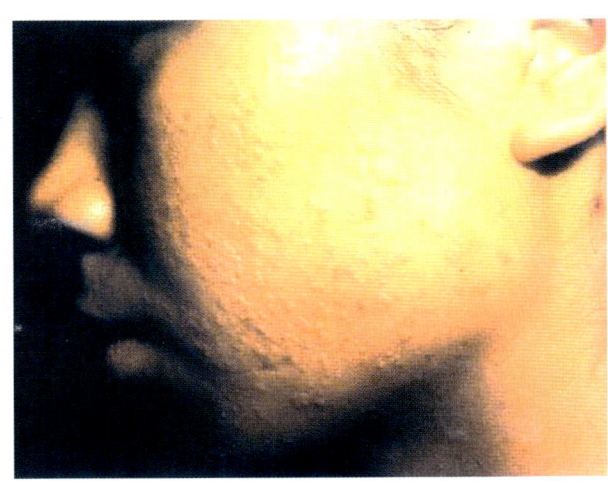

彩图2 扁平疣

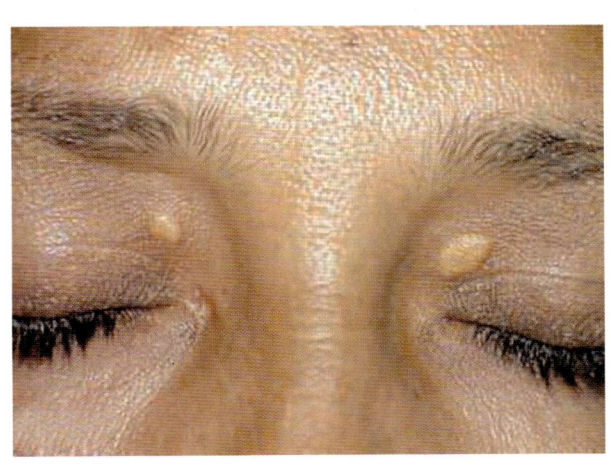

彩图3 睑黄瘤

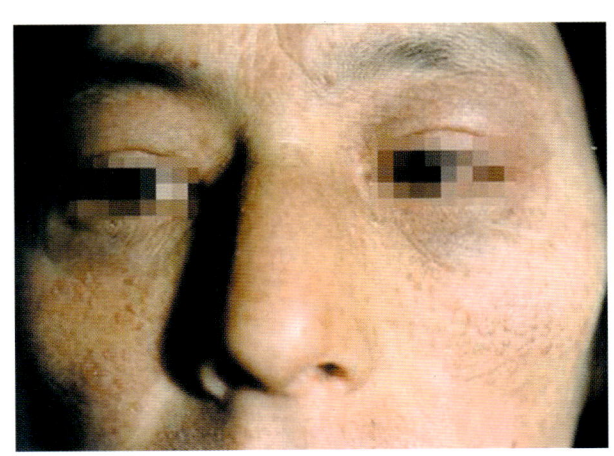

彩图4 汗管瘤

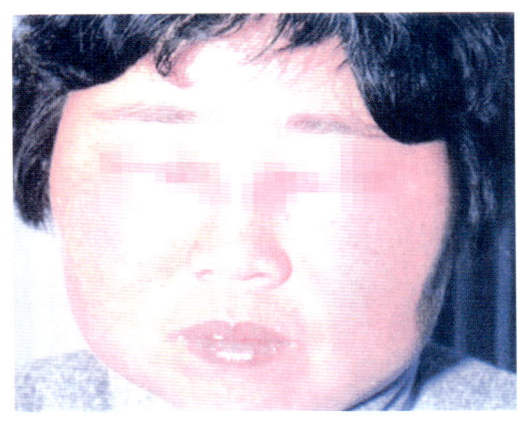

彩图5 接触性皮炎

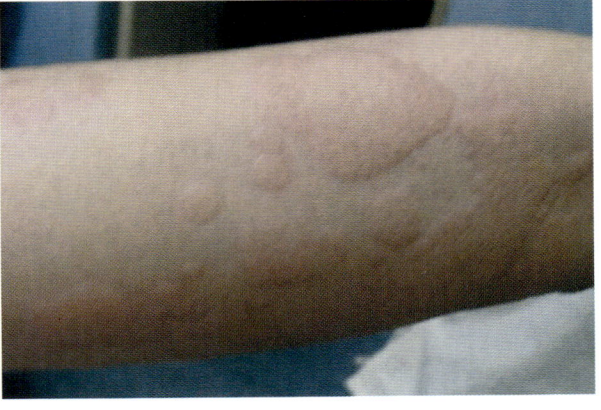

彩图6 荨麻疹

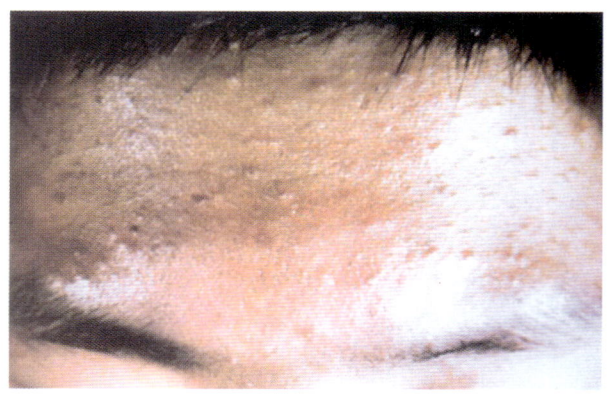

彩图 7　痤疮（1）

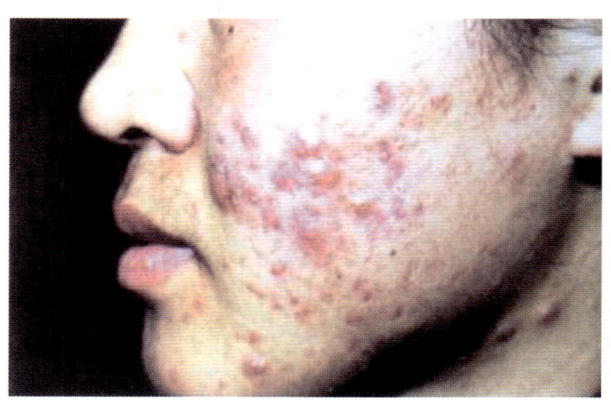

彩图 8　痤疮（2）

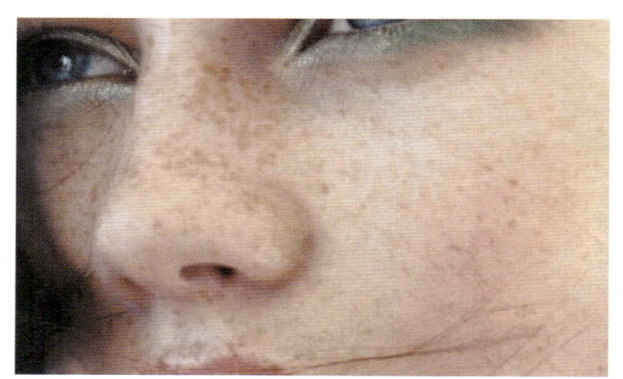

彩图 9　雀斑

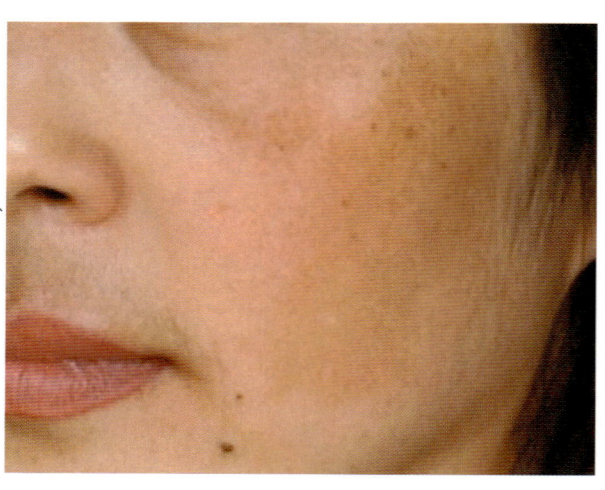

彩图 10　黄褐斑

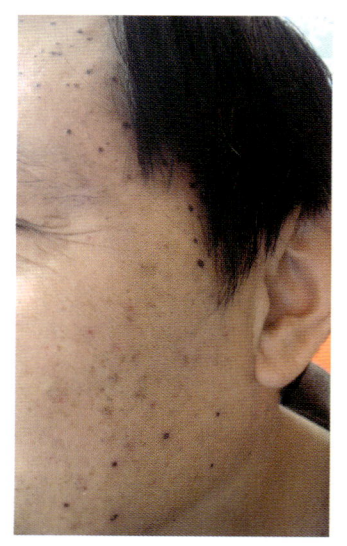

彩图 11　老年斑

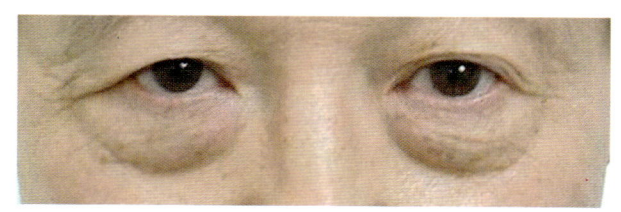

彩图 12　眼袋

彩图 13　形与色的张力

彩图 14　空间的色彩

彩图 15　高明度对比

彩图 16　低明度对比

彩图 17　高纯度对比

彩图 18　低纯度对比

彩图 19　邻近色、同类色对比　　　　　　　　彩图 20　对比色的对比

彩图 21　冷暖色的对比　　　　彩图 22　上翘唇　　　　彩图 23　模特妆眉眼修饰

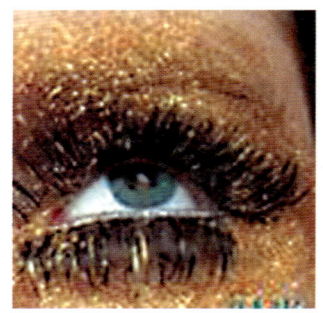  

彩图 24　利用化妆品的特殊质感来强调眼妆

彩图 25　摄影妆